蒙古高原干旱生态系统土地退化与防治研究

海春兴　周瑞平 等　编著

科 学 出 版 社

北 京

内 容 简 介

本书采用遥感影像室内解译并结合野外调查等方法，以蒙古高原干旱生态系统土地退化问题为研究对象，首先介绍蒙古高原自然环境的演变，其次阐述蒙古高原土地荒漠化、土壤侵蚀、植被退化、土壤退化、土壤盐碱化及土壤化学污染等问题的范围及其程度，并且深入分析其影响因素及驱动机制，最后根据中国和蒙古国两国的治理经验，提出防治蒙古高原干旱生态系统土地退化的技术措施，为该区域生态环境保护及可持续发展提供科学指导。

本书可作为高等院校、科研院所土壤学、地理学、生态学等相关专业的科研工作者研究参考用书。

图书在版编目(CIP)数据

蒙古高原干旱生态系统土地退化与防治研究 / 海春兴等编著. —北京：科学出版社，2021.11

ISBN 978-7-03-070551-8

Ⅰ. ①蒙… Ⅱ. ①海… Ⅲ. ①蒙古高原－干旱区－生态系－土壤退化－防治－研究 Ⅳ. ①S158.1

中国版本图书馆 CIP 数据核字（2021）第 224259 号

责任编辑：吴卓晶 武仙山 / 责任校对：王 颖
责任印制：吕春珉 / 封面设计：东方人华平面设计部

科 学 出 版 社 出版
北京东黄城根北街 16 号
邮政编码：100717
http://www.sciencep.com
北京九州迅驰传媒文化有限公司 印刷
科学出版社发行 各地新华书店经销
*
2021 年 11 月第 一 版 开本：B5（720×1000）
2021 年 11 月第一次印刷 印张：14 3/4
字数：266 000

定价：169.00 元
（如有印装质量问题，我社负责调换〈九州迅驰〉）
销售部电话 010-62136230 编辑部电话 010-62137026

态环境退化治理的根本途径由周瑞平、周丹丹、解云虎执笔。野外考察报告由于红博、张巧凤、解云虎、王静、宾巴（BYAMBAA Ganbat）、海春兴执笔。在项目的实施过程中，包桂兰和包慧娟为项目的主要参加人，包桂兰负责试验内容，包慧娟参加了野外考察。硕士研究生王雨浩、丁婧、刘晓茜、吴雪琴、常耀文、张丽星、高晓媚、曲文静、呼日瓦、范嘉琦、刘璐、乌英嘎、杨天成、陈晓涵做了大量的校对工作。内蒙古阿拉善盟林业治沙研究所武志博参与了野外工作。

本著作得到内蒙古师范大学国际合作科学研究项目“蒙古高原干旱生态系统土地退化与防治研究”（项目编号：2015MGHZ011）、国家重点研发计划项目“内蒙古干旱荒漠区沙化土地治理与沙产业技术研发与示范”课题“绿洲、盐碱湖区沙害防治关键技术研究与示范”子课题“绿洲、盐碱湖区动态演变过程”（项目编号：2016YFC0501003）、内蒙古自治区科技重大专项“重点区域荒漠化过程与生态修复研究示范”课题“风沙区煤炭资源开采土壤质量演变与防控机制研究”（项目编号：zdzx2018058）、内蒙古自然科学基金项目“中国北方草原区风力发电场对下垫面植被的影响机理研究”（项目编号：2018MS04009）资助，在此表示感谢！

本研究旨在总结一套土地退化防治技术措施，以保护蒙古高原干旱生态系统土地资源，并为其他类似生境土地资源的保护提供参考。

由于作者水平有限，书中如有不足之处，诚恳希望广大读者批评指正。

编　者
内蒙古师范大学
内蒙古自治区土地利用与整治工程技术研究中心
2021 年 4 月 30 日
呼和浩特

前　言

随着社会经济的发展、人类活动强度的增大，欧亚大陆东部生态环境问题逐渐凸显，特别是蒙古高原地区。蒙古高原泛指亚洲东北部高原地区，即东亚内陆高原，东起大兴安岭，西至阿尔泰山脉，北界为萨彦岭、雅布洛诺夫山脉，南界为阴山山脉，范围包括蒙古国全部，俄罗斯南部的图瓦共和国、布里亚特共和国与外贝加尔边疆区，中国的内蒙古自治区北部与新疆维吾尔自治区部分地区。该区域城市化、工业开发、道路修筑、现代农业开发等造成的土地退化问题，对整个蒙古高原区域社会经济的发展产生重大影响。目前针对该区域自然、社会经济状况的研究不够深入，土地退化防治缺少科学依据。因此，开展蒙古高原干旱生态系统土地退化与防治研究具有很重要的现实意义。本书内容主要针对蒙古高原中蒙古国和我国的内蒙古自治区。蒙古国和我国对土地退化的防治措施已有一些经验和方法。近年来，蒙古国政府和矿业公司对土地退化问题进行了一些研究，中国也是如此。如何采取更有效的措施防治土地退化问题还有待进一步研究。

内蒙古师范大学科研团队与蒙古国科学院科研团队协商，先后进行两次野外考察，考察区域位于中蒙两国边境的两侧，这也是蒙古高原的核心地带。2015 年 7 月 29 日至 2015 年 8 月 4 日前往鄂尔多斯市、乌海市、阿拉善盟、巴彦淖尔市、包头市等地进行野外实地考察；2016 年 8 月 3 日至 2016 年 8 月 10 日对蒙古国西部的地形、地貌、土壤、植被等自然地理景观及煤矿开采情况进行野外考察。具体考察内容，参见附录——两次野外考察报告。

本著作采用遥感影像室内解译并结合野外调查等方法研究蒙古高原干旱生态系统的土地退化范围及其程度，分析土地退化的驱动机制，并根据合作调查研究结果，提出防治土地退化的方案，为该区域生态环境保护及可持续发展提供科学指导。

全文内容分为 7 章：第 1 章蒙古高原自然环境演变（其中包括蒙古高原区位、自然演化、人文干扰、土地退化类型等）由乌敦、董瑞执笔；第 2 章蒙古高原土地沙漠化和荒漠化形成机理由于红博、张巧凤执笔；第 3 章蒙古高原土壤侵蚀状况由姜洪涛、王静、海春兴执笔；第 4 章蒙古高原植被退化由李晓佳、王牧兰执笔；第 5 章蒙古高原土壤特征、退化及治理措施由敖登高娃、海春兴执笔；第 6 章内蒙古土地盐碱化及土壤化学污染由解云虎、海春兴执笔；第 7 章蒙古高原生

目　　录

第 1 章　蒙古高原自然环境演变

蒙古高原是位于东亚的内陆高原。蒙古高原地势西北高、东南低，西北部的高原海拔在 2 000m 以上，最高山地海拔在 4 000m 以上，东南部的戈壁（瀚海）盆地海拔在 1 000m 左右，最低处海拔仅 500m，平均海拔为 1 580m。蒙古高原的年平均降水量约为 200mm。蒙古高原在地理景观上主体由戈壁与沙漠两部分构成。

1.1　蒙古高原自然环境

蒙古高原形成于古生代加里东期和华力西期的褶皱带，属于亚欧板块部分，在板块内部地质构造中呈现明显的区域差异。蒙古高原的北部为西伯利亚地台的南缘，南部为中国塔里木—华北地台的北缘，在中生代、新生代由于地壳运动的不均衡形成一系列大小不同的山地和盆地。

1. 蒙古高原的地貌特征

蒙古高原北部为山地，自西向东主要有阿尔泰山脉、萨彦岭、唐努乌拉山脉、雅布洛诺夫山脉、斯塔诺夫山脉（外兴安岭），高原南部为弧形山地，自东向西主要有大兴安岭、阴山山脉、贺兰山、河西走廊及北山山地、天山等。这些山均地势陡峭，山峦起伏，略有弧形，有山间谷地。根据区域的地质构造和地貌特征，蒙古高原可分为 3 个地形区，即北部山地及盆地区，中部高原、低山残丘及盆地地区，南部山地、高原及平原区。

1）北部山地及盆地区

这个地形区主要在蒙古高原的北部和西部，其范围是萨彦岭、唐努乌拉山脉和贝加尔湖以南至戈壁阿尔泰山脉以北、肯特山脉以西地区，主要由连绵陡峭的山脉、狭长幽深的谷地和宽敞的盆地组成，形成 3 列向南突出的弧形山地。北部有汗赫黑山、宝勒奈山、布泰勒山、布伦山脉、库苏古尔山脉间夹着的库苏古尔湖和达尔哈德盆地；中间有杭爱山脉和肯特山脉；南部是蒙古国阿尔泰山脉和戈壁阿尔泰山脉。其中阿尔泰山脉自中国、蒙古国、俄罗斯、哈萨克斯坦边境向东南绵延 1 600km，海拔 1 000～3 000m，主峰友谊峰海拔 4 374m，在山麓分布着众多的冰川物和冰碛物；蒙古国中部的杭爱山脉是北冰洋流域与内陆流域的主要分水岭，长约 700km，平均海拔 3 000m，在蒙古国阿尔泰山脉和杭爱山脉之间分布着哈尔乌苏湖、吉尔吉斯湖、艾拉格湖等大湖盆地，以及蒙古国戈壁沙漠等；北部的库苏古尔山脉中间的库苏古尔湖是蒙古国最深、储量最大的淡水湖，达尔哈德盆地以湖成平原、湖泊和河流谷地为主；杭爱山脉以东的肯特山脉是以很多分散的平顶小型山脉组成的独立山系，地势较低，是中国黑龙江上游鄂嫩河与额尔古纳河的发源地，在肯特山脉和杭爱山脉之间有色楞格河-鄂尔浑河盆地，河谷宽广，水草丰美，适宜放牧和种植作物，色楞格河发源于杭爱山脉北麓，是蒙古国水量最丰沛的河流，部分河段可通航，与鄂尔浑河汇合后，北流注入俄罗斯的贝加尔湖。

2）中部高原、低山残丘及盆地地区

该区域范围在蒙古国阿尔泰山脉和戈壁阿尔泰山脉以南，肯特山脉以东至大兴安岭西麓丘陵带以西及阴山山脉北麓丘陵盆地地区，主要包括蒙古国东北部和南部以及中国的内蒙古高原。蒙古国的肯特山脉以东地区由东方省高平原、平原和低山丘陵组成，平均海拔 1 000～1 500m，地势由西向东缓缓倾斜。其中东方省高平原整体平坦辽阔，局部有低山丘陵和宽浅的谷地；戈壁阿尔泰山脉以南的戈壁盆地是黑色的石质荒漠，以东的蒙古国中、南部的高原，海拔在 700～1 500m，地势由北向南微倾，主要由戈壁、沙漠、残丘和湿地组成，在中蒙边界带上零星分布着构造剥蚀的低山残丘。

中国内蒙古高原分布于大兴安岭以西，阴山山脉以北的广阔区域。这里地势由南向北、由东向西缓缓倾斜，地面平坦开阔，高原面保存完整，海拔在 1 000m 左右。大兴安岭—内蒙古高原的大地构造单元包括晚古生代末期华北板块与西伯利亚板块碰撞拼合形成的兴蒙造山带及华北板块的北缘。中生代燕山期，阴山、大兴安岭等山脉及中蒙边境丘陵地带发生褶皱隆起，形成盆岭相间的地貌格局；新生代期又经过多次的间歇式构造抬升与夷平作用，形成内蒙古高原的夷平高原面。地貌结构由南往北分为阴山北麓的低山丘陵带、中部的高原地带、高原北部的大型洼地地带及中蒙边境构造剥蚀的低山丘陵带，呈现带状结构。内蒙古高原地貌为阶梯层状结构，且东西跨度大，受距海的远近差异、内外营力作用差异及山脉走向的影响，地貌具有明显的区域差异，自东向西分为呼伦贝尔高原、锡林勒高原、乌兰察布高原和巴彦淖尔—阿拉善高原 4 个部分（肖少宏等，1981）。

3）南部山地、高原及平原区

该区域范围为蒙古高原南部边缘，主要包括南部边缘山地、高原及平原区。南部边缘山地有大兴安岭、阴山山脉、贺兰山、天山山脉等；平原有西辽河平原、土默特平原、河套平原；高原有鄂尔多斯高原和张北-围场高原。大兴安岭在蒙古高原核心区域南部边缘山地的东南部，是一条东北—西南走向的中低山山脉，是中国内、外流水系的重要分水岭。阴山山脉位于蒙古高原南部边缘山地的中段，山脉的西部为狼山、色尔腾山和乌拉山；中部为大青山；东部为察哈尔熔岩台地、低山丘陵，止于滦河与西拉木伦河的分水岭，东西全长 1 000 多千米。阴山山脉的地貌营力东部为流水侵蚀，西部以干燥剥蚀为主，地貌由块状的侵蚀剥蚀中低山、山间盆地和丘陵组成，地貌类型为低山、丘陵、熔岩台地、盆地及滩川地。西辽河平原在大兴安岭南段山地与冀北山地之间，是西辽河及其支流的冲积平原，在西辽河中下游冲积平原上形成大面积固定的风成沙丘，即科尔沁沙地。土默特平原在蒙古高原南缘阴山山脉以南区域，呈三角形盆地状，是由北部山麓前冲积洪积倾斜平原和南部黄河及其支流大黑河冲积平原组成，海拔约 1 000m。河套平原位于蒙古高原南缘阴山山脉西段狼山以南，鄂尔多斯高原北部的库布其沙漠之北，在地质构造上属于鄂尔多斯台坳河套断陷，地势由西南向东北缓倾，平均海拔 1 050m，地形平坦；地貌类型北部为狼山山前洪积平原，南部为黄河冲积平原。

蒙古高原南部边缘为鄂尔多斯高原和张北-围场高原。鄂尔多斯高原的东、西、北三面被黄河环抱，东南面与黄土高原相连，是干燥剥蚀砂砾质高原，地势中西部高，四周低，由西北部向东南部微微倾斜，海拔 1 450～1 550m。鄂托克高平原是鄂尔多斯高原的主体，常见桌状地形、孤立剥蚀残丘及风蚀洼地与盐湖。张北-围场高原是内蒙古高原的南缘部分，东、西、北三面与内蒙古自治区接壤，南面以冀北山地丘陵为界，地质构造上属于华北地台内蒙古台隆冀北断陷。这里地势高耸，地面起伏平缓，海拔 1 400～1 800m，有“远看似山，近看是川”之说。张北-围场高原北部为疏缓丘陵，南部为地势较高的山地与丘陵，是内、外流域的分水岭，中部由一系列岗梁、滩地、湖泊相间分布。

2. 蒙古高原的气候类型

蒙古高原地处北温带欧亚大陆内部，在北纬 37°～56°50′。蒙古高原北部，即杭爱山脉、肯特山脉以北以及俄罗斯贝加尔湖周围、萨彦岭、唐努乌拉山脉和阿尔泰山脉属于寒温带；蒙古高原南部，即鄂尔多斯高原和阿拉善高原南部属于暖温带；蒙古高原四周的山地属寒温带和温带山地气候，垂直带明显；蒙古高原内部呈环状分布的半湿润和半干旱地区属温带草原气候；蒙古高原中央干旱地区属温带和暖温带荒漠气候。蒙古高原具体可分为4个气候类型区。

1）北部山地寒温带湿润及半湿润气候区

该气候区在杭爱山脉北麓、肯特山脉西北麓及大兴安岭北段以北区域，大部分属于北冰洋流域。例如，俄罗斯布里亚特地区的乌斯季奥尔登斯基布里亚特自治区的气候特点是冬季严寒而漫长，无夏季，热量资源不足，雪灾和冻害严重，年均气温-3℃，年降水量 250～400mm；卡梅尔克岭、巴尔古津山脉的西北坡年降水量为1 000～1 400mm，山间盆地和色楞格河谷地降水量为200～300mm；杭爱山地区的平均气温为-8℃，最冷的1月的平均气温为-35～-30℃，最热的7月平均气温为10℃，年降水量为300～500mm。而大兴安岭北段地区的根河市冬季漫长，无夏季，年平均气温为-4.8℃，最冷的1月的平均气温为-29.9℃，最热的7月平均气温为16.8℃，年降水量为437.4mm。

2）中部中温带半湿润及半干旱气候区

该气候区包括蒙古国中部、中国内蒙古自治区北部等地，是半湿润和半干旱地区。这里冬季寒冷而漫长，夏季温暖而短暂，四季分明，降水量少且集中在夏季，气象灾害频繁。如杭爱山脉以南、肯特山脉东南至戈壁阿尔泰山脉以北的广大高原、盆地与谷地地区属于中温带温凉草原气候区，且东西向呈带状分布明显，年平均气温为-2～1℃，年日照量为2 900～3 200h，年降水量为150～300mm，沙尘暴出现的天数为10～35d。中国内蒙古自治区的这个气候区走向为东北—西南走向，也呈明显带状分布，主要分布在呼伦贝尔高原、锡林郭勒高原及阴山北麓地带。例如，锡林郭勒高原的乌珠穆沁盆地冬季寒冷，夏季温和，年平均气温为1～2℃，年降水量为250～350mm，且降水集中，降雪日数为24～37d，易造成白灾，大风日数为55～70d。

3）中央中温带与暖温带干旱气候区

该气候区位于蒙古高原的中央偏南部地区，主要包括蒙古国南部戈壁和荒漠地区、中国内蒙古自治区阴山中西段北部广大地区。蒙古国南部戈壁和荒漠地区年平均气温为4～8℃，年降水量为50～100mm，积雪天数为50d，年日照量为3 200～3 400h，沙尘暴天数为40～50d。中国内蒙古自治区额济纳旗的气候特点是干燥、光热资源丰富、多沙尘暴。这里年平均气温为8～9℃，年降水量为38～50mm，年平均湿度为32%～35%，年日照量为3 450h，大风日数为45～62d，沙尘暴天数为20d。

4）南部中温带半湿润及半干旱气候区

该气候区包括蒙古高原南缘山地、高原及平原、盆地等，有南部中温带山地丘陵半湿润气候亚区（大兴安岭南段）、南部中温带山地温凉半干旱气候亚区（阴山山地）、南部中温带高原半干旱气候亚区（鄂尔多斯高原东部和张北-围场高原）、南部中温带高原干旱气候亚区（鄂尔多斯高原西部）、南部中温带平原半干旱气候亚区（土默特平原）、南部中温带平原干旱气候亚区（河套平原）。该地区狭长，东西横跨的经度范围大，所在区域的地貌类型差异明显，且干湿度变化大，导致气候特点呈明显的地带性，不同的气候亚区在温度、热量、湿度、光热资源等要素上具有很大差异。

3. 蒙古高原的河流水系

蒙古高原的水资源分布呈地区不均衡，其中南部和北部为外流区，中部为内流区。按照河流水系分为北冰洋流域、太平洋流域和中亚内流流域。阿尔泰山脉的友谊峰及其分支希勒贺敏山脉、唐努乌拉山脉、杭爱山脉、肯特山脉、达乌里山脉等这些东西走向的山脉成为北冰洋流域与中亚内流流域和太平洋流域的分水岭。北冰洋流域在蒙古高原的北部，肯特山脉以南为太平洋流域。大兴安岭南部、阴山、贺兰山、昆仑山等山脉和高原成为太平洋流域和中亚内流流域的分界线。而中亚内流流域处于蒙古高原的中部，主要包括阿尔泰山脉以北、唐努乌拉山脉以南、喀拉喀中部高原以南地区，以及中国内蒙古自治区的锡林郭勒高原、乌兰察布高原、阿拉善高原、鄂尔多斯高原部分洼地等区域。

蒙古高原的河流众多。蒙古高原的北冰洋流域属于鄂毕河、叶尼塞河和勒拿河的上游水系，主要河流有额尔齐斯河、卡通河、比亚河、木伦河、色楞格河和安加拉河等，补给来源以雨水和雪水为主。额尔齐斯河属于鄂毕河水系，源于阿尔泰山南坡，长 4 000 多千米，流域面积 195 万 km^2，在中国境内长 546km，流域面积 5.7 万 km^2。色楞格河是蒙古高原北冰洋流域的最大水系，河流干流长度 1 024km，支流有鄂尔浑河、图拉河、哈拉河、伊德尔河等，流域面积 42 万 km^2，流入贝加尔湖。勒拿河水系主要有奥廖克马河、维季姆河、阿尔丹河及维柳伊河，最长的维季姆河水系总长度为 1 978km，流域面积 22.5 万 km^2，多年平均径流量为 580 亿 m^3。

蒙古高原的太平洋流域主要包括黑龙江上游流域、辽河上游西辽河流域、海河和滦河上游流域和黄河中上游流域，主要河流有鄂嫩河、额尔古纳河、黑龙江、西辽河、滦河、黄河等。其中鄂嫩河源于蒙古国的肯特山脉东北坡温泉附近，流经俄罗斯境内注入鄂霍次克海，河流上游狭窄，河谷内沼泽面积大，河曲发育形成汊道；额尔古纳河上游为海拉尔河，由东往西流，在阿巴盖堆转向北流，长为900km，其干流为中俄界河；黑龙江源于大兴安岭伊勒呼里山，自北向南流，在三岔河汇入松花江，全长1 490km，流域面积28.3万km^2，支流有30多条，如诺敏河、雅鲁河、甘河、阿伦河、科洛河、纳谟尔河等；西辽河全长830km，流域面积13.88万km^2，由老哈河、西拉木伦河、新开河、教来河等组成；滦河发源于中国河北省北部大马群山，向北流入内蒙古自治区，河长54km，流域面积1.04万km^2，沿途多经过山区和丘陵区，河谷狭窄，谷地陡峭，河道弯曲，有湖泊和沼泽分布；黄河在蒙古高原的河段长3 472km，流域面积38.6万km^2，有白河、清水河、大黑河、大夏河等支流。

中亚内流流域在蒙古高原的面积较大，约为159.1万km^2，占蒙古国面积的66.1%，占中国内蒙古自治区面积的47.5%。中亚内流流域所跨经纬度大，地区自然地理环境差异大，致使流域内部水文特征和水资源特点明显不同。中亚内流流域分为漠北内流流域和漠南内流流域。漠北内流流域包括蒙古国西北部的大湖盆地、西南部众湖谷地、阿尔泰山南部戈壁区，主要由山地、高原、盆地、谷地、戈壁及相间分布的剥蚀残丘组成。这里年降水量一般在100～200mm，内流水系主要发源于山麓地带，主要河流有科布多河、扎布汗河、特斯河、拜德拉格河、翁金河等。这些内流河上游支流多，有众多的湖泊分布，补给以融雪水和雨水为主，但河流短小，多为间歇性河流，枯水期多断流，形成干沙河。漠南内流流域指大兴安岭南段山脉以西，阴山山脉和贺兰山、河西走廊及北山以北的内蒙古内流区，面积约为55.6万km^2，内流水系流域面积为11.66万km^2，主要河流有乌拉盖尔河、锡林郭勒河、塔布河、艾不盖河、额济纳河等。这里内流水系分布比较零散，均为尾闾河，河川径流都消失在各自封闭的湖盆或洼地内，无流区分布在内陆的戈壁和沙漠地区（特日格乐，2013）。内蒙古高原的内流河多是单一的线状水系，流淌在宽浅的河谷里，河道弯曲，形成多汊河，湖泊沼泽广布，补给由雨水、融雪水和地下水组成。有的地区受地质构造影响，形成许多孤立的内陆湖泊水系，如岱海水系、黄旗海水系、查干淖尔水系等。

4. 蒙古高原的植被类型

蒙古高原地区的自然地理环境复杂（以高原地貌为主），气候的大陆性十分显著，水热条件因经度和海拔高度的差异呈明显不同，决定了植被类型的多样性、植被分布的地带性与区域性。蒙古高原地带性植被主要划分为6个植被带，有寒温型针叶林带、中温型夏绿阔叶林带、中温型草原带、暖温型草原带、中温型荒漠带、暖温型荒漠带，这些植被带包含在森林植被带、草原植被带和荒漠植被带 3 大类型中。

森林植被带分为寒温型针叶林带和中温型夏绿阔叶林带。寒温型针叶林带主要分布在蒙古高原北部山地和大兴安岭北段，以西伯利亚冷杉、云杉、西伯利亚落叶松、兴安落叶松、西伯利亚松等针叶林为主，华北落叶松、青扦、雪岭云杉、樟子松等局部分布，还有杜鹃、岩高兰、鹿蹄草等群落以及禾草类群落。中温型夏绿阔叶林带主要分布在大兴安岭北段的东南坡，以蒙古栎—胡枝子林为主。阔叶林中混生有兴安落叶松等针叶树，成为针阔混交林。当环境遭到破坏后，阔叶林多发育为白桦林、山杨林、黑桦林，以及榛子灌丛和杂类草甸等。

蒙古高原草原植被带是欧亚大陆中部草原区的主要组成部分，具有典型的大陆性气候特点，表现出明显的地带性分异。根据水热组合差异，草原植被带主要发育成草甸草原、典型草原和荒漠草原。根据蒙古高原植被的区系组成和外貌特点，草原植被带以大青山为界又分为中温型草原带和暖温型草原带。中温型草原带的植物以达乌里—蒙古区系为主，根据水分差异又分化出草甸草原、典型草原和荒漠草原 3 个亚型。中温型草甸草原主要分布在蒙古高原北部山地山间谷地、河谷平原等地，以贝加尔针茅、羊草、线叶菊等为建群种。中温型典型草原主要分布在杭爱山脉南麓草甸草原以南至巴彦洪戈尔以北地区、阿尔泰山脉山麓地带、汗呼赫山脉的北坡和东坡、图拉河中下游河谷平原和鄂尔浑河下游谷地、乌兰巴托以南至曼德勒戈壁市的高原、喀拉喀中部草原和蒙古国东方平原的南部，呼伦贝尔高原的西部、锡林郭勒高原的中西部、阴山山脉的东段山麓。其中东部和北部的草原以大针茅群落为主，南部和西部的草原以阿尔泰针茅、克氏针茅群落为主，还有糙隐子草群落、半灌木冷蒿群落和麻黄群落等。中温型荒漠草原主要分布在蒙古国南部广大高原区、大湖盆地和众湖谷地周围地区，以及中国内蒙古锡林郭勒高原西北部、乌兰察布高原大部、阴山山脉西段山地、巴彦淖尔高原、阿拉善高原东北部。草原的植被除草原成分外，还有戈壁针茅、沙生针茅等强旱生小型针茅群落。在沙地上分布榆树疏林和锦鸡儿灌丛，在盐碱地低地有芨芨草群落。暖温型草原带主要分布在鄂尔多斯高原东部和中部、阴山南部丘陵、西辽河平原及土默特平原等地区。草原建群种以喜暖耐旱的长芒草和短花针茅为优势种，且东部以长芒草为主，向西随着水分条件的变化逐渐被短花针茅取代，具体分为暖温型典型草原和暖温型荒漠草原。

蒙古高原的荒漠植被带是以年降水量低于 150mm、干燥度大于 4.0 的旱生生态系统为主的区域，根据水热条件的差异分为中温型荒漠带和暖温型荒漠带。中温型荒漠带主要分布在蒙古国大湖盆地、众湖盆地以及戈壁阿尔泰山山间谷地，植被往往以超旱生灌木、半灌木或盐生—旱生的肉质化灌木为主，依据水分条件分为中温型典型荒漠和中温型草原化荒漠。其中，中温型典型荒漠以超旱生的灌木、半灌木和小灌木为建群种，主要植物有红沙、蒿属、假木贼、白刺、扁桃、柽柳、碱蓬等；中温型草原化荒漠的主要植物以短花针茅、沙生针茅、戈壁针茅、冰草、锦鸡儿、麻黄、亚菊、假木贼、驼绒藜等为主。暖温型荒漠带主要分布在蒙古国南部和西南部戈壁区，以及中国内蒙古巴彦淖尔高原西北部、鄂尔多斯高原西北部和阿拉善高原等地，根据水分条件划分为暖温型草原化荒漠和暖温型典型荒漠。暖温型草原化荒漠具有明显的草原化特点，植物主要以锦鸡儿、四合木、绵刺等灌木、小灌木、小半灌木等木本群落为主，常有沙生针茅、短花针茅、无芒隐子草、沙生冰草、苔草等伴生；暖温型典型荒漠在砂砾质戈壁上以梭梭、红砂、珍珠猪毛菜、沙冬青等植物为主，在砂石质戈壁上以霸王、泡泡刺、膜果麻黄等灌木为主，在低山丘陵剥蚀地段主要以短叶假木贼、合头草等小半灌木为主，在绿洲滩上出现胡杨林、芨芨草草甸、碱茅草甸、盐化或碱化草甸等。

5. 蒙古高原的土壤类型

蒙古高原地区根据地貌、水文、气候等自然地理要素的差异，土壤自北向南、由东向西具有明显的地带性分异，依次分布着黑土带—黑钙土带—栗钙土带—棕钙土带—灰漠土带—灰棕漠土带。在平原、高平原、河谷平原、盆地、谷地等较平坦地形上发育的土壤主要受水热条件的影响呈明显的地带性，并出现隐域性土壤。土壤的主要类型有黑土、黑钙土、栗钙土、棕钙土、灰漠土、灰棕漠土、褐土、黑垆土等。隐域性土壤主要有草甸土、沼泽土、盐土、碱土、风沙土等。栗钙土是蒙古高原地区分布最广的土壤类型，棕钙土是草原向荒漠过渡的一种地带性土壤。

因被高大山脉环绕，蒙古高原海拔较高的山地土壤也呈垂直分异，主要土壤类型有冻土、灰化土、灰色森林土、灰褐土、暗棕壤、棕壤、石质土、粗骨土、山地草甸土、山地草原土等。其中灰色森林土发育在温带森林草原或森林向草原过渡的地区，灰褐土是温带森林灌从草原下发育的半湿润弱淋溶土，暗棕壤是温带夏绿阔叶林和针阔混交林下发育的淋溶土的一种。山地草甸土或山地草原土是高山和亚高山草甸和草原植被下形成的、具有寒性土壤温度、胡敏酸与富里酸比值小于 1 的、暗色表层的土壤，主要分布在高山垂直带上部森林郁闭线以上或无林的高山、高原地区，具体有亚高山草甸土、高山草甸土、亚高山草原土和高山草原土 4 种类型。在内蒙古高原地区的石质山地，洪积坡积物分布有石质土和粗骨土。

6. 蒙古高原的自然区划

蒙古国全境和中国内蒙古自治区占据着蒙古高原的大部分，并且在自然环境、植物与土壤等特征和结构功能方面具有明显的纬度地带性，在高山等地具有垂直地带性。下面对蒙古高原主体部分进行描述。

1）蒙古国的自然区划

蒙古国从西北至东南，随着纬度的降低，地势亦趋低下，大致可以分为 4 个自然地理带，即山地森林草原地带、高地草原地带、半荒漠地带和荒漠地带（表 1-1）。山地森林草原地带包括杭爱山脉、肯特山脉以北的山地、色楞格河流域及阿尔泰山脉的西北部，山地多分布针叶林，谷地则以草原为主，土壤为山地灰化土、黑钙土及暗栗钙土，是蒙古国比较湿润的区域，也是主要农牧业地带。高地草原地带包括杭爱山的西南坡、肯特山的东南侧、阿尔泰山的西段及克鲁伦河流域，植物以杂草及禾本科为主，土壤为淡栗钙土，是蒙古国的主要畜牧区。半荒漠地带分布在蒙古国东南部，西自大湖盆地区，东至中国内蒙古自治区，植被相对稀疏，以蒿草为主，土壤为棕钙土，多含盐碱。荒漠地带分布在阿尔泰山及戈壁阿尔泰山以南，为戈壁荒漠，植物极为稀少。蒙古高原的山地景观呈垂直分布，因山地南北坡的水热差异，各垂直景观的海拔高度北坡低于南坡，西坡低于东坡。以西北部的阿尔泰山为例，海拔 1 800m 以下为草原，1 800～2 000m 为针叶林，2 000～2 500m 为灌木苔原，2 500～4 000m 为高山草甸，4 000m 以上为永久积雪带。

表 1-1　蒙古高原各自然地理带特征比较表

地带名称	纬度/（°）	海拔/m	年降水量/mm	气温/℃		土壤	主要植物
				1 月	7 月		
山地森林草原地带	52～46	>2 000	200～400	-40～-16	10～18	黑钙土、暗栗钙土、山地灰化土	落叶松、雪松、白桦、早熟禾、野燕麦
高地草原地带	51～45	900～1 500	140～320	-24～-18	19～22	淡栗钙土	长芒针茅、碱草、冰草
半荒漠地带	50～45	1 000～1 500	100～160	-35～-15	19～20	棕钙土	针茅、芨芨草、蒿草、艾草
荒漠地带	42 以南	1 000～1 300	100 以下	-20～-10	22～26	灰钙土	假木贼、梭梭、白刺、沙蓬

根据蒙古高原的自然条件、区域形状和结构、气候等要素，蒙古国可以划分为杭爱—肯特山地自然大区，中亚高平原、盆地、山地自然大区和大兴安岭山地自然大区。杭爱—肯特山地自然大区在蒙古国的北部，包括杭爱山脉、肯特山脉和库苏古尔山地，气候属于湿润半湿润寒冷的大陆性气候，拥有高山冻土带、山地草甸及草原带、山地森林带、森林草原带及山地垂直带。这里受来自北冰洋的西北气流影响，降水量比较丰富，年降水量为 200～300mm，局部降水量达到 500mm，年平均气温为-6～-5℃，流经的河流以降水和地下水为主要补给方式，上游水源以融雪水补给为主。该自然大区内栗钙土所占比例最高，适宜发展种植业，是蒙古国农用土地主要分布区。中亚高平原、盆地、山地自然大区包括蒙古国西部、西南部、南部和东南部，从西边的阿尔泰山脉、赫希勒山、哈尔黑拉山、图尔根山，经戈壁阿尔泰山脉、大湖盆地、众湖谷地、达里岗嘎平原、扎门乌德平原，至蒙古国东方高平原，占蒙古国大部分地区。这里属于大陆性气候，以典型草原、荒漠草原、草原化荒漠和荒漠景观为主，地表径流较少，以内流区河流为主，湖泊广泛分布，有蒙古国最大的乌布苏湖，有草甸沼泽土、暗栗钙土、栗钙土、淡栗钙土、棕钙土，戈壁区为灰漠土、灰棕漠土。大兴安岭山地自然大区是蒙古国东部靠近中国的一小部分地区，是位于中国境内的大兴安岭支脉伸入蒙古国境内形成的一个自然区，东西走向的低矮山脉地势自东向西逐渐降低到海拔为 700～800m 的平原，还有一些较宽的谷地。该自然大区属于季风气候区，较为湿润，主要河流有克鲁伦河、哈拉哈河，土壤以栗钙土和淡栗钙土为主，河流谷地有草甸沼泽土分布，局地还有风沙土。

2）中国内蒙古自治区的自然区划

中国内蒙古草原是欧亚大陆草原带东端的一部分，是我国东北、华北沿海湿润、半湿润的森林、森林草原向西北内陆干旱荒漠的一个过渡类型。水热条件东西分布差异很大，植被土壤的经度地带变化明显。内蒙古自治区从东向西随着降水量的递减，干旱程度不断增强，草原景观逐渐向干旱荒漠化发展。植物从东向西的繁茂度不断下降，基本以多年生、旱生、草本植物为优势种群。阴山山脉以北的植物以蒙古国植被成分为主，阴山山脉以南的植物以中国中部植被成分为主。土壤从东向西依次划分为森林草原黑钙土地带、干草原栗钙土地带、荒漠草原棕钙土地带，其中干草原栗钙土地带和荒漠草原棕钙土地带占全地区面积的 80%左右。

综合自然地理环境的经纬度地带性及其特点，内蒙古自治区分为寒温带湿润针叶及针阔混交林棕色森林土带、中温带湿润阔叶林暗棕壤带、中温带半湿润森林草原黑钙土带、中温带半干旱典型草原栗钙土带、中温带干旱荒漠草原棕钙土灰钙土带、中温带强干旱草原化荒漠灰漠土带和暖温带极干旱荒漠灰棕漠土带 7 个自然带。其中，中温带半干旱典型草原栗钙土带包括内蒙古高原东半部、苏克斜鲁山东侧及西辽河上游平原、阴山山脉东段及鄂尔多斯高原东部，呈弧带状从东北伸向西南，主要由旱生、多年生草本等丛生禾本科植物组成，建群种植物有大针茅、克氏针茅和碱蓬，灌木和半灌木主要有山杏、锦鸡儿，地带性土壤为栗钙土。中温带干旱荒漠草原棕钙土灰钙土带，位于中温带半干旱典型草原栗钙土带以西，内蒙古高原的中、西部和鄂尔多斯高原的西部，亦呈东北—西南向的条带状分布，植物更加旱化，由克氏针茅代替了东部半干旱典型草原的大针茅和碱蓬，旱生和超旱生的小半灌木成分增加，并逐渐占据主导地位。

1.2　地质时期蒙古高原自然环境演变

自然环境主要由地球表层的岩石圈、水圈、大气圈、生物圈组成，各圈层在相互作用和相互影响下形成复杂的巨系统。每个圈层不断变化和相互作用，经过漫长的进化逐渐形成现代自然地理环境。

1. 陆地的形成

大陆主要是由中国板块、西伯利亚板块、太平洋板块和印度洋板块的活动与发展拼合而成的，蒙古高原上地貌的形成与这四大板块密切相关。中国板块与西伯利亚板块之间原为形成于新元古代中期的古亚洲洋，而在古亚洲洋中有中亚蒙古陆块、兴安陆块、锡林浩特陆块、佳木斯陆块等一系列的中小陆块。寒武纪至晚奥陶纪，两大板块纬度位置基本稳定，之后两大板块开始向北移动，但移动的速度不一致。到晚石炭世—早二叠纪时，两大板块之间的纬度差距逐渐加大，中间的古亚洲洋宽度在 4 000km 以上，被命名为“蒙古海”。蒙古海在早古生代加里东运动时，西伯利亚板块向南偏东移动，在西伯利亚板块边缘形成大兴安岭北端山脉和阿尔泰山脉及蒙古国北部山脉。加里东运动后，蒙古海的泥盆纪、石炭纪和二叠纪的地层发育良好，今大兴安岭晚古生代地层厚度达到 8 000m，锡林郭勒盟地区晚古生代变质地层总厚度约在 15 000m，额济纳旗的石炭—二叠纪地层厚度在 40 000～50 000m，可见当时海侵的规模是庞大的（孙金铸，1992）。

在寒武纪之前，蒙古高原位于安加拉古陆南部的大地槽带内，加里东运动褶皱时，高原北部转化为地台，海西运动褶皱后高原南部也转化为地台，古生代末期地台全部上升为陆地，所以高原的基岩以寒武纪及志留纪的古老地层为主。此后又经侵蚀，形成准平原，只在高原南缘的渤海盆地及局部盆地，内积有侏罗纪及白垩纪地层，在科布多盆地内积有第三纪沉积地层。随着西伯利亚板块向南继续移动和晚古生代的海西运动，古亚洲洋板块向中国板块俯冲、削减至古亚洲洋关闭，西伯利亚板块与中国板块相碰撞，合成亚洲板块。强烈的构造隆升剥蚀过程导致在中国板块的边缘形成杭爱山、阿尔泰山、天山和阴山等陆缘山系及武川、海流图、固阳等山间盆地，从而在蒙古高原上形成盆岭相间的地貌格局。燕山运动后，蒙古高原地区在各差异性升降运动的间歇期遭受剥蚀，形成夷平面，此后又经侵蚀再度准平原化。新生代时期，蒙古高原形成了三期夷平面，即古夷平面、蒙古准平面、戈壁侵蚀面。第四纪时期，蒙古高原上升为如今的海拔高度，山前断陷盆地形成，在早更新世至中更新世期间，断块沉降区相继断陷形成湖盆，至中更新世早期各湖盆均已积水成湖，到中更新世中晚期湖水面积达到最大（孙金铸，1992）。

2. 森林景观的形成

从晚石炭—二叠纪开始，到新生代早第三纪，经历湿润的亚热带气候，为森林景观发展的主要时期。晚石炭—二叠纪时，气候湿热，沼泽广布，植物繁茂，树木高达数十米，许多地区呈现原始热带森林景观。中生代时期，地壳发生印支造山运动，蒙古高原广大地区产生众多小型的地堑型内陆盆地，盆地中沉积了侏罗纪的砂岩、页岩和砾岩，夹着深厚的煤层。石炭—三叠纪时，气候炎热而干燥，植物向适应较干旱的环境演化，以银杏、苏铁、松柏等裸子植物为主。侏罗纪时气候温暖湿润，森林植物茂密，使该时期成为蒙古高原重要的“造煤时代”，尤其是鄂尔多斯高原形成了巨厚的煤层；这一时期也是爬行类动物统治的时代，蒙古高原地区由于恐龙特别繁盛，成为恐龙化石主产区，被誉为“恐龙之乡”。白垩纪末期受燕山运动影响，蒙古高原海拔整体上升，西伯利亚海北退，气候逐渐转为干热，湖水浓缩，沉积了厚层紫红色及杂色的砂砾岩，被子植物逐渐取代了裸子植物，恐龙因不适应环境变化而灭绝，爬行类动物的一支向哺乳类动物演化（巴雅尔等，2005）。

古近纪的古新世至渐新世，燕山运动所形成的崎岖不平的地形经过几千万年相对稳定的夷平，使蒙古高原的地形变得相当低平，形成准平原状态。近地面层的大气环流受行星风系的影响，气候的带状分布规律明显。在阴山山脉以北出现暖温带落叶阔叶林与针叶混交林地带，阴山山脉以南为亚热带落叶阔叶和常绿阔叶混交林地带。哺乳类动物已由原始的、低等的类群向高等的类群发展。到渐新世，气候逐渐变干，气温进一步降低，湖水咸化，机械风化增强。森林中适应寒冷气候的针叶树种，如云杉、冷杉、落叶松、金钱松等增加，暖温带从 43°N 向南推移，针叶林、落叶阔叶林占据了大部分地区，草本植物禾本科的针茅属出现，草原景观开始显现（孙金铸，1992；巴雅尔等，2005）。

3. 草原发展时期

渐新世末与中新世，印度洋板块与亚洲板块碰撞，发生喜马拉雅运动，印度次大陆与亚洲大陆相接，特提斯海消失，已被削成低平的蒙古高原和山地沿着原来的构造线再度隆起，并有挠曲、断层和玄武岩喷发。由于温暖的特提斯海消失，蒙古高原距离海洋更加遥远，现代季风气候形成，气候的大陆性明显加强，蒙古高原的干冷程度加剧。植被由落叶阔叶林、针叶林的森林景观逐渐转变为温带疏林草原，乔木以松、云杉、冷杉等为主，落叶阔叶树以榆、栎、桦、杨、柳等耐凉树种为主。草本植物成为植物群落中的主要成分，禾本科的针茅属为主要成分的草原景观逐渐形成（孙金铸，1992；巴雅尔等，2005）。

第四纪早更新世，蒙古高原迅速上升，印度洋湿暖气团北上受阻，西伯利亚高压和干冷的气团势力加强，蒙古高原的气候变得更加干冷。区域植被类型开始向荒漠化发展，形成荒漠草原和荒漠景观。植被由上新世的疏林草原演变为干草原，阴山山脉以北的疏林景观开始变为典型草原，阴山山脉以南仍保持森林草原景观（孙金铸，1992；巴雅尔等，2005）。

4. 荒漠化时期

中更新世至晚更新世是蒙古高原荒漠化时期。中更新世第二次冰期来临时，气候再度干冷，古盆湖、河流在风蚀作用下湖积、冲积、洪积物等堆积普遍，成为早期黄土的物质来源（巴雅尔等，2005）。随着古盆湖的退缩及气候干旱的趋势加剧，新近纪后蒙古高原上逐渐形成沙漠景观。阴山山脉以南地区的植被以荒漠草原和荒漠为主，主要建群植物为蒿科、藜科、禾本科等；阴山山脉以北地区属寒冻荒漠。中更新世后期第二次冰期之后，蒙古高原中东部地区火山活动频繁，形成各种火山地貌，气候干热，氧化作用强烈，在 43°N 以南地区发育了红色土壤。晚更新世第三次冰期，由于青藏高原上升到 5 000m 以上，印度洋湿暖气团完全被阻，西伯利亚高压进一步加强，东亚季风形成，蒙古高原气候更加干冷（巴雅尔等，2005）。第三次冰期之后，气候转暖且较为湿润，自然景观大体恢复为干草原或典型草原和荒漠草原，山地形成以云杉、冷杉、松等为主的森林，低洼处河湖以砂砾为主的沉积物广泛分布，草原动物繁盛（孙金铸，1992）。

晚更新世后期第四次冰期，海平面大幅度下降，陆地向海洋扩张，渤海干涸，黄海、东海、南海大陆架都成为陆地，海岸线向外推移，蒙古高原距海更远（孙金铸，1992）。第四次冰期西伯利亚高压极强，气候严寒而干燥，蒙古高原经历一次范围广阔、程度深刻的荒漠化时期，出现了荒漠草原和荒漠景观。鄂尔多斯高原为荒漠和半荒漠草原，毛乌素沙地堆积了以流动沙丘为主的厚层古风成沙，范围在长城沿线及以南地区；浑善达克沙地也发生全面扩张，经历严重的沙漠化过程；河套平原等早期的湖积、冲积层在干燥和风的作用下形成原始的库布其沙漠、乌兰布和沙漠等（巴雅尔等，2005），在山地、盆地或平川上都覆盖了马兰黄土，在蒙古高原西北部地区留下粗砂和戈壁（孙金铸，1992；巴雅尔等，2005）。

5. 现代景观的形成

全新世地质时期的末次冰期结束后，海面回升，气候转暖，降水增多，河流及湖泊广泛发育，永久冻土带北移（孙金铸，1992）。蒙古高原显示夏季风尾闾区的气候特征，各沙漠和沙地普遍固定缩小，荒漠景观逐渐被草原景观和疏林草原景观所取代，禾本科成为植被的主要组成部分。但在干冷的冬季风作用下，从呼伦贝尔到鄂尔多斯为干草原带，蒙古高原东南部为森林草原带，蒙古高原西北部为荒漠草原带。在蒙古高原不少地方可见残遗的树根和枯树干，说明在很多地方曾发育针叶林及针阔混交林，如在鄂尔多斯一些高海拔的山区、阴山山脉、大兴安岭地势较高的地带都有华北杜松、云杉等残留物，但是阿拉善地区因距海遥远，仍保持荒漠景观。

1.3 历史时期蒙古高原自然环境演变

历史时期主要是指史前期和夏商周以来，本节介绍在这期间人类活动与蒙古高原地区自然环境发展变化的情况。竺可桢根据考古资料和历史文献记载，研究了中国冰后期（全新世）的后半期近 5 000 年来的气候变化，划分出明显的 4 个温暖期和 4 个寒冷期，如表 1-2 所示。近 5 000 年气候变化的特点是温暖期越来越短，温暖程度越来越低，而寒冷期越来越长，寒冷程度越来越强（曾承，2012）。据历史资料和气候分析判断，现在仍处在第四个寒冷期中。蒙古高原历史时期的气候变化趋势与中国的气候变化趋势基本是一致的。

表 1-2　中国近 5 000 年来气候变化

年代	冷暖期
公元前 4 000 年～前 1 300 年	第一个温暖期（仰韶文化时期，安阳殷墟时期）
公元前 1 299 年～前 850 年	第一个寒冷期（周代初期）
公元前 849 年～公元初	第二个温暖期（秦汉时期）
公元初～580 年	第二个寒冷期（东汉、三国六朝时期）
公元 581 年～960 年	第三个温暖期（隋唐时期）
公元 961 年～1 279 年	第三个寒冷期（宋朝）
公元 1 280 年～1 573 年	第四个温暖期（元明时期）
公元 1 574 年～1 900 年	第四个寒冷期（明末、清朝）

人类利用和改造自然是一个漫长而复杂的过程，对自然环境有积极和消极的影响。早期人们还不能用科学的方法认识世界，因此人们对于自然环境的认识总是带有一层神秘的色彩。可以说当时人类依赖大自然提供的生活资料，只是本能地去选择优越的自然环境，采取不同手段，攫取食物，战胜饥饿，以求得人类生存和发展。人类在历史发展的长河中，不断地从依赖大自然逐渐走向部分地驾驭和控制大自然，人类用双手创造了石制的生产工具，作为改造大自然的一种手段，但同时在发展过程中也不断地受到自然环境的影响与制约。在史前期的旧石器时代以来的漫长岁月里，蒙古高原自然环境变化是怎样一个面貌呢？当时的自然环境与人类社会发展的关系如何？下面结合中国气候的变化对历史时期蒙古高原自然环境的演变情况进行分析。

1. *石器时代*

石器时代以来，蒙古高原地区是温带草原环境，居民过着“射猎为主”“以穹庐为舍”“逐水草迁徙”的生活。据考古资料，位于大青山的大窑文化遗址证明旧石器时代这一地区气候已由炎热转变为温暖，地上有小片森林、林间灌木及草地。位于鄂尔多斯高原南端的萨拉乌苏河流域生活着河套人，遍布着由阴山融雪形成的河流与湖泊及广阔的草原。红山文化也证明赤峰一带的民族部落从事农、牧、渔、猎的生产活动。在内蒙古高原主要的河流、山川及湖泊附近有大量的文化遗址，充分说明在鄂尔多斯高原、阴山山脉、西拉木伦河、海拉尔河、科尔沁草原等地有广泛的人类活动，说明这些地区适合农牧业的发展。另据敖汉旗墓葬出土的花粉孢子分析，当时这一带属于森林草原植被，树木以针叶林为多，针叶林中的落叶松占 50%～65%，云杉占 30%。据阴山北麓的察哈尔右翼中旗大义发泉村细石器文化层的花粉分析，前期花粉含量比晚期多 1/3，而且有喜湿乔木栎树和草本十字花科的花粉，晚期增加了适应较干燥环境的松树花粉和适应性较强的麻黄花粉，且植物较少，说明该地区在 5 000 年以前自然环境还比较好，距今 4 000 年左右气候变得干冷后发展为荒漠草原景观，到 2 500 年以前，气候又稍变湿润，然后又变干。

2. 夏商周到秦汉时期

从有文字记载以来，蒙古高原是中国北方游牧民族（如东胡、林胡、楼烦、匈奴等民族）从事畜牧、狩猎及农业生产的地方，在夏商周到战国时期的 1 900 年间，蒙古高原的草场基本没有遭受人类经济活动的破坏。秦朝因战争开始屯兵守卫，移民实边，蒙古高原的草原在局部地区逐渐被开垦，后又恢复为草地。

战国时期，东胡人活动在呼伦湖以东的呼伦贝尔草原及西拉木伦河一带，林胡人和楼烦人生活在土默特平原和鄂尔多斯高原上，匈奴人生活在大青山一带，在河套平原出现屯垦和修建的长城。据《水经注》记载，临戎城北有人工渠道，说明秦汉时期河套地区已设立郡县并移民开荒，发展灌溉，开挖渠道（宝音，2011）。从乌兰布和地区发现的汉城和村落遗址及汉墓群说明当时这一带草原开发的情况。西汉时期设立郡县并修筑长城，中原地区的农业人口大量迁徙到蒙古高原地区开垦土地，畜牧业也得到发展，内蒙古高原西部地区成为重要的粮食生产区。东汉以后，汉王朝势力衰退，北方游牧民族相继内迁，河套地区的农田又恢复为草原。公元前 3 世纪，阴山山脉周边是草木繁盛、多禽兽的地区。413 年，匈奴族在鄂尔多斯筑统万城为政治中心，这一带是河湖清澈的大草滩。南北朝时期，蒙古高原被割据分治，5 世纪，拓跋鲜卑部在阴山山脉一带发展起来并建立北魏，取阴山山脉树木修建城池，说明当时阴山树木之盛。6 世纪，在乌兰察布市至巴彦淖尔市狼山一带有敕勒人，民歌“敕勒川，阴山下，天似穹庐，笼盖四野，天苍苍，野茫茫，风吹草低见牛羊”反映当时土默川一带草原的盛况。

3. 唐宋辽时期

唐朝逐步建立起对蒙古高原地区的统治。唐初期为了加强对东突厥的防御，采取屯垦实边的政策，在鄂尔多斯高原一带安置归降的突厥人，在此砍伐森林，放火烧山，开垦荒地；在河套平原兴建水渠，灌溉土地达万亩（1 亩≈667m^2，下同）以上。这时期的自然环境破坏严重，农牧界线迅速北移，大面积草原变为农田。有记载，鄂尔多斯地区 5 世纪已有沙漠，9 世纪有大风积沙。寒冷干旱的气候使鄂尔多斯地区植被凋萎，沙化进程加快，到 10 世纪宋朝欲毁灭统万城时，统万城已深埋在沙漠中。北宋太宗遣王延德出使高昌途经乌兰布和北部时，出现“沙深三尺，马不能行，行者皆乘橐驼”的情景。10 世纪初，辽代在巴林左旗的波罗城建都，并在西拉木伦河和老哈河两岸建立许多州县进行屯垦农耕。草原开垦及樵采活动使当地植被遭受破坏，到 10 世纪中叶，这个地区已成为“编户数十万，耕垦千余里”的农业区，到 11 世纪初已经出现沙漠。辽金两代因在西辽河上游地区大肆兴建都城、皇陵、州县、庙宇等，对森林、草原破坏非常严重。当时西夏国在阿拉善一带修建黑水城，在河套地区驻军，对这一带的生态环境也造成很大的影响。

4. 元明清时期

在元代，内蒙古地区成为政治中心，各地修建驿道和驿站，同时元明时期气候又转入温暖湿润阶段，两朝政府一度推行退耕还牧政策，农牧界线再次退至长城一带。16 世纪，《宝颜堂秘籍》里描述大青山还是“彼中松柏连抱，无所用之”。明清时期修建归化城和绥远城，到清朝咸丰年间，“归化城北二十里，广三百余里，袤百余里内产松柏林木，远近望之，岚光翠霭，一带青葱，如画屏林列”。1697 年，清圣祖征讨噶尔丹，自宁夏沿黄河西岸北行，路过乌兰布和地区时，沿途草木丛生，并无流沙，三万兵马畅行无阻，说明当时阴山一带还保持着森林草原的景色。18 世纪中叶之后，清朝废止汉人出关政策，并宣布移民实边，大力推行放荒招垦政策、兴建城池等，蒙古高原上的自然环境再次出现严重破坏的现象。20 世纪初期，清朝又开放蒙荒，大规模放垦草原，垦区向腹地深入，短短数年间，撂荒地、沙化地进一步扩大。历史发展证明，毁草开荒、毁林开荒只能使草场和森林大面积退化或者沙化，导致生态环境严重恶化。

1.4　近现代蒙古高原自然环境演变

近 500 年来的历史资料表明，中国内陆的自然环境有暖干化的趋势，地处西北地区的蒙古高原自然环境也有向干旱化方向发展的趋势。

1. 干旱周期缩短，干旱区向东扩展

根据从史书、地方志、历史文献档案、群众调查、物候资料和气象观测资料 6 个方面搜集和整理的近 500 年（1470～1974 年）旱涝资料分析，发现内蒙古干旱年份占 60%～70%，相当于 3 年中约有 2 年为干旱年，7 年左右出现一次全区性的大旱，且旱灾多于涝灾，持续的时间也长。内蒙古近 30 年（1951～1980 年）的数据表明，全区范围几乎每年都有不同程度的干旱发生，其中属于全区性的严重干旱有 9 年，即平均每隔 3 年多的时间就有一次大范围的干旱年。尤其进入 20 世纪 70 年代以后，大约每隔 2 年就出现一次全区性的干旱。唐朝诗人王之涣在《凉州词》中写道“羌笛何须怨杨柳，春风不度玉门关”，这里的春风即指夏季风，竺可桢等学者认为夏季风的西界在河西走廊中部的嘉峪关一带，后李立贤把夏季风的西界划在海拉尔—乌拉盖苏木—乌兰花—包头—乌兰镇（孙金铸，1992）。气象部门以湿润度等值 0.3 为干旱区的界线，1950 年划定的干旱区线从乌拉特前旗的西山嘴镇经过，1980 年该线向东移 80～100km，从土右旗境内通过，干旱区的界线逐渐向东扩展。

2. 沙漠进一步扩展，草原带东移

20 世纪 60 年代内蒙古沙漠化土地面积达 2 733 万 hm^2，20 世纪 80 年代为 3 043 万 hm^2，20 世纪 90 年代中期为 3 135 万 hm^2，从 20 世纪 80 年代到 20 世纪 90 年代增长了 92 万 hm^2，年增长率约为 0.3%。内蒙古自治区是近年来中国土地沙漠化面积增加最多、增长速度最快的地区，其土地沙漠化蔓延的速率呈加快的趋势（孙金铸，1992）。例如，内蒙古高原上的库布其沙漠、毛乌素沙漠连成一片，源于古代与现代的冲积物和湖积物的腾格里沙漠正在快速地侵蚀绿洲，科尔沁沙地的沙漠也在快速侵吞农田和牧场。沙漠是在气候干旱化的条件下，丰富的沙物质来源，加上流动沙丘占优势，在人类经济活动影响下逐渐产生的。在内蒙古干旱半干旱地区出现荒废的古代城镇、耕地、牧场等，如额济纳河下游哈拉浩特（黑城）的城垣、庙宇和塔的遗迹证明有人类曾经活动过。

蒙古高原自晚全新世以来，森林草原带退缩到大兴安岭南段和北段东西两侧及阴山山脉东段；干草原带的西部变为荒漠草原带，原荒漠草原带的位置被草原化荒漠取代。蒙古高原中西部沙区的气候干旱。根据李笑春和李德新（1990）的研究，蒙古高原受人类活动和气候变化的影响，草地退化严重，大范围出现沙漠化趋势，即蒙古高原的沙漠有从西部极干旱、干旱地区向东部发展的趋势。孙金铸（1992）研究显示在 1965～1985 年荒漠草原亚带的边界向东移动了 100km 左右。

3. 古河床宽广，湖泊缩小

蒙古高原西部干旱地区有许多山地，大量山上的冰雪水补给古河流，将山上覆岩层风化物冲下，导致谷口的冲积锥在山麓平原上汇合为冲积洪积群，之后流水侵蚀作用开始减弱，剥蚀作用逐渐加强，这些为沙漠的形成提供了沙物质来源。孙金铸（1992）考察内蒙古时，在数十里甚至数百公里内看不到水流，却又看到众多的水道痕迹。很多宽广的河道已成为干谷，有的河道在夏季有洪流或潺潺细流，说明这些河道在过去湿润时期有较大的水流而形成宽广的河床。

另外，在蒙古高原上出现的洼地盐滩多为湖泊的遗迹，很多湖泊依然在不断减少。如大青山灰腾梁地区在 20 世纪 50 年代有湖泊 180 多个，到 20 世纪 80 年代仅有 60 多个，减少了 2/3；阿拉善地区的居延海在古代湖面曾达到 1 200km^2，常年的高蒸发量使湖水变得苦咸，后弱水改道分裂为二湖，即西湖嘎顺诺尔和东湖索果诺尔，现两湖已干涸。还有一些湖泊保留着昔日的湖岸线和湖岸阶地，如岱海南岸的步量河口有高出湖面的五级阶地，说明全新世以来湖面在不断缩小；达里诺尔湖也曾有多次湖岸退缩。这些湖泊不断缩小、变咸的原因多为气候干旱及人类灌溉用水（孙金铸，1992）。

以上几个现象说明近现代气候向干旱化方向发展，气候干旱化又影响其他自然要素的变化，气候因素起主导作用。蒙古高原自然环境的演化结果与人类活动息息相关，人类不遵守自然规律、过度开发自然资源导致生态环境不断恶化。

参 考 文 献

巴雅尔，敖登高娃，马安青，等，2005．历史时期内蒙古 LUCC 时空过程及其驱动机制[J]．人文地理，20（5）：122-127．

宝音，2011．蒙古学百科全书：地理[M]．呼和浩特：内蒙古人民出版社．

李笑春，李德新，1990．内蒙古草地资源面临枯竭危机：草地环境发出的“黄牌”警告[J]．内蒙古草业（2）：1-7．

孙金铸，1992．内蒙古自然环境的演变与草原的发展[J]．内蒙古草业（2）：1-7．

特日格乐，2013．基于 GIS 的内蒙古畜牧业综合区划及其发展趋势研究[D]．呼和浩特：内蒙古师范大学．

肖少宏，马长炯，罗明生，1981．内蒙古自治区简明水利化区划初步研究[J]．内蒙古水利（2）：3-19．

曾承，2012．历史文献记录的淮河流域气候变迁：预研究[J]．湖北科技学院学报，32（10）：57-59．

第2章 蒙古高原土地荒漠化及驱动因素

2.1 关于“荒漠化”与“沙漠化”概念

荒漠化是指包括气候变化和人类活动在内的多种因素造成的干旱、半干旱及亚湿润干旱区的土地退化。沙漠化是指在极端干旱、干旱、半干旱和部分半湿润地区的沙质地表条件下，由于自然因素或人为活动的影响，脆弱的自然生态系统平衡受到破坏，出现以风沙活动为主要标志，并逐步形成风蚀、风积地貌景观的土地退化过程。由此可见，沙漠化即沙质荒漠化，是荒漠化的一种类型，可以理解为狭义的荒漠化；也有人把荒漠化理解成广义的沙漠化（孟鑫等，2004）。

比较国内外关于沙漠化和荒漠化的定义可以看出，虽然不同学者的表述不一，但基本含义是一致的。荒漠化和沙漠化的共同点是人类生活环境的退化过程。其差异在于，荒漠化是指生态环境各个方面的退化过程，包括气候干旱，水土流失，地表流沙蔓延，土地盐碱化、水渍化，水质恶化和水量减少，土壤肥力降低，生物产量下降等，并且最终导致类似荒漠环境的出现。荒漠化定义的优点是概括全面，适于从全球或一个国家、一个地区的角度来研究和防治环境退化。其缺点是：首先，缺乏明确的指示特征，特别是生物产量的降低，既涉及各种环境因素变化，也受多种人为因素影响。其次，荒漠是个生物气候带概念，一般是指气候干旱或者极端干旱、蒸发率很高、植被稀少的地带。环境退化过程尤其是土地表面的风蚀、水蚀、水渍化和盐碱化过程，虽然在气候干旱的荒漠或半荒漠（荒漠草原）地区表现得尤为明显，但是在半干旱的干草原或典型草原、亚湿润的森林草原，甚至雨量充沛的热带和亚热带的河湖、海滨地区也会出现。其成因可能是气候的长短期波动或不合理的人类经济活动，以及两者共同作用。在荒漠地区，环境退化本身就是荒漠区固有的自然现象，不涉及荒漠化的问题。荒漠地区以外出现环境退化，成因存在多解性，并不一定意味着当地生物气候带向荒漠带变化。因此，将不同生物气候带内的环境退化统称为荒漠化极容易引起误解。最后，长期以来环境各要素的退化已有恰当、明确的描述，如气候干旱化，土地沙漠化、水渍化、盐碱化，水土流失，土壤肥力衰减，草地退化，植被旱生化等。因此，一般以沿用环境退化一词为好，只有生物气候带变化明显时才使用荒漠化概念（董光荣等，1988；郝成元等，2005；铁生年等，2013；张丽霞，2016）。

沙漠化不是一般的环境退化过程，而是与风沙活动有联系的地表景观退化过程，与土地水渍化和盐碱化、水土流失、植被退化等不同。其内涵较荒漠化更窄，优点是指征明确。环境退化过程在不同国家和地区的危害程度具有差别，且有不同的形成条件和发展规律。从全面保护资源和环境的观点来看，这些过程都应予以重视和研究，而不同学科的专业人员对其一般会有所侧重。以朱震达和法国的亨利・N.拉霍鲁等为代表的著名风沙地貌专家，提出狭义的沙质荒漠化概念，并将其作为自己的研究对象。他们将发生时间、地点和成因等均列入沙漠化定义中，使表述过分复杂，容易引起争论。近年来，国内外越来越多的研究表明，沙漠化过程，不仅发生在干旱半干旱地区，甚至发生在半湿润的内陆乃至湿润的河湖、沿海地区的沙质地表；不仅发生于现在和历史时期，甚至发生于地质时期；沙漠化的成因不仅有人为因素，还有自然因素；沙漠化过程作用的程度与方向，在不同地区和时期也不一样。为了使沙漠化概念表达简洁，避免不必要的争议，并留有余地，应将原沙漠化定义中的时间、地点和成因等限定条件去掉。据此，将沙漠化概念定义为非沙漠地区出现以风沙活动为主要标志的类似沙漠景观的环境变化过程（董光荣等，1988）。

荒漠化、沙漠化各具含义和优点，因此这两个概念如今同时被国内外学者广泛采用（张国祯，2007；董光荣等，1988）。

2.2　蒙古高原土地荒漠化分析

中国内蒙古自治区、蒙古国和俄罗斯部分地区位于蒙古高原，是东亚生态系统，是中国、蒙古国和俄罗斯经济走廊的重要组成部分。蒙古高原远离海洋，群山环抱，位于中纬度的亚洲内陆地区，季风气候、环流大势和太阳辐射总量造就了蒙古高原的温带大陆性气候，并且形成了从东部和北部的半湿润地带向西南方向依次为半干旱地带、干旱地带和极干旱地带的气候分布格局（卓义，2007）。而干旱、半干旱及半湿润地区的荒漠化是影响政治和经济的全球性环境问题。

我国是荒漠化现象较为严重的国家之一，而我国的内蒙古草原位于中纬度半干旱地区，属于典型的温带草原类型，是变化非常敏感的区域之一。近几十年来，因受气候变化及人类活动的影响，内蒙古自治区成为中国荒漠化土地较多的省区之一，截至 2015 年，荒漠化土地面积达到 62.46 万 km^2，占全国荒漠化土地面积的 24%（丁雪，2018）。蒙古国是世界上第二大内陆国家，其 90%的土地位于干旱、半干旱气候带内，是亚洲受荒漠化影响较严重的国家（孟翔冲，2012）。

卓义（2007）基于 2006 年 4～10 月的 MODIS L1B 数据运用遥感监测模块及荒漠化遥感监测指标体系对蒙古高原地区进行了荒漠化监测，并对各项指标的空间分布进行了分析。

蒙古高原的荒漠化具有从东到西、由北向南加重的趋势，与气候区的分布趋势相吻合。蒙古高原的非荒漠化区域主要分布在我国大兴安岭及其以东地区、燕山山脉以南地区、内蒙古高原西部的河套平原，蒙古国北部的色楞格河流域与鄂尔浑河流域、扎布汗河流域。轻度荒漠化区域主要分布在非荒漠化区域以南、以西地区，主要是大兴安岭以西的呼伦贝尔高原的一部分，锡林郭勒高原的东部，阴山以南的土默特平原及其以东地区，色楞格河与鄂尔浑河流域以西、以南、以东区域。中度荒漠化区域主要分布在大兴安岭以西的呼伦贝尔高原的一部分，大兴安岭以东的西辽河平原，锡林郭勒高原的大部，黄河与毛乌素沙地之间的鄂尔多斯高原，阿尔泰山脉、戈壁阿尔泰山脉、杭爱山脉之间的盆地。蒙古高原的重度荒漠化区域主要分布在毛乌素沙地、浑善达克沙地，腾格里沙漠，外阿尔泰戈壁。极重度荒漠化区域集中分布于中央戈壁和巴丹吉林沙漠（卓义，2007）。

2006 年蒙古高原地区中度荒漠化区域面积占研究区域总面积的 22.44%，主要分布在三大沙地地区，即科尔沁沙地地区、浑善达克沙地地区及毛乌素沙地地区；重度荒漠化区域面积占研究区域总面积的 14.25%，主要分布在腾格里沙漠和外阿尔泰戈壁地区；极重度荒漠化区域面积占研究区域总面积的 18.14%，集中分布于中央戈壁和巴丹吉林沙漠（卓义，2007）。

2006 年蒙古高原非荒漠化区域面积仅占研究区域总面积的 22.35%，重度荒漠化和极重度荒漠化区域面积占研究区域总面积的 32.39%，说明蒙古高原的生态环境相当脆弱，荒漠化情况非常严重。此外最有可能靠人工治理扭转局面的轻度荒漠化与中度荒漠化区域面积占研究区域总面积的 45.26%，几乎是研究区域面积的一半（卓义，2007）。

中国境内的荒漠化情况较蒙古国的荒漠化情况严重很多，而且主要为沙质荒漠化即沙漠化。本章主要分析内蒙古自治区的沙漠化状况及原因。

2.3　内蒙古自治区沙漠化土地分布概况

2.3.1　分布范围

内蒙古自治区是我国“三北”地区沙漠化土地分布面积较大的省区之一（都日斯哈拉，2011）。除大兴安岭北部山地以外均分布着不同程度的沙漠化土地，从西到东依次有巴丹吉林沙漠、腾格里沙漠、乌兰布和沙漠、库布其沙漠、巴音温都尔沙漠，以及毛乌素沙地、浑善达克沙地、乌珠穆沁沙地、科尔沁沙地、呼伦贝尔沙地。此外，在沙区的外围广泛分布着零星的沙漠化土地（赵锐等，2000）。

内蒙古自治区沙漠化土地主要分布在阿拉善盟、鄂尔多斯市、巴彦淖尔市、锡林郭勒盟、通辽市、赤峰市等盟市。

2.3.2　自然环境

内蒙古自治区干旱、半干旱及亚湿润干旱地区的自然条件非常脆弱，孕育着沙漠化的因素。究其原因是气候干旱且多大风天气，地表植被稀疏且具有丰富的沙物质。全区年降水量在 110～400mm，年变率达 5%～20%，水分条件极其不稳定；风力强劲，年均风速多在 3m/s 以上，8 级以上大风的日数达到 30～80d，并且大风和干旱少雨同期。因此，强劲的风力为干旱少雨地区的土地沙漠化提供了强大的自然动力。自然因素与人为因素的结合促进了内蒙古自治区全区土地沙漠化的发生和发展（都日斯哈拉，2011）。

1. 干旱地区

干旱地区分布在巴丹吉林沙漠、腾格里沙漠和乌兰布和沙漠（0.05≤MI（moisture index，湿润指数）＜0.20）。该地区年平均降水量在 200mm 以下，年平均蒸发量达 2 500～3 500mm，生态系统十分脆弱。水资源短缺、气候干旱多风促使土地向沙漠化方向发展。该地区沙漠化土地景观多数为新月形沙丘、灌丛沙堆与沙丘链相间分布，个别地区的灌丛沙堆呈斑点状散布在新月形沙丘链之间。这些沙漠中的流动沙丘比较高大，个别的流动沙丘呈条带状分布，其移动速度较为缓慢，但危害十分严重。植被多以旱生灌木为主，间或有少量乔木，草本则以沙蓬、沙蒿为主，呈稀疏状态分布于沙丘的迎风坡及落沙坡的下缘位置。

2. 半干旱地区

半干旱地区分布在呼伦贝尔沙地、科尔沁沙地、乌兰察布市后山地区、浑善达克沙地、毛乌素沙地和库布其沙漠（0.20≤MI＜0.50）（卓义，2007）。该地区的年降水量在 200～400mm，属于中纬度温带半干旱气候区，处在大陆干燥气团和海洋湿润气团的中心位置。降水极不稳定，降水量及降水的分配强度变化很大，春季和夏初干旱几乎成规律，西北地区尤为突出。该地区的春旱往往会引起有毒类植被的滋生和蔓延，一年生草本在雨季中迅速繁衍生长（都日斯哈拉，2011）。

半干旱地区多分布在农牧交错区，是人类活动较为集中的地区。这些地区是内蒙古自治区最典型的沙漠化土地发生区和发展地带。乌兰察布市后山地区因风蚀造成的地表砾质化、粗化，灌丛沙堆，风蚀劣地，片状流沙等荒漠景观完全不同于其他沙地的沙漠化景观。人为因素在该地区沙漠化土地的形成过程中具有不可忽视的主导作用，而沙漠化的发展与逆转也主要取决于人为作用。

3. 亚湿润干旱区

亚湿润干旱区分布在呼伦贝尔市大兴安岭的东部地区（含嫩江沙地）、赤峰市的南部及东南部地区、通辽市东南部地区。主要包含呼伦贝尔沙地和科尔沁沙地局部地区、毛乌素沙地东部及嫩江沙地。大部分地区的年平均降水量在 380～500mm（0.50≤MI＜0.65）。该区受东南亚季风的影响，旱季和雨季明显，降水集中，降雨多集中在 7～9 月，冬季、春季为旱季且多风（都日斯哈拉，2011）。风沙的移动在旱季进行。亚湿润干旱区土地沙漠化往往不同于干旱半干旱地区的土地沙漠化。

亚湿润干旱区农业经济较发达，土地利用系数较高，绝大多数耕地是沙质土壤，在大风季节，其风沙危害以农田土壤的风蚀为主。干旱和大风等不利因素相互叠加，使冬、春两季风沙流危害严重。土壤风蚀严重，垄沟积沙，甚至出现片状流沙及风蚀地的风沙地貌，农田和草场埋没，造成极大的破坏。旱季的风蚀类似于半干旱区的沙漠化土地。一旦进入雨季则会出现完全不同的景观，绿色植被生长茂盛，风沙地貌迅速消失，这正是亚湿润干旱区具有的特点。亚湿润干旱区具有容易治理和开发的潜力，因此这些土地尚存在一定的生产能力，如能合理开发利用，将会造福于该区域的人民。

2.4　内蒙古土地沙漠化形成机理

由于多种因素的综合作用，沙漠化在不同的生物气候带内可形成各种景观生态系统或地域分异，其重要特征或标志是风沙活动、风蚀和风沙地貌景观的形成、活化和发展，最终导致土地退化。土地沙漠化就是通过土壤风蚀、风沙流、流沙堆积、沙丘前移、沙丘坍塌和粉尘吹扬等一系列的风沙活动实现的。该过程不仅会导致气候、植被、水分和地形等环境要素的变化，也会使构成土壤物质的养分、水分发生变化，使土地丧失生产能力，地表植被稀疏，气候更为干旱，水分减少迅速，风沙活动愈加强烈（申建友等，1992；包慧娟，2004）。地表物质破坏，沙物质裸露，植被稀疏，形成风沙流，并在风动力的长期作用下形成风沙地貌。因此，沙漠化的形成过程实质上是土壤物质再分配过程与在环境气候的综合作用下和人为活动的强力干预下植被丧失过程的结合，即在丰富沙物质及风动力的共同作用下土地的退化过程（慈铁军等，2008）。

对影响沙漠化发生的因子进行深入分析与研究，可以清楚地认识沙漠化形成的原因。目前，学术界普遍认为，与沙漠化形成有关的因素可以分为两类：一是自然因素；二是人为因素。至于这两类因素在沙漠化中扮演的角色，大家莫衷一是。有人认为沙漠化主要是气候干旱的产物，也有人提出虽然不否定气候变化在沙漠化过程中的作用，但人类活动占主导地位。本节不对上述观点加以评述，只是参考各专家的观点，归纳总结沙漠化影响因子与沙漠化之间的关系（谭四明，2012；包慧娟，2004）。

构成沙漠化系统的自然条件、人为活动及社会经济因子间的矛盾运动，形成了沙漠化过程和结果。明确沙漠化系统的组成和过程，是认识沙漠化的需要，也是治理沙漠化的重要环节（包慧娟，2004）。

2.4.1　沙漠化形成的自然影响因子

内蒙古自治区自然系统中与沙漠化有关的因素主要有气候、母质、土壤、植被等，它们是沙漠化发生的基础。同时，伴随着沙漠化过程，以上各因素也会发生相应的变化，尤以植被和土壤的变化最为明显（包慧娟，2004）。

沙漠化形成的自然因素包括沙漠化形成的物质基础和气候因素。沙漠化形成的物质基础是丰富的沙物质的存在，即沙源；气候因素主要是指风动力的作用及其特征，或称起沙风速的作用，只有大风和干旱同季的配合，才能为风沙流的形成提供自然动力。

1. 气候对沙漠化的影响

土地沙漠化作为地壳表层、岩石圈、大气圈、生物圈的综合作用结果，与区域气候的变化关系密切。从沙漠化发生和发展的历史过程来看，它不是呈直线式发展的，而是受气候变化的影响，出现沙漠化期和逆转期（即绿洲化）交替演变的现象（原佩佩等，2012）。当气候向少雨干旱变化时，出现植被消退、土壤侵蚀的现象，土壤中长期积累的有机质、黏粒物质和养分逐步降低，此为荒漠化期，它是生态系统物质、能量不断耗散的过程；反之，当气候向湿润变化时，沙漠化土地逐渐向生草、成土作用过程发展，植被逐步生长繁衍，地表侵蚀速率降低以至消失，土壤中有机质、黏粒物质和养分逐步增多，并形成累积，土壤开始成土，并向熟化方向发展，此为逆转期，它是生态系统物质、能量不断聚积的过程（龚新梅，2007）。

若按沙漠化出现的时间，可分为地质时期、人类历史时期、现代时期。相关研究表明，内蒙古在不同时期存在着不同程度的沙漠化及其逆转过程，而这两种过程的组合状况及在时间和空间上的交替性，显示出气候变化和波动对沙漠化的影响与作用。

1）地质时期气候变化对沙漠化的影响

在地质时期，形成沙漠化过程的地质背景是第四纪两大地质事件，即大冰期的到来和新构造运动。其中，新构造运动使青藏地块大幅度隆起，不仅大范围改变了青藏高原自身的气候特征，而且改变了围绕我国的大气环流格局，阻挡了印度洋湿润气流北上，并且迫使干冷空气在西伯利亚大陆上空积蓄加强，并与太平洋暖湿气流进行水热交换，从而对东亚季风环流的确立起到了重要的作用。随着这种气压分布形势和季风环流系统的演变，我国现在的干旱半干旱地区逐步形成，并使原有植被退化，改变了原有生态系统中能量和物质的耗散过程，亦即发生土地沙漠化（申卫博，2006）。这一气候局面的改变，形成了世界上巨大的具有典型干燥大陆性气候特点的温带、暖温带荒漠区。

2）人类历史时期气候波动对沙漠化的影响

沙漠化为一种地气系统演变到一定阶段时出现的环境变化现象，它的形成与发展受一定的时空条件、地气条件的制约。气候因素的波动是沙漠化发生与逆转演变的主导原因。即气候干燥时，沙漠化就发生、扩展，出现风蚀等侵蚀现象，土地生产力下降。气候湿润时，植被能够较好地生长，流沙被固定，地表侵蚀速率降低，水系、湖泊发育，地表生物量增加，代表暖湿气候环境的沉积层形成（申卫博，2006）。这种由于气候波动所形成的沉积物明显的分带现象在我国鄂尔多斯高原南部和西辽河平原都颇为明显。

3）现代时期气候变化对沙漠化的影响

全球变化和沙漠化是现代世界的重大环境问题，关系着全人类的生存和发展。所谓全球变化是指人类活动对气候变化的影响，如工业化过程和人口增长，产生的废气、废水、废渣和大面积森林的破坏等均可能影响气候。研究表明，在过去的 100 多年间，大气中的 CO_2 浓度增加了 20%。大气中 CO_2 浓度增加所造成的温室效应将导致全球地温的升高。根据 Manable 和 Wethersald（1975）的估算，大气中 CO_2 浓度在达到 0.065%左右时，地球表面温度将会升高 2～3℃。科学家们还推测，到 2030 年左右，大气中 CO_2 及其他温室效应气体的含量将达到工业化前含量的 2 倍，气温升高 1.5～4.5℃。Emanuel 等（1985）预测，大气中 CO_2 含量增加 1 倍将导致气候变化，全球沙漠化面积将增加 17%。干旱面积在任何方向上的肆意扩大，都预示着地球上生命赖以生存的生物圈生产能力的丧失（刘拓，2005）。

沙漠化实质为一种地气系统演变到一定阶段出现的突变现象，即不稳定的、脆弱的生态系统。在气候向干旱波动、沙漠化程度增强时，人为不合理的经济活动将促进沙漠化，沙漠化是气候变化和人为活动彼此叠加与相互反馈的结果。气候变干、变旱是沙漠化形成或增强的潜在条件，而人为不合理的经济活动是诱发和加速沙漠化发生和发展的主导因素。

2. 自然环境条件在沙漠化中的作用

沙漠化的本质是大风作用于裸露的沙质地表而产生的风沙活动过程，是大风对地表沙物质进行吹蚀并引起其搬运和堆积的过程。沙漠化的自然影响因素可归纳为两个方面：一为风速；二为地表状况。当风速大于沙粒的临界起动风速时，将会引起地表物质的运动。地表状况主要是指地表的物质组成和地表植被盖度，其中，前者的变化一般不大。巨厚的沙质沉积物和易风蚀的地表物质组成是沙漠化的物质基础。当地表被植被覆盖时，一般不会产生风蚀，只有当植被盖度降低，地表失去植被的保护时才易产生风蚀现象。而与植物生长有关的自然因素主要是气温和降水（包慧娟，2004）。

在自然状态下，植被盖度决定地表的裸露程度，因此沙物质自身特性、风速及与植物生长有关的环境要素都与沙漠化有关（包慧娟，2004）。

1）沙漠化土地形成的物质基础

沙漠化发生的物质基础是沙性母质，只有在有沙物质分布的地区才有可能发生沙漠化。沙性母质对沙漠化的影响主要表现在以下几个方面：①土壤形成的基础是母质，母质的理化特性将影响土壤结构及土壤粒径组成等性质。②在土层浅薄的地方，沙性母质极易裸露在外，当沙性母质露出地表后，其粒径组成就会影响沙漠化的产生。一般地，将粒径＜0.002mm 的土壤颗粒称为黏粒；将粒径为 0.002～0.05mm 的土壤颗粒称为粉沙；将粒径为 0.05～0.1mm 的土壤颗粒称为细沙；将粒径为 0.10～0.25mm 的土壤颗粒称为中沙；将粒径为 0.25～1.00mm 的土壤颗粒称为粗沙。在相同的风速条件下，粒径越大越不容易被风蚀。③沙性母质的厚度将影响沙漠化的发展方向。如果沙性母质浅薄，风蚀的结果将是戈壁化或使基岩裸露；如果沙性母质深厚，则会发生固定沙丘活化、老沙翻新等沙漠化过程（包慧娟，2004）。

虽然沙漠化形成的首要物质条件是沙源，但起沙条件（即风动力）也必不可少。大量的沙物质来源以及风动力构成了土地沙漠化发生和发展的重要自然因素。地表疏松的沙物质为土地沙漠化发展提供了物质基础，风旱同期及≥5m/s 的起沙风速为土地沙漠化的形成提供了自然动力（包慧娟，2004）。

下面对内蒙古自治区几个主要的沙漠化地区进行分析。

（1）科尔沁沙地。从地质结构上看，科尔沁沙地是松辽盆地的组成部分，位于松辽沉降带的西部区，受两个构造体系控制，西北部是新华夏构造系第三隆起带的大兴安岭北东向构造带，南部是燕山山系的东延部分努鲁儿虎山东西向构造带。科尔沁沙地位于这两大构造体系的夹角地带，呈现三角形分布。由于受大兴安岭东西突泉—鲁北—赤峰大断裂及南部东西断裂的控制，自中生代以来，西辽河流域就开始断块下沉，在第三纪初已经形成断陷盆地，之后持续断陷，堆积了深厚的第三纪沉积物。第四纪继承了第三纪构造运动的特征，继续断陷沉积，堆积了第四纪沉积物。第四纪新构造运动的总趋势仍然是持续下沉，到全新世早期才趋于稳定并有所抬升，表现为西拉木伦河、养畜牧河、教来河发育的一级阶地及高河漫滩的形成（卓海昕，2013）。

科尔沁沙地第四纪沉积可划分为湖积、河积、洪积、残积、坡积、风积及黄土堆积等基本类型。第四纪沉积的分布一般可以描述为：腹地主要为风积物、湖积物和河积物；西部、西北部大兴安岭山前地带分布有洪积及冲积物，以洪积台地为主要地貌类型；西南部主要分布有黄土堆积物，以黄土台地以及起伏缓和的黄土丘陵为主要地貌类型。因此，科尔沁沙地的形成主要与腹地风沙沉积及其下沉的第四纪地层有密切关系。

科尔沁沙地第四纪沉积地层自上而下依次为：①全新统温泉河组，主要是河漫滩堆积、湖沼堆积、风沙堆积，厚度为 5～27m。②上更新统顾乡屯组，属河流冲积。上部为浅黄色、浅棕黄色亚砂土，下部为黄色、浅黄色细粉沙层间夹灰绿色、灰白色亚砂土粉沙层，厚度约为 20m。③中更新统大青沟组，属湖相沉积。沉积层理薄而清晰，一般埋深 10～20m，沉积厚度为 90～160m。④下更新统白土山组，属冰水沉积，主要由卵石、砂卵石、粗中砂及中细砂夹砾石组成，厚度为 30m。

根据野外剖面分析得知，科尔沁沙地的沙源主要为上更新统顾乡屯组、中更新统大青沟组以及全新统温泉河组。这一结论可以从科尔沁沙地 100 多个不同地点、不同土层的样本粒度分析中得到证实（朱震达等，1989）。经分析，这些沙样的机械组成完全相似，均以中细沙为主，粗沙、微沙和粉沙所占比例较小。此外，通过分析重矿物成分，上述 3 种沉积类型的重矿物成分也基本一致。石榴子石含量最高，平均为 46.79%；其次为磁铁矿，平均含量为 23.58%；再次为绿帘石，平均含量为 7.69%；透辉石平均含量为 5.46%。石榴子石—磁铁矿石—绿帘石—透辉石重矿物成分组合，与科尔沁沙地代表性重矿物组一致。这进一步表明科尔沁沙地属于就地起沙型。风力将这些第四纪沉积物吹扬、混合，为现代土地沙漠化发展提供了丰富的沙源。

（2）浑善达克沙地。浑善达克沙地在大地构造上属于华夏系沉降带的一个沉降区，在地质构造单元的划分上是蒙古地槽古生代带的一部分，海西运动时上升为陆地。燕山运动以来，浑善达克沙地形成下陷的宽浅盆地，并沉积了白垩纪和第三纪湖相水平地层，形成一个地堑式坳陷带。第三纪早期，该区发生沉降，沦为规模巨大的内陆湖盆，遂堆积厚为 100～200m 的第三纪湖相沉积物，并在第三纪晚期，全区又开始上升，形成高原地貌。全区海拔为 1 000～1 400m。浑善达克沙地西北为苏尼特右旗、苏尼特左旗、阿巴嘎旗、锡林浩特隆起区，南面为阴山山地隆起区，东部为大兴安岭低山丘陵。在第三纪末和第四纪初，气候干燥，湖海面积急剧缩减，在强劲的风力作用下，流沙逐渐出现，并在长期的自然和人为因素影响下，形成沙地（彭羽，2005；陈晶晶，2014；王晓，2016）。浑善达克沙地主要位于由沙砾层及沙层组成的第三纪构造剥蚀平原上。沙砾层、沙层以及第四纪沙质湖相沉积物是本区丰富的沙物质，在长期的风力吹蚀、搬运作用下，构成了现在的沙地地貌。

（3）毛乌素沙地。毛乌素沙地分布于我国沙漠地区的东南部。从自然条件看，毛乌素沙地大部分属于鄂尔多斯高原向陕西黄土高原的过渡地区。海拔为 1 200～

1 600m，自西向东南倾斜。毛乌素沙地的中部和西北部的基底以砂岩为主，东部及南部边缘覆盖在黄土丘陵上（李占宏，2007）。其地表形态主要有两类：梁地和滩地相间分布、沙丘与滩地相间分布。梁地大多由砂岩构成，砂岩上覆有不同厚度的沙层，少有裸露。滩地为古冲积层和湖相沉积物，厚度在几十米至百余米之间（廖茂彩等，1993）。由于地质时期的地壳变动，这里形成一系列的湖盆洼地，并堆积 100 余米厚的第四纪中细沙层，加上第四纪上更新世末，干旱气候的剥蚀和强劲的西北风将古冲积层和湖相沉积物吹扬、堆积，逐步形成了现在毛乌素沙地的景观地貌，即梁滩相间、波状起伏、沙丘与甸子地结合并存的特征（李占宏，2007）。

（4）乌兰布和沙漠。乌兰布和沙漠位于包头—吉兰泰断陷盆地的西部（闫德仁等，2014）。在中更新世末期，山麓断裂形成上更新世和现代黄河水系的洪积、冲积和湖积平原。从沉积物特征判断，乌兰布和沙漠的沉积物主要是湖泊沉积物或湖泊河流交替混合沉积物，而不是风积物。根据物探资料显示，乌兰布和沙漠第四纪沉积物总厚度达数百米，个别地方甚至达千米以上，巨厚的松散物质为乌兰布和沙漠的形成提供了丰富的沙源。所以乌兰布和沙漠的沙物质来源主要是湖泊沉积物和河流沉积物的沙物质，与中国北方的环境变化规律相一致（闫德仁等，2014）。其形成的时期大致在全新世初期，并不是人类大规模开垦土地的历史时期。

（5）乌兰察布市后山地区。乌兰察布市后山地区是我国现代沙漠化土地发展非常严重的地区之一。该地区处于农牧交错地带，隶属于内蒙古乌兰察布市。该地区位于大青山以北，内蒙古高平原以南的过渡地带。地貌形态总趋势是由南向北倾斜的剥蚀准平原化的波状高平原。从地质构造看，乌兰察布市后山地区位于华北地区内蒙古地轴的北端，自新生代以来持续上升，第四纪之后，长期处于干燥剥蚀的环境下，沉积物不发育。除在一些宽谷和季节性河流两侧有不厚的沙砾和发育不良的黑垆土型古土壤层的沙土层外，广大的高平原面上主要是残积、坡积的碎石质沙层，厚度为 2～10m，而大部分地表（0～50cm）由沙层或具碎石的中细沙层组成，这些疏松的沙质沉积物提供了现代沙漠化发展的物质基础（陈广庭，1989）。

乌兰察布市后山地区沙地的形成可以分为 4 个过程：①沙丘活化过程。原来的固定沙地在自然和人为因素的影响下，植被破坏，沙地开始流动，流沙由斑点状渐渐连片，最终成为流动沙地。②草原灌丛沙漠化过程。在原来以小叶锦鸡儿为主要植被的草原，吹蚀的风沙沉降，形成灌丛沙堆，随着生育、生长条件的恶化，灌木逐渐枯死，沙堆形成波状沙地。③地表的砾石化或粗化过程。细土、沙和砾石组成的沉积物表层经风蚀后，细粒物质被风吹走，砾石逐渐增多，形成类似戈壁的地貌景观。④耕地土壤的风蚀过程。风蚀后的耕地土层变薄，形成风蚀劣地。

乌兰察布市后山地区的风成地貌主要有 5 种类型，即砾石化地表、灌丛沙堆、风蚀劣地、平沙地和基岩风蚀地貌。陈广庭（1989）研究指出，乌兰察布市后山地区 20 世纪 80 年代中期，沙质沙漠化、沙丘活化、灌丛沙漠化、草原砾石化的土地面积达 19 098.11km^2，比 70 年代增加了 7 381.68km^2。

2）土壤对沙漠化的影响

土壤的形成受母质、气候、水文、地形、生物等因素的综合影响，土壤与母质的区别在于它具有一定的结构和肥力。土壤肥力能够保证植物正常生长，土壤结构是土壤组成物质更紧密地结合在一起的保障，所以土壤较母质具有更强的抗风蚀能力，尤其是在有植被保护的情况下。地处半干旱地区的沙漠化区域，环境非常脆弱，在多风干燥的气候条件下，如果地表植被遭到破坏或土体受到机械扰动，土壤细粒物质和有机质容易被风吹蚀，造成土地退化（包慧娟，2004）。

3）气候对沙漠化的影响

沙漠化发生的气候条件主要是干燥和多风。我国沙漠化土地主要分布在北方干旱、半干旱及半湿润地区，其中北方草原区、农牧交错带和沙漠中绿洲的风沙灾害严重，而干旱是这些地区的共同特点，这些地区的蒸发量往往是降水量的 2～10 倍。水资源匮乏，加上降水变率大，影响了植物正常生长，导致植被盖度较低且变化大，特别在土壤裸露的情况下，很容易产生风蚀。风是产生风沙活动的动力，沙粒的临界起动风速因地表植被盖度、地表组成物质粒径、地表紧实度的不同而不同，植被盖度越高、地表越紧实，起动风速的临界值也越大（包慧娟，2004）。

尽管风是土地沙漠化发生的重要自然因素，但并不是所有的风都能造成起沙作用。沙粒运动受风、沙粒干湿状况及沙粒粒径的多重影响。不同粒径的沙粒起沙风速是不同的（表 2-1）（吴正，1987）。

表 2-1　粒径与起沙风速的关系

粒径/mm	起沙风速（距地面 2m 高处）/（m/s）
0.1～0.25	4
＞0.25～0.5	5.6
＞0.5～1.0	6.7
＞1.0	7.1

根据拜格诺的研究，起动风速最小的石英沙粒，粒径为 0.08mm 左右。风洞实验表明，粒径在 0.1mm 左右时沙粒的起动风速最小，粒径变大或者变小，起动

风速均增大（刘玉璋等，1992）。根据胡孟春等（1991）、刘玉璋等（1992）的研究，流沙在干燥状态的起沙风速较低，为4.5～5.0m/s，随着沙地含水量的提高，起沙风速迅速提高（表2-2）。当沙地表层含水量在2%以上时，流沙很难被吹扬。在毛乌素沙地、科尔沁沙地和浑善达克沙地，沙物质均以中细沙为主，粒径为>0.25～0.1mm，起沙风速一般为≥5m/s。

表2-2　沙地含水量与起沙风速的关系

沙地含水量/%	起沙风速/（m/s）
1.11	2.21
4.73	6.58
12.21	14.32

上述沙地均位于我国季风气候区，冬季受蒙古高压和阿留申低压两大系统的控制，多盛行西北风及偏北风。在干冷气团的控制下，冬季降水少，早春多为西北偏北风，雨雪少，气温回升快，蒸发量大，春旱较严重。年平均风速为3.4～4.4m/s，春季平均风速为4.2～5.9m/s，≥5m/s起沙风速的天数为210～310d，≥8级大风（风速等于17m/s）的天数，年平均为40～60d，并且多集中于冬春季节。此外，上述沙漠化地区降水分配不平衡，降水的季节性分配也不均。夏季受东南季风的影响，降水量集中，主要在6～8月，且占全年降水量的70%以上，春季降水量只占11%，冬季降水量仅占1%。冬春季天气干旱，植被盖度全年最低，这无疑加剧了沙漠化的形成与发展。此时是土地沙漠化形成的关键时期。

上述地区的起沙气候条件在时间配合上相一致，即风速年变化以冬春季为高峰，降水量则在冬春季为低谷，冬春季多风且干旱，是土地沙漠化的强烈发展期。尤其春季气温回升较快，蒸发强烈，表土干燥，植被盖度进一步降低，因此春季土地沙漠化的发展更为严重，是造成沙地风沙环境的关键季节。

4）植被对沙漠化的影响

植物通过覆盖地表来保护地面，植物与气流摩擦可降低风速，叶片拦截风沙流中的沙粒，进而减少风沙活动。地带性顶极植物群落是自然历史长期发展和现代自然条件综合作用的产物，其形成和分布受大气候的控制，每一个气候类型都有相应的植被类型。沙漠化地区分布的多为不同类型的草原，这些植被类型可以通过密集的地上及地下部分有效地减少风蚀。无论是自然条件还是人类活动都能通过改变植被盖度来影响沙漠化方向。当地表有足够植被覆盖时，风蚀量就会大大减小甚至为零，沙漠化会出现逆转；如果植被盖度减小，地表裸露则极易产生风蚀，沙漠化就会发展。因此，保护以及恢复植被、增加植被盖度是防治沙漠化的根本措施（包慧娟，2004）。

近四五十年来，中国北方沙漠化发展形势严峻，但同期自然条件的变化却不明显，甚至表现出有利于沙漠化逆转的变化趋势。因此沙漠化是由母质、气候、土壤、植被等自然地理要素综合作用的结果（包慧娟，2004）。而人为因素也是不可忽视的重要因子。

2.4.2　沙漠化形成的人为因素

按照生态学的观点，研究沙质荒漠化的过程和机制，需要从分析无机环境、生物、人类活动的关系开始。沙漠化多发生在干旱半干旱地区，这些地区的土壤一般由质地疏散的地表物质，或含碳酸盐量较高的土壤母质构成，这决定了原生地表和基质条件的脆弱特性。降水量少、蒸发强烈的气候条件，更加剧了环境因素的不稳定性。而不稳定的生态环境条件极易发生变化，生态环境条件的变化必然会引起植被和植物群落的变化。在人类不加干扰的情况下，植被和植物群落的变化幅度相对较小，速度较慢，较容易恢复（孙祥，1992）。但在人为干扰的情况下，如人口的增长及人类对自然资源的盲目开发，不合理的扩大耕地面积，无规律无节制的樵采、砍伐，不切实际的增加牲畜数目，植被环境条件将更进一步恶化。当人为干扰的程度超过自然更新能力的时候，即会导致沙漠化，从而产生沙漠化景观。

发生沙漠化的半湿润地区，地表组成物质以沙质沉积物为主，或是河流的冲积沙层，或是河流古道泛洪流的沙质沉积物。在人类活动破坏天然植被的情况下，风力作用也易造成土地沙漠化。这种沙漠化土地分布面积较小，一般呈斑点状散布在平原上（沈孝辉，2002）。

人类活动通过改变地表状况来影响沙漠化。地表植被被人类活动破坏时，地表裸露，或者土体结构破坏、松散，地表物质容易随风运动，从而产生风蚀、风积等沙漠化过程（包慧娟，2004）。

导致沙漠化的主要人为因素是植被利用不当。例如，盲目开荒、乱砍滥伐林木、过度放牧、大量樵采、滥挖（搂）药材等导致的沙漠化土地称为“人造沙漠”。许多统计资料（表 2-3）表明，对植被利用不当是导致土地沙漠化的主要因素。

表 2-3　中国北方土地沙漠化的人为因素

因素	占风力沙漠化土地的比例/%	因素	占风力沙漠化土地的比例/%
过度放牧	30.1	过度开垦土地	26.9
过度樵采	32.7	水资源利用不当	9.6
开矿、交通等	0.7		

资料来源：朱震达，陈广庭，1994. 中国土地沙质荒漠化[M]. 北京：科学出版社.

沙地虽然存在形成沙漠化土地的自然因素，即有丰富的沙源、干旱少雨和大风天气，但是人类对土地的强烈干扰活动和不合理的经济活动，对沙漠化土地的形成和发展起到激发和促进的作用。人口过度增长、过度放牧、过度开垦土地和过度樵采，加速了土地的沙漠化进程，由风力作用导致的沙丘前移形成的沙漠化土地仅占 5.5%。所以人为因素是造成现代沙漠化过程的重要原因（闫德仁，2001）。

以下仅就人为因素对沙漠化土地的影响情况进行阐述。

1. 人口过度增长对沙漠化土地的影响

人们为满足对粮食的需求，不断地向土地施加压力，通过扩大种植面积来满足人口增长对粮食的需求，超过了土地的承载力，结果导致植被破坏、土地生产力水平下降。因此，人口过度增长是土地沙漠化人为因素中的首要因素。

在科尔沁沙地，1961 年科尔沁左翼后旗沙漠化土地面积为 2 250.1hm^2，奈曼旗为 2 104.8hm^2，库伦旗为 1 440.7 hm^2。1975 年科尔沁左翼后旗人口总数为 31.6 万人，奈曼旗为 13.1 万人，库伦旗为 31.5 万人；沙漠化土地面积分别为 8 400.06hm^2、5 657.12hm^2 和 2 658.57hm^2。1981 年这 3 个旗的人口总数分别增加到 34.6 万人、14.3 万人、35.2 万人，沙漠化土地面积分别为 8 343.75hm^2、4 063.54hm^2 和 2 604.13hm^2。说明 20 世纪 70 年代是科尔沁沙地土地沙漠化发展严重的时期。由于人口增长，人均占有农产品的数量和土地资源不断下降，环境压力加剧。这使得可利用沙地资源的盲目开发力度加大，沙漠化土地的人为压力加剧，促进土地沙漠化的进一步发展。

在毛乌素沙地，鄂尔多斯市乌审旗 1989 年人口总数为 87.103 2 万人，其中农牧业人口为 73.273 0 万人。1984～1989 年人口平均增长 2.37%。乌审旗总户数在 1949 年为 6 250 户，到 1994 年达到 24 395 户，年平均增长 6.95%，并经历了 3 个过程：①1949～1975 年，人口由 2.866 8 万人增加到 7.217 7 万人，年平均增加 5.8%；②1975～1990 年，人口从 7.217 7 万人增加到 9.019 7 万人，年平均增加 1.66%；③1990～1994 年，人口由 9.019 7 万人增加到 9.143 4 万人，年平均增加 0.34%，而乌审旗现代土地沙漠化发生的时间也在 20 世纪 70 年代最为严重。

在乌兰察布市后山地区随着人口的增长，垦荒面积不断加大，沙漠化土地面积也在增加。

2. 盲目开荒对沙漠化土地的影响

土地沙漠化与人类对土地的不合理利用是分不开的，人类对土地的不合理利用集中体现在土地利用的结构和方式上（包慧娟，2004）。

在土地利用结构中，耕地是极易沙漠化的一种土地利用类型。耕地来源于对草地的开垦，所以在耕地面积持续维持较高水平的条件下，草地面积不断缩小，并有年际波动。草地开垦不仅破坏地表植被，还破坏土壤结构，松散裸露的地表最容易产生风蚀。随着耕地面积的逐步扩大，自然状态下沙漠化地区的草地面积减小。草地是经过长期自然选择形成的、可以有效抵御风蚀的、能适应当地自然条件的生态系统。草地面积的减小，无疑会促进沙漠化土地的发展（包慧娟，2004）。有利于沙漠化发展的土地利用方式表现在：①草地开垦为耕地以后无任何保护措施，作物收割之后，耕地疏松且完全裸露；②不注重草地建设，草地大多为天然草地，加上过度放牧，草场沙漠化严重。

盲目开荒使植被破坏，导致土地沙漠化的情况极为普遍。例如，内蒙古乌兰布和沙漠、毛乌素沙地的成因就是人类对白刺、油蒿等植被地进行大面积开荒，开荒后或因农田防护措施不利，或因干旱少雨天气，或因水利条件缺乏而无法耕种。在内蒙古草原，大面积的沙地主要是历史上滥垦的结果。中华人民共和国成立后，中共中央一再颁布政策，要求在牧区以牧为主，保护牧场，禁止开荒，但地方政府落实不到位：1958～1962 年地方政府片面理解大办农业，在牧区刮起大开荒的歪风；1966～1973 年大肆强调以粮为纲，掀起大规模开垦草原的浪潮。草原上的天然牧场被开垦以后，由于原土地肥力的存在，当年粮食亩产可维持数十斤（1 斤=0.5kg），但两三年后，亩产急剧下降，最后连种子都无法收回，只好撂荒，再开垦一块新地。如此反复，致使撂荒地面积成倍增长。内蒙古草原缺少植被保护，在风的作用下很快就变成沙漠化土地和沙源地（孙金铸，1981）。

在我国草原地区，垦荒有着悠久的历史。17 世纪中叶，清政府曾颁布《辽东招民开垦例》，招集万余外地“善垦者”在科尔沁进行大面积垦荒。到 18 世纪中叶，科尔沁私垦荒地面积达到 24 175hm^2。在随后的垦荒中，大片的草场和森林遭到破坏。同时，采用广种薄收的原始经营方式，土地种植 2～3 年后就无法再继续耕种，被迫撂荒。开垦后的农田植被破坏严重，土壤失去了植物的覆盖保护作用，加上土壤的沙质特性和周围流沙的易移动特性，在干旱季节，土壤表层开始沙化或遭到沙埋，使原本脆弱的生态系统遭受严重破坏，促进了沙漠化土地的发展。在人类不断的强烈干扰下，土地的沙漠化过程很难自然逆转。所以，垦荒种地—植被破坏—风蚀沙化—片状流沙形成—风沙环境形成，这一系列过程是沙漠化土地大面积增长的直接原因（闫德仁，2001）。

例如，1955～1965 年，奈曼旗总垦荒面积达到 8 848hm^2，平均每年垦荒

737hm^2。据科尔沁左翼后旗潮海乡实地调查，20 世纪 60 年代大量开垦固定沙地，仅 1961 年就开垦 1 955hm^2，平均每人开垦 1.35hm^2。结果使固定沙地活化，流沙蔓延，许多土地被流沙覆盖。

在毛乌素沙地，强烈的开垦草地种植农作物活动开始于 20 世纪初。据有关资料显示，在鄂尔多斯市有 3 个大规模垦荒期：第一个大规模垦荒期是在 1901～1911 年，开垦的土地面积达到 146 700hm^2；第二个大规模垦荒期是在 1932～1949 年，开垦的土地面积达到 188 000hm^2；第三个大规模垦荒期是在 1957～1973 年，垦荒范围发生在年降水量 250mm 或不足 250mm 的地区，危害更大。

乌兰察布市后山地区主要是在 1922～1925 年垦荒的。初期以游农方式斑点状开垦。随着人口的增加，粮食需求量加大，耕地面积不断扩大，促进了土地沙漠化的发展。

内蒙古自治区的四大沙地曾经都是植物生长茂盛的草原，皆由于不断垦荒而变成沙地。从 1949 年到 20 世纪 90 年代末，内蒙古经历了 3 次垦荒高潮。1949 年内蒙古的耕地面积为 433.1 万 hm^2，1951 年耕地面积增加到 506.3 万 hm^2，其中分布于河套、土默川、西辽河、岭南嫩江流域的耕地就有 190 万 hm^2，构成内蒙古的四大农区。1958 年在一些错误方针的指引下，内蒙古耕地面积一度增加到 609.7 万 hm^2，造成大面积土地的沙漠化。进入 20 世纪 90 年代以后，内蒙古进行第 3 次垦荒高潮。1998 年，内蒙古实有耕地面积达到 722.4 万 hm^2，比 1989 年增加了 47.1%。其中，呼伦贝尔森林草原地带耕地面积增加 63.9 万 hm^2，比 1989 年（61.7 万 hm^2）增加了 1 倍多；科尔沁沙地的通辽市、兴安盟、赤峰市共增加耕地面积 79.3 万 hm^2；锡林郭勒盟草原垦荒面积增加 9.8 万 hm^2，比 1989 年（19.6 万 hm^2）增加了 50%；而生态环境最恶劣的乌兰察布市耕地面积也增加了 16.7 万 hm^2；巴彦淖尔市、鄂尔多斯市也分别增加了 28.6 万 hm^2 和 15.5 万 hm^2（温培丹等，2015）。内蒙古遥感中心从 1996 年起，连续 10 年对呼伦贝尔草原和大兴安岭东西两侧进行监测，结果表明新开荒土地 67 万 hm^2，生态环境被严重破坏，导致 1999 年我国东北出现历史上从未有过的黑风暴。所以，内蒙古自治区经过 3 次垦荒高潮，虽然粮食产量有了明显的提高，但生态环境明显恶化，土地沙漠化加剧，新增 183 万 hm^2 的沙漠化土地（闫德仁，2001）。

3. 过度放牧对沙漠化土地的影响

不同土地利用类型对土地沙漠化过程的影响存在明显的差异。草地利用方式的合理性，首先表现在草地载畜能力。一定面积的草地载畜量是有限的，当放养的牲畜超过这个限度时，牲畜过度啃食，致使草群高度降低、盖度减小，地表出现不同程度的裸露，加上牲畜的践踏，地表结构破坏，产生众多裸露沙斑（包慧娟等，2008）。随着土地沙漠化的发展，相同面积草地的载畜能力会有不同程度的下降，其原因主要有两个方面：一方面是牲畜数目的持续增加；另一方面是草场载畜能力的降低。两者相互作用，使草原过度放牧情况更加严重。其次，草地利用方式合理性表现在草地的结构。草地构成中天然草地占绝大部分，人工草地和改良草地所占比例很小，而天然草地由于投入不足，产草量不如人工草地和改良草地，是一种承载力最低的草地类型。一般来讲，饲养一个羊单位牲畜所需的草地面积依草地类型而不同，天然草地为 1.33hm^2、改良草地为 0.33hm^2、人工草地为 0.07hm^2（包慧娟，2004）。

放牧是少数民族地区的一种传统生产方式。随着社会经济的发展、交通信息的传递以及与外界交往的增加，人们对食品的需求越来越大，牲畜数量在不断增加。特别是放牧牲畜头数的激增，使草场压力加剧、草原没有休养生息的时间，造成草场过度利用，植被逐步毁坏，表土失去了植被的保护，引起土地沙漠化的蔓延（闫德仁，2001）。据调查，内蒙古自治区 1983 年有退化草地面积 21 万 km^2，1995 年发展到 39 万 km^2，草地退化面积每年以 2%的速度增加。素以水草丰美闻名的呼伦贝尔草原和锡林郭勒草原草地退化面积比率分别为 23%和 41%，鄂尔多斯高原草地退化面积比率甚至高达 68%（《中国生物多样性国情研究报告》编写组，1998）。

过度放牧对草场沙漠化的影响程度到底有多大，赵哈林等（2002）在奈曼旗进行了连续放牧梯度试验。研究结果表明，在牧场利用率超过 75%的重度放牧条件下，持续过度放牧对植被造成严重危害，平均植被盖度、高度、产量和根系量分别比对照区下降 32.9%、81.0%、88.4%和 76.2%，裸地率增加 66.1 倍。此外，为采食足够的食物，家畜的活动量增加 50%以上，平均增重却分别比轻度放牧和中度放牧的地区低 84.7%和 85.6%。特别是连续重度放牧的第 3 年，植被盖度、高度、产量分别比第 1 年下降 29.7%、11.4%和 0.5%，比同年对照区下降 65.7%、84.9%和 94.3%。第 3 年结束时，裸地率已达到 35.2%，近半数草地已被沙漠化。在中度放牧和轻度放牧条件下，植被逐年恶化的现象没有发生。因此，在以草本植物为主的草场上，牧草利用率应在 50%～55%，应以中度放牧为主要放牧形式。而在严重退化的草场，建议采用分期封育或轻度放牧形式，牧草利用率以 25%～30%为宜。

毛乌素沙地的乌审旗牲畜数量由 1949 年的 258 176 头（只）增加到 1970 年

的 947 069 头（只），年平均增加 14.8%，其中小牲畜增加迅速，而山羊占小牲畜的比例为 49.4%。山羊对于植被的破坏最为严重，其比例的增加在一定程度上加快了土地沙漠化的进度。尽管到 1994 年，乌审旗牲畜数量开始下降，但总头（只）数仍维持在 510 982 头（只），而根据乌审旗天然草场生产力水平和类型面积，其适宜的载畜量为 332 957 头（只），因此牲畜数量仍处于严重的超载状态。

在浑善达克沙地，过度放牧导致沙漠化的现象也十分严重。例如，2001 年在正镶白旗沙拉盖嘎查，过度放牧致使固定沙地变成流动沙丘，黄柳全部死亡，沙丘顶部裸露大量的残根，并有极少量的沙蓬。流动沙丘的高度在 10～15m。从现存的 100m^2 黄柳群落周围的榆树疏林地来看，2001～2015 年这里生长有大量植被，属于固定沙地，植物种类十分丰富。根据调查，黄柳生长良好，盖度在 100%，其他的植物品种主要有铁线莲、苜蓿、沙蒿、沙生冰草、虫实、角茴香、猪毛菜、披碱草、沙蓬、益母草、细叶苦荬菜、砂珍棘豆、砂蓝刺头、组叶独行菜、天门冬、斜茎黄耆芪、黄花野决明等。而过度放牧沙化，特别是迎风坡风蚀，导致沙丘坍塌形成大面积的流动沙丘，上面几乎没有植物生长（闫德仁，2001）。

此外，过度放牧对树木的危害也很严重。尤其是自由式放牧，牲畜对固沙林和农田防护林进行啃食，树叶被牲畜食用，地被覆盖物减少，不利于林业的健康发展和环境条件的改善。同样，过度放牧后，草本植物的大部分茎叶被啃食，植物的光合能力降低，生长繁殖受阻。这种连续的啃食植物行为，导致地上部分没有充足的能量供植物越冬和繁衍后代，植物的竞争力衰退，草场质量下降，多年生的草本植物群落逐渐退变成一年生草本植物群落，对环境变异的适应性减弱，稳定性变差，不利于牧业生产的发展。所以，合理轮牧，科学利用草场和土地资源是沙地资源可持续利用的重要手段，必须引起人们的高度重视。

4. 砍伐林木对沙漠化土地的影响

胡杨林是沙漠中宝贵的森林资源，曾大面积地分布在内蒙古额济纳河的下游。胡杨林生长茂盛之处土地肥沃，水草丰美，防风固沙效果良好。20 世纪 50 年代至 20 世纪末，人们对胡杨林乱砍滥伐，造成风吹沙扬，沙漠化面积扩大。

5. 滥采对沙漠化土地的影响

中药材和柳编等副业性采集都会对脆弱的生态环境和沙质土壤造成严重的破坏。沙区 1～2 年生黄柳是良好的柳编材料，而人类过度采割，使黄柳成片死亡，同时丧失固沙作用，造成流沙蔓延（闫德仁，2001）。

草原地区分布着丰富的野生药材和名贵的植物资源，如甘草、麻黄等。其经济价值较高，采集时除人力成本外几乎没有其他成本投入，因此成为人类一项重要的收入来源。受经济利益的驱使，人们不考虑资源的可持续性，每年都进行大量的采挖活动，使原有的植被层遭受严重破坏。甘草坑随处可见，为沙丘活化打开了缺口，导致沙漠化的发生和扩展（闫德仁，2001）。20 世纪 70 年代人们只是用镰刀割取麻黄的地上部分，20 世纪 80 年代之后，人们竟用铁锹将麻黄连根挖起，这种杀鸡取卵的做法不仅使麻黄资源日渐减少，而且使地表遭到严重破坏，造成土地沙漠化。据估计（伊克昭盟志编纂委员会，1994），每挖 10kg 甘草就要破坏 5.3～7.3hm^2 草地。鄂尔多斯市在 20 世纪七八十年代甘草的年产量为 200 万 kg，破坏草场面积约 120 万 hm^2。1993～1996 年，大批农民进入内蒙古草原采搂发菜，破坏草原面积达到 1 270 万 hm^2，其中 400 万 hm^2 严重沙漠化，已经失去利用价值（闫德仁，2001）。

6. 过度樵采对沙漠化土地的影响

内蒙古自治区冬季漫长而寒冷。冬季主要受阿留申低压和蒙古高压两大系统控制。冬季降水少，盛行西北风及偏北风，气候干冷。12 月的平均气温为-12.9～-10.1℃，1 月的平均气温为-16.2～-12.6℃，最低气温为-29.3℃。由于本地区过去煤炭资源价格昂贵，当地居民生活所需能源 21%来自薪柴（主要是作物秸秆、柴草和牛粪）。据统计，平均每户每年燃烧薪柴 5 000～7 000kg，这些薪柴有相当一部分来自沙区的灌木、半灌木，沙地上生长的蒿草和树木等。特别是 20 世纪 70 年代初，当地人们的薪柴严重不足，大量的树木被砍伐、烧掉，防护林体系受到严重破坏（闫德仁，2001）。

大量樵采使植被变得越来越少，致使土地裸露而形成沙漠化的现象极为普遍而且十分严重。土地承包到户之前，为解决燃料问题，农牧民砍树、搂柴、打草等，对地表起保护作用的植被、根系及土壤表层结构产生极大的破坏。土地承包到户以后，各家各户所产的秸秆基本可以满足燃料需求，加上荒沙造林的树种主要是黄柳，每年平茬的枝条也可以补充燃料的不足（包慧娟，2004）。

例如，内蒙古乌兰布和沙漠的梭梭林在 1964 年一望无际，生长茂盛，分布面积为 22 万 hm^2，占该沙漠总面积的 17%。经过 10 多年的大量无节制樵采，梭梭林所剩无几，裸地成片，风沙危害日益严重。其中保尔套勒盖地区 1968 年还有 1.3 万 hm^2 梭梭林，到 1978 年已被砍伐殆尽，剩下遍地残根，处处流沙。根据沙漠学家刘恕（1986）提供的资料，阿拉善盟境内的天然梭梭林因长年樵采减少了 60%。

另外，冬季使用耙子搂柴是一种传统的樵采薪柴的方式。耙子搂过后，整个表土尽显，加上冬季多风干燥的天气条件，使土地沙漠化进一步扩展（闫德仁，2001）。

在科尔沁沙地，1966 年以前，科尔沁左翼后旗封育林地面积约为 12.4 万 hm^2，因樵采行为，到 1976 年封育的次生林地面积已经不到 1.3 万 hm^2，封育林地面积遭到严重破坏。同时，通辽市封育的数十万公顷次生林及疏林草原，因樵采行为而破坏的面积占比达到 37.5%左右（胡炳清，1990）。

7. 水资源利用不当对沙漠化土地的影响

水资源利用不当也能引起沙漠化。例如，内陆河流域水资源的利用缺乏统一规划，中上游过度利用，造成下游水量减少，或者盲目开采地下水资源，造成地下水位持续下降，引起植被枯死进而产生沙漠化（包慧娟，2004）。

水资源利用不当导致沙漠化的过程主要发生在内陆干旱地区。河流是维系绿洲生命的源泉，由于地区利益之间的冲突，上、中游过度用水，造成下游地下水位下降，引起植被干枯死亡。有研究者对比黑河中、下游地区沙漠化过程发现，在河流的中游地区，自 20 世纪 50 年代到 80 年代，沙漠化达到鼎盛时期，20 世纪 90 年代之后出现逆转；而在河流的下游地区，自 20 世纪 50 年代至 20 世纪 90 年代，沙漠化一直呈现持续扩大的趋势，河流中、下游沙漠化具有截然不同的规律（包慧娟，2004）。

在内陆河流域沙漠化过程中，水资源利用扮演着极为重要的角色。在沙漠化地区水资源利用不当、水资源滥用的表现是缺乏统筹安排，过度开采利用地下水。在阿拉善地区，20 世纪 50 年代黑河流域东、西居延海面积分别为 35.5km^2 和 267km^2，后由于水资源利用不当，分别在 1961 年和 1992 年干枯。内蒙古额济纳旗先后有 12 个湖泊、16 处泉水、4 个沼泽干枯，致使大面积绿洲沦为荒漠，并在近几年每年都发生大范围的沙尘暴危害。居延海 1 400 万亩的梭梭死亡，导致沙漠化土地接近 93.3 万 hm^2（闫德仁，2001）。

有些地区的灌溉方式是大水漫灌，不但会造成水资源的严重浪费，还会导致土地盐渍化及地下水位下降，而土地盐渍化和地下水位降低是植被退化和地表裸露的诱因。

地下水位空间分布的差异与土地利用方式不无关系。沙漠化土地主要用于放牧，人为利用少，加上植被稀疏、蒸散少，有利于地下水位的抬升（包慧娟，2004）。

8. 滥开矿对沙漠化土地的影响

不重视生态环境的保护，煤矿、工矿和道路等基本建设会导致沙漠化的发生，特别是一些小煤矿的开采活动，严重威胁地表植被的恢复。据统计（孙金铸，1994），内蒙古自治区有各类矿点 3 530 处，道路长度 8 000 多千米，固体废物 5 600 多万 m^3，占地和毁坏植被 13 201km^2，相当于全区累计治理面积的 1/4（闫德仁，2001）。

其他诸如交通、城市建设引起的沙漠化等，均是人类各种经济活动所形成的沙漠化过程。

2.4.3　社会经济发展在沙漠化中的作用

受科技水平和人口素质的限制，沙漠化地区土地资源的利用方式既落后又粗放，几十年来一直沿用传统的耕作、放牧和灌溉方式，对耕地、草地和水资源造成极大破坏和浪费。耕地的粗放利用主要表现在人们缺乏对其进行保护的意识，作物收割后耕地完全裸露，秋翻后地表更为疏松，从而使农田成为风蚀量最大的土地利用类型。过度放牧使植被遭受牲畜的过度啃食而不断退化，植株变得稀疏矮小，地表出现裸斑，加上牲畜的践踏行为，地表进一步裸露。牲畜头（只）数增加、草原建设匮乏、草地退化 3 个不利因素，是草地沙化的重要原因（包慧娟，2004）。

人类活动是通过土地资源的利用、地表状况的改变来影响沙漠化的，因此我们称人类活动为沙漠化的扰动因子。以往的研究认为，相对于脆弱的自然条件，人类活动的影响在沙漠化过程中占有更重要的地位，因此认为通过调节人类活动治理沙漠化是最现实而有效的途径。但是依据这个思路进行沙漠化治理，经过几十年的实践，并没有得到预想的效果。因此，人们需要从更深的层次——社会经济条件，来剖析沙漠化发生的原因，以达到标本兼治的目的（包慧娟，2004）。

（1）与沙漠化有关的人口状况。人口越多、人口素质越低、农村人口比例越高对土地造成的压力越大。因此，分析人口因素是深入探讨沙漠化成因最合适的切入点。

由于传统思想等的影响，中华人民共和国成立后，我国人口迅速增长。其中，沙漠化地区人口密度已由 20 世纪 50 年代初期的 10 人/km^2 增加至 20 世纪 80 年代的 24～60 人/km^2，而联合国环境规划署则把 20 人/km^2 作为半干旱地区人口密度的临界值。人口持续增加的直接后果是耕地面积不断扩大，过度放牧、大量消耗水资源、过度樵采等不合理活动都与人口激增相伴而生。

人口城乡结构中农村人口比例太大，给土地造成极大的压力。

人口素质是一个重要的沙漠化影响因素。首先，农村劳动人口素质普遍偏低，限制了他们向其他行业或其他地区发展的空间，决定了他们只能以当地有限的土地资源为劳动对象，使土地压力无法释放，牧区农村人口素质低是人口城乡结构不合理的直接原因。其次，农村劳动人口素质低，决定了他们生产方式较落后，近乎掠夺式的土地利用方式使土地资源遭受空前破坏。最后，领导者的素质和思想会直接影响决策水平，决策的正确性将在更大范围内影响沙漠化。

沙漠化地区在人口数量、人口素质和人口城乡结构等条件的约束下，经济以第一产业占主导地位，经济基础非常薄弱。落后的地区经济致使对科研、教育、人才、沙漠化治理等方面的投入严重不足，这些因素反过来都会影响沙漠化。

（2）科技是第一生产力，可以大幅度地提高劳动生产率，提高经济效益，也可以改变生产、生活方式，使人们的行为更加符合自然规律。然而，在中国的沙漠化地区，科技投入少，科技人才稀缺，科技发展水平低下，对沙漠化防治的支持力度明显不足。以色列的干旱半干旱地区面积占国土总面积的 75%以上，沙漠面积达 45%，却依靠高新技术，不但使沙漠化得到有效的控制，而且使旱作农业生产取得了令世界瞩目的巨大成就，显示了科技在沙漠化地区发展中的巨大能量，也给了我们极大的启示。

（3）政策的影响能力和影响范围巨大。科学而合理的政策需要从人口、资源利用、经济、教育、科学等不同方面配套制定和实施。当政策出现失误时，沙漠化空前发展；当政策较为合理时，沙漠化趋于稳定并可能逆转。领导者或决策者的素质是关系政策合理的关键因素。各级领导要有较高的科学素养，保证所制定的政策符合客观规律。领导者也要有为民服务的公仆意识，确保出台的每一项政策是切实有效的。科学合理的政策需要落到实处才能取得预期效果，所以政策的执行及监督也是至关重要的环节。

沙漠化是区域系统中经济子系统、社会子系统与自然子系统不相协调的产物。众多的人口及贫困的生活状态、落后的经济和科技政策等导致过度开垦、过度放牧、过度樵采等不合理人为活动发生，而不合理的人类活动作用于脆弱的自然条件产生沙漠化。

按照系统论的观点，沙漠化系统可以分为脆弱的自然条件、不合理的人类活动、落后的社会经济条件、强烈的风沙活动、严重的风沙危害等几个部分。其中脆弱的自然条件是沙漠化的基础，不合理的人类活动是沙漠化的扰动因子，落后的社会经济条件是沙漠化的驱动力，强烈的风沙活动是沙漠化的标志，严重的风沙危害是沙漠化的后果。而沙漠化的发生和发展又进一步加剧社会经济的落后程度，形成社会复合系统与自然之间的非良性循环（包慧娟，2004）。

参考文献

包慧娟，2004. 沙漠化地区可持续发展研究[D]. 长春：中国科学院东北地理与农业生态研究所.

包慧娟，赵明，闫丽，等，2008. 奈曼旗沙漠化及其防治中的政策影响因子分析[J]. 干旱区资源与环境，22（7）：59-63.

陈广庭，1989. 内蒙乌盟后山土地沙漠化地区地貌特征：以商都县北部为例[J]. 中国沙漠，9（2）：23-30.

陈晶晶，2014. 浑善达克沙地榆树径向生长及其对气候因子的响应分析[D]. 呼和浩特：内蒙古农业大学.

慈铁军，马哲，2008. 基于 ISM/AHP 方法的内蒙古沙漠化治理的研究[J]. 呼和浩特：内蒙古科技与经济（4）：2-4.

丁雪，2018. 内蒙古自治区土地荒漠化动态变化研究[D]. 哈尔滨：东北农业大学.

董光荣，申建友，金炯，等，1988. 关于"荒漠化"与"沙漠化"的概念[J]. 干旱区地理（1）：61-64.

都日斯哈拉，2011. "经营沙漠"：治沙产业化研究[D]. 呼和浩特：内蒙古师范大学.

龚新梅，2007. 新疆土地荒漠化时空变化特征及驱动因子分析[D]. 乌鲁木齐：新疆大学.

郝成元，吴绍洪，杨勤业，2005. 毛乌素地区沙漠化与土地利用研究[J]. 中国沙漠，25（1）：33-39.

胡炳清，1990. 哲里木盟沙漠化探讨[J]. 中国沙漠（1）：65-71.

胡孟春，刘玉章，乌兰，等，1991. 科尔沁沙地土壤风蚀的风洞实验研究[J]. 中国沙漠，11（1）：22-29.

李占宏，2007. 内蒙古沙化土地表土粒度特征及其可蚀性颗粒研究[D]. 呼和浩特：内蒙古师范大学.

廖茂彩，姚洪林，1993. 毛乌素沙地综合治理与合理利用的研究[J]. 内蒙古林业科技（3）：1-46.

刘恕，1986. 试论沙漠化过程及其防治措施的生态学基础[J]. 中国沙漠，6（1）：6-13.

刘拓，2005. 中国土地沙漠化及其防治策略研究[D]. 北京：北京林业大学.

刘玉璋，董光荣，李长治，1992. 影响土壤风蚀主要因素的风洞实验研究[J]. 中国沙漠，12（4）：41-49.

孟翔冲，2012. 蒙古国沙质荒漠化对中国北方沙质荒漠化影响研究[D]. 长春：吉林大学.

孟鑫，李立华，孟祥彬，2004. 荒漠化、沙漠化及沙尘暴的危害及治理[J]. 林业科技，29（2）：22-23.

彭羽，2005. 浑善达克沙地退化生态系统生态恢复的自然保护区途径[D]. 北京：中国科学院植物研究所.

申建友，董光荣，李长治，等，1992. 沙漠化与土壤物质含量变化[J]. 中国沙漠，12（1）：40-48.

申卫博，2006. GIS 及景观熵模型在沙化土地监测与评价中的应用研究[D]. 杨陵：西北农林科技大学.

沈孝辉，2002. 中国防沙治沙政策的分析与思考[J]. 中国林业（6A）：6-14.

孙金铸，1981. 鄂尔多斯草原沙漠化的因素与防治意见[J]. 内蒙古师范大学学报（自然科学版）（1）：62-70.

孙祥，1992. 草场"三化"发生的机制、原因和防治对策[J]. 内蒙古草业（2）：8-12.

谭四明，2012. 都昌县多宝沙地的治理探讨[D]. 南昌：江西农业大学.

铁生年，姜雄，汪长安，2013. 沙漠化防治化学固沙材料研究进展[J]. 科技导报，31（5）：106-111.

王晓，2016. 浑善达克沙地榆树疏林生态系统组成、空间格局分布及其对放牧干扰的响应[D]. 北京：北京林业大学.

温培丹，盖志毅，2015. 基于经济学视角看内蒙古黑风暴[J]. 内蒙古科技与经济（2）：69-70.

吴正，董光荣，李保生，等，1987. 从晚更新世以来我国沙漠的变迁看干旱区沙漠化问题[J]. 华南师范大学学报（自然科学版）(2)：75-80.

闫德仁，2001．内蒙古沙漠化土地成因与防治[J]．内蒙古环境保护，13（1）：35-38.

闫德仁，王迅华，2014．基于水经注探讨乌兰布和沙漠景观形成问题[J]．内蒙古林业科技，40（3）：40-43.

伊克昭盟地方志编纂委员会，1994．伊克昭盟志（第一册）[M]．北京：现代出版社.

原佩佩，高宏，2012．阿拉善右旗生态环境脆弱性影响因素分析[J]．西部资源（4）：159-163.

张国祯，2007．北京市沙化土地现状评价及其防治策略研究[D]．北京：北京林业大学.

张丽霞，2016．中国沙漠化土地成因及治理的主要模式[J]．陕西林业科技（3）：77-79.

赵哈林，张铜会，赵学用，等，2002．内蒙古半干旱地区沙质过牧草地的沙漠化过程[J]．干旱区研究，19（4）：1-6.

赵锐，翟永在，2000．内蒙古沙漠化土地概况及发展变化分析[J]．内蒙古林业调查设计（1）：11-14.

《中国生物多样性国情研究报告》编写组，1998．中国生物多样性国情研究报告[M]．北京：中国环境科学出版社.

朱震达，吴正，刘恕，等，1989. 中国沙漠概论（修订版）[M]．北京：科学出版社.

卓海昕，2013．全新世中国北方沙地人地关系初探[D]．南京：南京大学.

卓义，2007．基于MODIS数据的蒙古高原荒漠化遥感定量监测方法研究[D]．呼和浩特：内蒙古师范大学.

EMANUEL W R, SHUGART H H, STEVENSON M P, 1985. Climate change and the broad-scale distribution of terrestrial ecosystem complexes[J]. Climatic Change, 7(1): 29-43.

第 3 章　蒙古高原土壤侵蚀状况

蒙古高原土壤侵蚀现象普遍存在，其西部土壤侵蚀以风蚀为主，东南部土壤侵蚀以水蚀为主，农牧交错地带的土壤侵蚀则是以风水复合侵蚀为主，还有一些其他土壤侵蚀类型。

3.1　土壤风蚀状况研究

土壤风蚀、风积较难观测，主要原因是风蚀、风积边界不好确定。就每个具体的风蚀、风积观测方法而言，迄今没有一个方法能被大多数研究者所接受，几乎所有的方法在某一区域使用时，均要进行修订或改进，大部分风蚀研究方法还在完善之中。

3.1.1　风蚀盘

土壤风蚀盘由套设在一起的中盘、内圈、外圈，以及一块铺在中盘盘底的布料构成。其中，中盘为圆筒状盘，在中盘底部钻设有分布均匀的透水孔；内圈和外圈均为弹性不封闭圈，在内圈和外圈上分别开设有缺口；布料嵌在内圈与中盘之间，与盘底紧贴。使用土壤风蚀盘测定野外土壤风蚀量的步骤如下：①选定平整的测定地；②测定该测定地的土壤含水量；③按照风蚀盘体积大小取相应体积的土壤，然后测定土壤机械组成；④室外测定期结束后，将盘中土壤取出测定含水量，测定土壤机械组成；⑤按照下述公式计算：土壤风蚀量=（M_1−X_1）−（M_2−X_2），同粒径土壤风蚀量=（M_1−X_1）×Q_1−（M_2−X_2）×Q_2。其中，M_1 为测前土壤质量，M_2 为测后土壤质量，X_1 为测前土壤含水量，X_2 为测后土壤含水量，Q_1 为测前不同粒径土壤所占百分比，Q_2 为测后不同粒径土壤所占百分比。本方法具有结构合理、测定误差小、可长时间在野外放置等优点（刘俊等，2013）。

赵彦军（2009）通过埋放风蚀盘的方法确定传统耕作农田带状间作中风吹蚀

作用符合高级多项式分布。王云超等（2006）采用“陷阱捕捉”与埋设风蚀盘的方法，对河北坝上农牧交错区不同下垫面土壤进行风蚀特征的野外监测，结果表明，坝上不同下垫面类型的风蚀量存在显著差异。以耕翻地为对照，滩地莜麦留茬地的风蚀量减少 9.1%，而玉米留茬地、免耕菜地的风蚀量分别增加 123.71%和 229.07%；梁地莜麦留茬地、草地、林地的风蚀量分别减少 14.76%、68.67%和 82.23%；在滩地与梁地两种地貌，莜麦留茬地与对照的风蚀量差异都不显著（王云超等，2006）。

3.1.2　插钎法和标桩法

地表变化的测量主要采用插钎法（测针法）。该方法主要通过对比不同时期地表高度的变化，得到地表土壤侵蚀的状况。插钎法可以直接测量风蚀深度，钢钎应该足够细且具有一定的强度。气流和地面均具有不均一性，因此，运用这一方法进行监测时，监测人员应该按照网状布设钢钎，用以计算平均风蚀深度。我国也有一些学者运用地表高程的变化来研究土壤风蚀现象。这些研究主要在内蒙古地区的农田进行（郭乾坤，2015）。徐斌等（1993）在内蒙古奈曼旗的科尔沁沙地采用插钎法测量不同农作物残茬地及新垦农田在 1987 年 10 月～1988 年 5 月的风蚀量，认为残茬地风蚀量为 43.5～261.1t/hm^2，新垦农田以风蚀为主，风蚀量在 492～3 932t/hm^2。马玉堂等（1981）在内蒙古呼伦贝尔草原对比开垦地和草地的土壤厚度变化后，认为在开垦后 20 年左右的时间里，土壤表层因风蚀损耗 20～30cm 厚的土壤，相当于每年损耗土壤 156t/hm^2。赵羽等（1989）测得科尔沁大青沟地区年风蚀深度为 1.16～2.33cm，年均风蚀量为 174～349.5t/hm^2。

郭晓妮等（2009）选取不同土地利用类型的地块设立 6 块样地，采用标桩法，通过一年的实地测量，对土壤年风蚀量进行分析，为后期土地利用结构和格局的调整提供科学依据。结果表明：土壤年风蚀量的大小顺序是秋翻耕地＞退耕还草地＞天然草地＞退耕还灌草地＞天然灌草地＞留茬地（表 3-1）。

表 3-1　不同土地利用类型地块的土壤年风蚀量的对比

样地编号	土地利用类型	容重/（g/cm^3）	风蚀厚度/cm	风蚀量/（t/hm^2）
1	退耕还草地	1.495 1	0.312 5	4 672.08
2	退耕还灌草地	1.549 4	0.233 3	3 614.67
3	秋翻耕地	1.364 3	0.353 85	4 827.58
4	天然灌草地	1.378 5	0.214 3	2 954.05
5	留茬地	1.381 8	3.200 0	−2 763.60
6	天然草地	1.402 4	0.266 7	3 740.11

顾欢欢等（2011）以河北省坝上高原康保牧场为试验区，采用标桩法，通过测定 2007～2008 年和 2008～2009 年的土壤风蚀量，对比分析不同地块土壤风蚀情况及 2 个年度土壤风蚀量的差异。结果表明：天然植被的抗风蚀能力要好于人工植被；灌草混交植被比单纯性草地植被抗风蚀效果好；退耕还草应尽量选择当地树种、草种；秋季耕地高留茬不仅可以减轻土壤风蚀，还起到风积土壤的作用。冬春季降水量的减少和气温增高，可能是导致土壤风蚀量增加的主要原因；农牧交错带的生态恢复重建是一个漫长的过程（表 3-2）。

表 3-2 不同土地利用类型样地土壤风蚀量

样地编号	土地利用类型	风蚀厚度/cm		平均风蚀厚度/cm
		2007～2008 年	2008～2009 年	
1	退耕还草地	0.312 5	0.387 2	0.349 9
2	退耕还灌草地	0.233 3	0.312 3	0.272 8
3	秋翻耕地	0.353 9	0.512 1	0.433 0
4	天然灌草地	0.214 3	0.224 9	0.219 6
5	留茬地	−0.200 0	−0.187 4	−0.193 7
6	天然草地	0.266 7	0.324 9	0.298 0

3.1.3 野外摄影扫描法

野外摄影扫描法使用地貌学原理调查沙化面积及地表沙物质厚度，是风蚀监测的方法和手段之一。其通过对比不同时期地表状况得到地表侵蚀的变化情况。20 世纪 60 年代有学者利用航空相片对土壤侵蚀进行监测和定量研究。近年来，随着电子激光技术的发展，风蚀研究中相继出现粒子分析仪、粒子图像速测仪、热线风速仪等仪器，它们可以用来研究风蚀中地貌演化特征及风沙流的规律。野外摄影扫描法基本实现了计算机控制处理，但仍处于进一步完善阶段，实际操作中误差较大，因此应用于风蚀研究中的报道较少（戴海伦等，2011）。

3.1.4 遥感监测法

遥感监测法能在大范围尺度评估侵蚀程度，但在精确测量及小区域尺度有一定的劣势。需要指出的是，该方法适用于调查土壤侵蚀面积及其变化情况、分析影响土壤侵蚀的因子、对侵蚀程度进行分级、探讨相应的风蚀防治措施等，而不能直接得到区域土壤风蚀的定量数值（戴海伦等，2011）。这可能是因为目前风蚀研究缺乏标准的观测方法，不能像水蚀那样可以结合修正通用土壤流失方程（the revised universal soil loss equation，RUSLE）和地理信息系统(geographic information system，GIS）来确定每一栅格的土壤侵蚀量。截至目前有关风蚀速率定量研究的报告还比较缺乏（Vrieling，2007）。巩国丽等（2014）基于气象、遥感数据，利用 RWEQ（revised wind erosion equation，修正风蚀方程）模型定量分析了锡林郭勒盟多年的土壤风蚀量，发现风蚀强度较大区域的风蚀量与春季植被盖度呈显著负相关关系。

3.1.5　粒度对比分析法

土壤风蚀过程是地表可蚀性颗粒的损失和不可蚀性颗粒的聚集过程。因为风蚀量必然会反映在风蚀地表可蚀性颗粒和不可蚀性颗粒的相对含量变化上，可以运用粒度对比分析估算土壤侵蚀模数（郭乾坤，2015）。

朱震达等（1981）测得呼和浩特市武川县半干旱农田的风蚀厚度为 3mm/a，合计 45t/（hm^2 · a）。董治宝等（1997）估算得到乌兰察布市后山地区农田 50 年来年平均风蚀模数为 30t/hm^2。李晓丽等（2006）以阴山北部乌兰察布市四子王旗典型农牧交错带的耕地为试验地点，根据表层土壤多年的粒度变化，利用粒度对比法，对土壤风蚀量进行估算；并利用插钎法对一次强沙尘暴进行野外实测，推求土壤风蚀量。两种方法互相验证，进而较为准确地测算内蒙古阴山北部乌兰察布市四子王旗的土壤风蚀量。同时根据裸露耕地与未耕地（草地）的粒度对比分析，初步了解该地区传统耕作导致的土壤风蚀程度，得出耕地土壤风蚀主要损失粒径为＜0.05mm 的悬移质粉尘颗粒，该区域的年平均风蚀模数达到 6 214.7t/km^2。

董治宝等（1997）认为，土壤风蚀过程是可蚀性颗粒的损失和不可蚀性颗粒的聚集过程，因而地表可蚀性颗粒和不可蚀性颗粒的相对含量变化可表征土壤风蚀量。基于这一理念，董治宝提出粒度对比分析法，并估算乌兰察布市后山地区的土壤风蚀量（3-1）。

$$q = \left(\frac{p_1}{p_0} - 1 \right) D\gamma \tag{3-1}$$

式中，q 为风蚀量；D 为风蚀粗化层厚度；γ 为土体容重；p_0 和 p_1 分别为风蚀前后，即粗化层下部及粗化层中不可蚀性颗粒的百分含量。

李晓丽等（2006）和周丹丹等（2008）运用此方法分别测定阴山北部四子王旗和巴音温都尔沙漠的风蚀量。

张惜伟等（2017）以呼伦贝尔沙质草原北部沙带中段陈巴尔虎旗完工镇风蚀坑环境为研究对象，选取不同发育形态的风蚀坑类型，通过系统的风蚀坑形态测量和风蚀坑表面沉积物粒度分析，研究沙质草原风蚀坑表层土壤粒度特征，结果表明，各风蚀坑沙物质总体结构以细砂为主，其次是中砂，极细砂和粉粒含量很少，且仅未风蚀草原表土含极粗砂；不同阶段风蚀坑的土壤粒度频率曲线，除消亡阶段为极负偏外，其他阶段均表现为负偏，峰态变化趋势与分选性一致，砂粒分布集中程度依次为：未风蚀草地＜消亡阶段＜固定阶段＜裸地沙斑＜活跃发展＜活化阶段，峰态按照分级标准均为中等范围；沉积物粒度组成比较均一，各发育阶段风蚀坑表层颗粒分布曲线形式基本一致，由于风蚀强度的增加，曲线偏向粗颗粒一侧，风蚀活动强度加大及植被破坏程度加剧引起风蚀坑表层砂粒粗化。

孙传龙等（2017）在锡林郭勒草地以 400m 为间距均匀布设 160 个样点，采集各样点表层 0～1cm 土样，测定土壤机械组成，计算土壤粒度分形维数，分析锡林郭勒草地景观尺度土壤粒度分形特征及其与风蚀的关系。结果表明：①分形维数越小，土壤质地越粗，分形维数与＜0.05mm 细颗粒含量呈显著正相关关系，与＞0.05mm 粗颗粒含量呈显著负相关关系；②分形维数随土地利用状况的变化趋势为禁牧＞轻度放牧＞中度放牧＞重度放牧＞耕地。在草地条件下，土壤容重值越大，分形维数越小；在耕地条件下，二者无显著相关关系；③分形维数越大，风蚀危险性越低，分形维数越小，风蚀危险性越高。

3.1.6　示踪法

20 世纪 60 年代 Menzel（1960）可能最早研究 Sr 与土壤流失量的关系。之后，利用放射性核素进行土壤侵蚀的研究逐步发展起来。随着降雨或尘埃沉降到地面的核素迅速与土壤颗粒紧密结合，其迁移基本只受土壤颗粒物理运动的影响。测定并对比背景值的核素量和土壤侵蚀或堆积区域的核素量，可以得到区域土壤侵蚀或沉积的规律。^{137}Cs 的半衰期为 30.17 年，可用于中长期及多年平均的土壤侵蚀量估算。最早利用 ^{137}Cs 进行风力侵蚀的研究在 20 世纪 90 年代（Sutherlandetal，1991）。刘纪远等（2007）利用 ^{137}Cs 研究蒙古高原塔里亚特至锡林郭勒盟样带 7 个典型景观类型采样点的风蚀速率及其变化特征，各采样点 ^{137}Cs 面积活度为（265.63±44.91）～（1 279.54±166.53）Bq/m^2，差异明显，风蚀速率为 64.58～419.63t/（km^2·a），认为典型草原、荒漠化草原和森林草原的风蚀速率分别为 103.46t/（km^2·a）、206.34t/（km^2·a）和 172.37t/（km^2·a）（表 3-3 和图 3-1）。

表 3-3　典型景观类型样带植被盖度

地区	塔里亚特	巴彦淖尔	卢斯	额勒济特	赛因山达	锡林浩特	正镶白旗
经纬度	49°11′26.2″N 99°40′51.4″E	47°59′41.4″N 104°25′11.0″E	45°44′36.6″N 105°19′2.2″E	44°43′55.5″N 106°55′46.0″E	44°24′22.7″N 109°39′20.0″E	43°26′46.7″N 116°06′2.0″E	42°19′48.5″N 115°32′53.0″E
盖度/%	森林草原	典型草原	荒漠化草原	草原化荒漠	戈壁	典型草原	典型草原
	70	50～80	30	20	<5	60～80	80

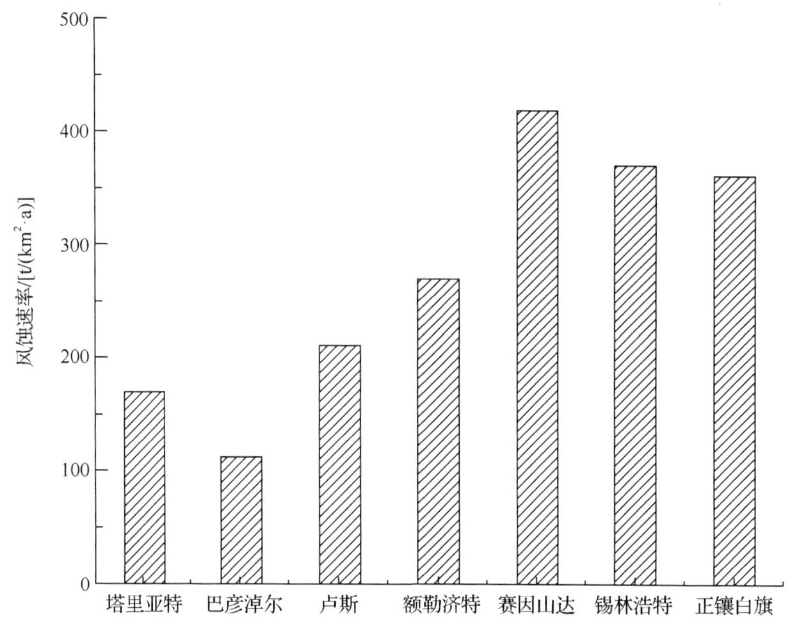

图 3-1　典型景观类型样带土壤风蚀速率

刘纪远等（2007）和齐永青等（2008）运用 ^{137}Cs 核素示踪技术对巴彦淖尔、哈拉和林的不同牧场和弃耕地土壤风蚀速率进行研究。巴彦淖尔草原牧场、割草场采样点土壤风蚀速率在 64.58～169.07t/（km²·a），为微度侵蚀水平，哈拉和林弃耕地土壤风蚀厚度为 4.05mm/a，土壤风蚀速率为 6 723.06t/（km²·a），达到强度侵蚀水平，自 20 世纪 60 年代开垦以来，表层土壤风蚀累计损失 17.4cm（表 3-4 和图 3-2）。

表 3-4　取样点 ^{137}Cs 背景值实测与模拟计算结果

取样点	^{137}Cs 实测背景值/（Bq/m²）	^{137}Cs 模拟背景值/（Bq/m²）
巴彦淖尔	1 602.79±169.41	1 630.58
哈拉和林	—	1 652.14

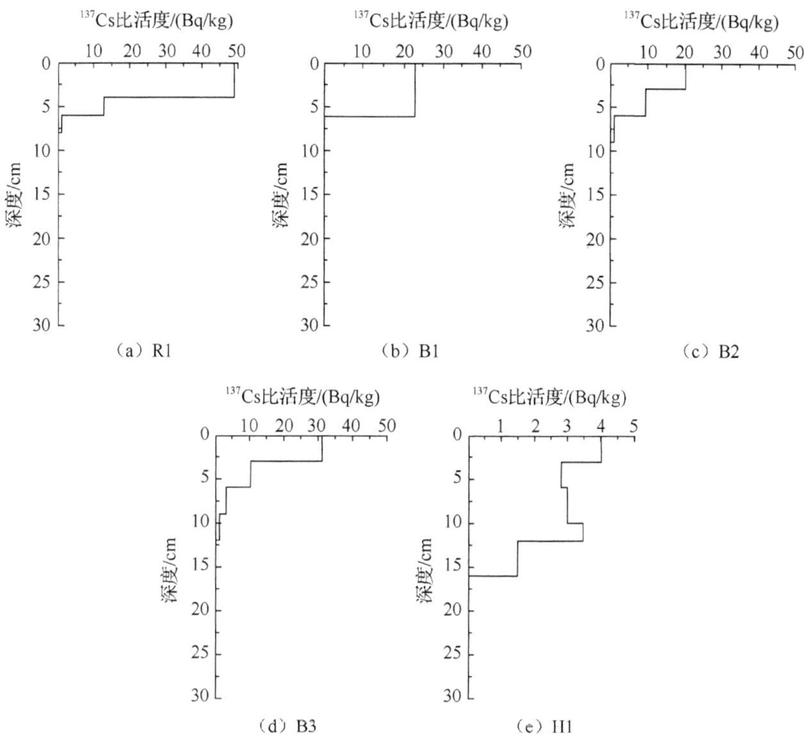

图 3-2　巴彦淖尔、哈拉和林分层样土壤剖面 ^{137}Cs 分布

值得注意的是，^{137}Cs 方法存在一些局限性，主要表现在以下几个方面。第一，确定研究区域内 ^{137}Cs 的背景值对获得土壤侵蚀的定量值十分重要，然而，在很多研究区域，寻找可以采集背景值的地点十分困难，特别是在风沙运动强烈的地区，经常性的沙尘天气给寻找未干扰地区造成极大的困难，这使该方法有一定的不确定性和不精确性；第二，侵蚀量和沉积量的计算强烈依赖于所采用的模型，因此，必须足够仔细地选择模型及模型中的各种参数；第三，1986 年的切尔诺贝利核电站在全球范围内增加了放射性元素，增加了未受扰动的地区的背景值，但受侵蚀影响的区域，自 1986 年起就开始被新增加的放射性元素侵蚀，这增加了计算的难度；第四，^{137}Cs 在土壤中主要被细颗粒（黏粒等）吸附，而作为风尘沙主要成分的细沙（0.1～0.2mm）对 ^{137}Cs 的吸收能力很微弱（严平等，1998），即 ^{137}Cs 侵蚀具有分选性，主要侵蚀较细的颗粒，这可能造成计算偏差。

3.1.7　风洞模拟实验法

富宝锋等（2014）利用风洞模拟实验测量不同风速、不同砾石覆盖度、不同砾石粒径等条件下砾石覆盖流沙床面的防风蚀效果。研究结果表明：裸露沙床的风蚀速率随着风速的增大呈指数规律变化；当覆盖度大于 15%时，砾石覆盖对沙床能起到很好的防风蚀效果，在 26m/s 风速下，不同粒径砾石的风蚀防护率均超过 60%；随着覆盖度的增加风蚀防护率逐渐增加，当覆盖度大于 55%时，风蚀防护率基本稳定；同一覆盖度和砾石粒径条件下，风蚀防护率随着风速的增加而降低，当风速超过 18m/s 时，变化幅度比较明显；同一覆盖度和风速条件下，风蚀防护率随着砾石粒径的增加而逐渐降低（图 3-3～图 3-6）。

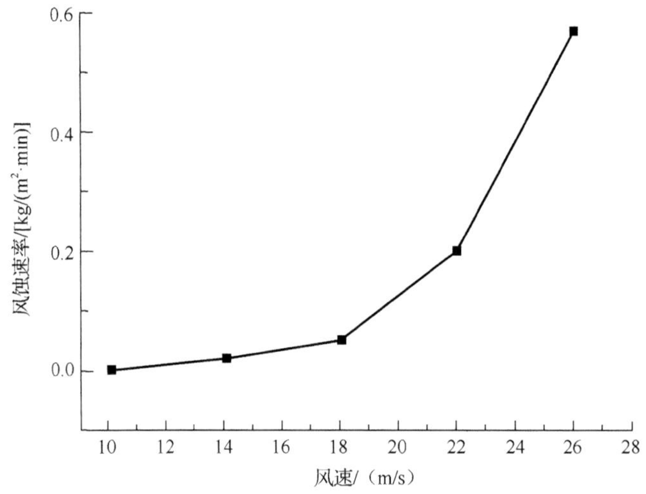

图 3-3　不同风速下裸露沙床风蚀速率

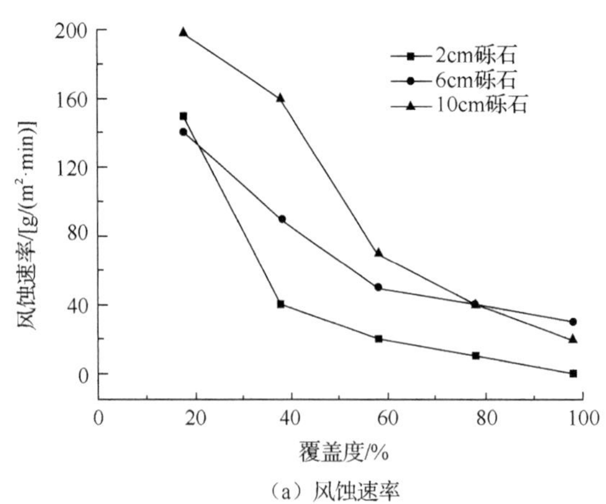

图 3-4　风速 26m/s 时，不同粒径砾石在不同覆盖度下的风蚀速率及风蚀防护率

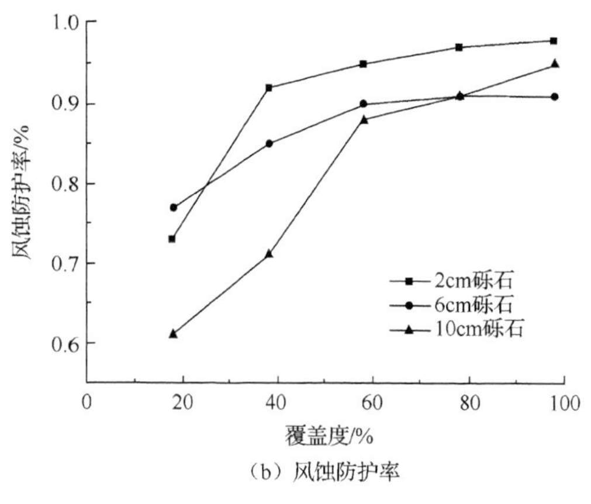

（b）风蚀防护率

图 3-4（续）

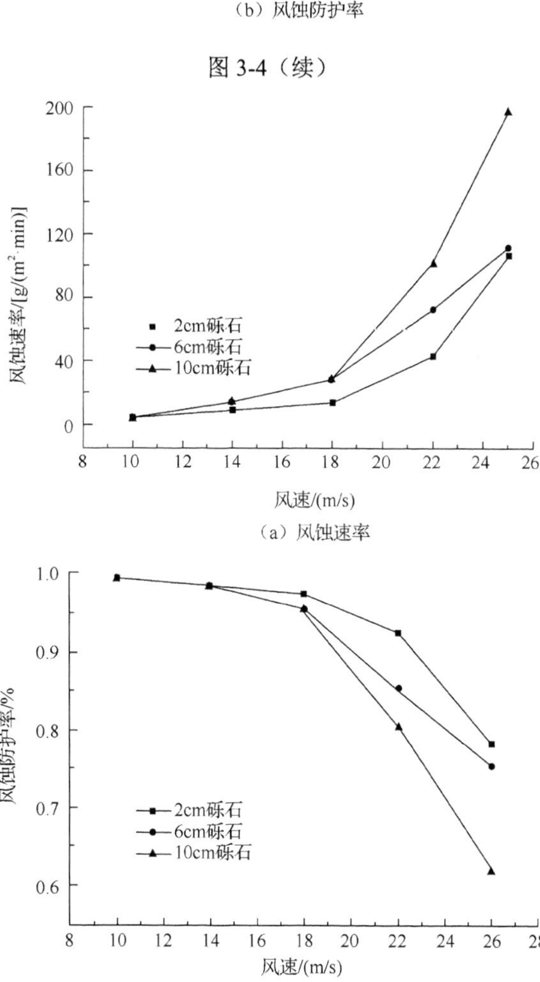

（b）风蚀防护率

图 3-5　覆盖度为 15%时，不同粒径砾石在不同风速下的风蚀速率及风蚀防护率

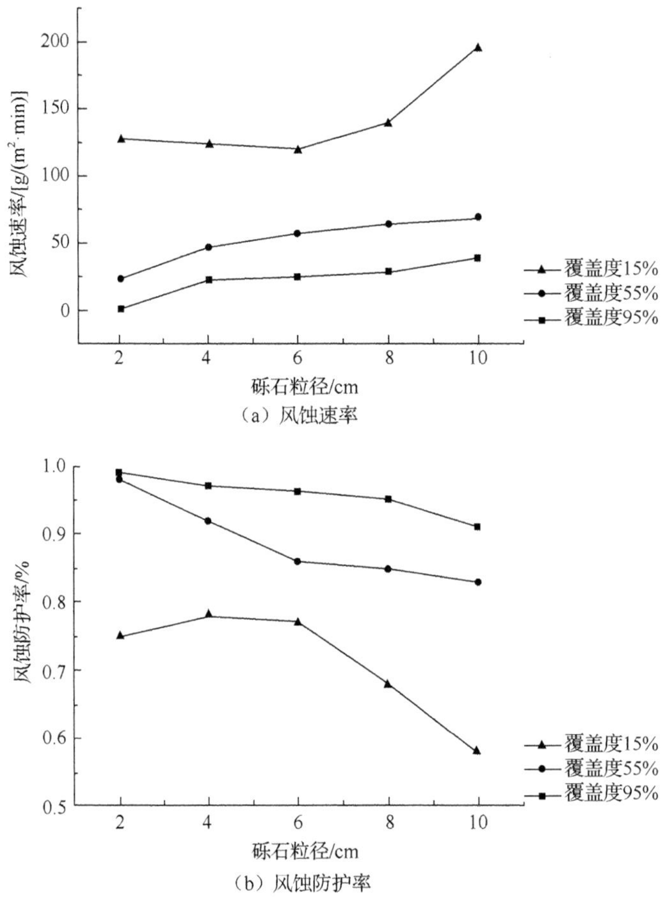

图 3-6　风速 26m/s 时，不同覆盖度下不同粒径砾石的风蚀速率及风蚀防护率

何文清等（2004）通过室内风洞实验研究，定量分析土壤风蚀率（风蚀强度）与风速及土壤水分的相关关系、土壤风蚀输沙量的空间分布规律，以及翻耕后土壤风蚀的动态变化。结果表明：土壤风蚀率与风速变化成正相关关系，随着风速增大，土壤风蚀率相应增加，18m/s 的风速是土壤风蚀由轻变重的一个转折点；土壤风蚀率与土壤含水量呈负相关关系，土壤含水量越高，土壤风蚀率越小，6%的土壤含水量是土壤风蚀由重变轻的一个转折点。通过曲线拟合表明，土壤风蚀率与风速呈幂函数的关系，与土壤含水量呈对数函数关系。土壤风蚀空间不同高度输沙量呈单峰曲线的变化趋势，在距地面 2～4cm 内集沙量最多，80%左右的沙量集中在近地面 10cm 范围内。土地翻耕是加重土壤风蚀的重要因素。对于天然草场，翻耕后风蚀强度是未翻耕的 66～306 倍；对于旱作农田，留茬覆盖可以有效控制土壤风蚀，翻耕马铃薯地风蚀强度是留茬地的 25～108 倍（表 3-5）。

表 3-5　不同水分条件下风速与土壤风蚀率的函数关系式

土壤含水量/%	拟合函数关系式	相关系数
2.15	Y=4.7E−06$X^{4.43}$	0.987 9
3.90	Y=1.3E−06$X^{4.69}$	0.992 9
6.05	Y=6.4E−07$X^{4.45}$	0.986 9
8.14	Y=6.3E−07$X^{4.12}$	0.990 4
10.06	Y=1.2E−05$X^{2.86}$	0.953 9

注：Y 表示土壤风蚀率，X 表示风速。

何文清等（2005）以武川县为例，选取天然草场、旱作（马铃薯）农田和退耕人工灌木林 3 类农用地为研究对象，对影响土壤风蚀的气候、植被覆盖度、土壤特性等因子进行野外实测、室内分析及风洞模拟实验。结果表明，降雨少、风大、风多、土壤质地粗糙及冬春冻融交替作用等造成土壤表层疏松干燥，决定了春季是该地区土壤风蚀的易发期。植被覆盖度是影响土壤风蚀的重要因子。在冬春风蚀季节，植被覆盖度由高到低依次为灌木地＞天然草地＞旱作农田，此时缺少地表覆盖物保护的旱作农田最易受到风蚀危害。土壤含水量是影响土壤风蚀的另一个重要因子。通过风洞模拟实验对土壤风蚀率与土壤含水量的定量关系研究表明，土壤含水量越高，土壤风蚀率越小。6%土壤含水量是旱作农田风蚀强度由强变弱的一个转折点。田间试验结果表明，不同土地利用方式下表层土壤含水量总体表现为天然草地＞旱作农田＞灌木林。通过风洞模拟实验对土壤水分和风速的定量化研究表明，土壤风蚀率随着风速的增大而增大，二者呈幂函数关系。在净风吹蚀的条件下，18m/s 的风速是风蚀强度急剧增加的一个转折点。

3.1.8　模型法

模拟法研究主要集中于风蚀方程（wind erosion equation，WEQ）模型和 RWEQ 模型。WEQ 是一个估算田间土壤风蚀量的方程，主要适用于美国中央大平原的农田。WEQ 模型是在风洞模拟实验和野外试验相结合的基础上得到的。然而，Chepil 应用 WEQ 模型把风洞实验中历时过短的土壤侵蚀数据推算成大区域上的年均土壤风蚀量，这种方法不精确（Evers et al.，2013）。因此，在 WEQ 模型的基础上，通过在美国各地运用集沙仪法野外实测农田风蚀量，建立了 RWEQ 模型。RWEQ 模型既是经验模型，又是过程模型，它是第一个能够用于美国中央大平原以外区域田间条件的风蚀模型（郭乾坤，2015）。Zhang 等（2011）为了识别锡林郭勒草原风蚀敏感区，采用计算流体动力学风蚀模型（computational fluid dynamics wind erosion model，CFD-WEM）模拟风场，其中包含不同的地形和土地利用类型。研究揭示了锡林郭勒草地地形和土地利用类型对风蚀的重要影响。地形影响大范围风场，土地利用类型影响地面附近的风场。设计两个步骤实现 CFD 风蚀模拟，分别模拟地形和表面粗糙度对风蚀的影响。数字高程模型（digital elevation model，DEM）和表面粗糙度长度是 CFD 模拟的关键输入参数。CFD-WEM 进行的风蚀模拟通过风场数据集进行验证，该风场数据集在场地的 6 个位置同时进行测量。根据观测到的沙尘暴事件设计 3 种风速的情景，并根据这些情景对风场进行模拟，以预测敏感地区对风蚀的影响。CFD 风蚀模拟一般假设农田是风蚀最敏感的地区、重度和中度放牧的草地都是风蚀敏感的地区等，可以通过 CFD-WEM 建模来改进。在本研究结果的支持下，土地利用规划和风蚀防护措施效率更高。以锡林郭勒草地为例，本节总结了 CFD 风模拟辅助区域风蚀评估的方法。这种方法的实质是将 CFD 风模拟和风蚀阈值风速的确定结合起来。杜鹤强等（2015）利用综合风蚀模拟系统（integrated wind erosion modeling system，IWEMS）和 RWEQ 模型估计潜在的风蚀速率（potential wind erosion rate，PWER），并绘制该流域的风蚀风险。采用 IWEMS 模型计算非耕地的风蚀速率，并利用 RWEQ 模型估算耕地的风蚀速率。结果表明，在 2001～2010 年，宁夏—内蒙古流域的风蚀速率在 0～31 440.4t/（km^2 · a）。微度侵蚀、轻度侵蚀、中度侵蚀、重度侵蚀、极重度侵蚀和剧烈侵蚀的区域分别占流域总面积的 31.04%、38.13%、22.89%、6.46%、0.93%和 0.55%（图 3-7）。评价结果表明，未利用地风蚀风险最高，耕地风蚀风险最低。在 2001～2010 年，风成沉积物年平均风沙量为 15.87 万 t，被吹入 10 个支流的平均风沙量为 7.33 万 t。

王永吉等（2017）使用实测风速数据，基于单事件风蚀评价程序（single-event wind erosion evaluation program，SWEEP）估算土壤风蚀速率及其空间分布特征，分析不同风区长度被侵蚀土壤颗粒的主要运动方式（悬移、跃移和蠕移），并用田间实测数据验证模拟结果。土壤侵蚀物质主要包括 PM_{10}、悬移颗粒、跃移颗粒、蠕移颗粒，悬移颗粒是土壤侵蚀物质的主要成分（平均 61.8%），当下风区长度小于 550m（平均 56.6%）时，以蠕移和跃移颗粒为主，当下风区长度在 250～550m（平均 52.2%）时，随着下风区长度的增加，该组分含量逐渐减少。在下风区长度大于 1 000m（平均 83.4%）时，悬移颗粒的输移比例不断增加，并逐渐成为土壤侵蚀物质的主导成分。随着上风向距离的增加，悬移颗粒增加的速度逐渐减慢，PM_{10} 的含量减少（2.3%），但随着下风区长度的增加而缓慢增加。研究结果验证了使用有限风速数据在较大空间尺度（基于单事件风蚀事件）估算土壤风蚀速率的可行性；发现 SWEEP 模型在低风速条件下估算土壤风蚀偏差较大，其主要原因是模型对风蚀起动风速估算过高，并据此提出了改进 SWEEP 模型可改善低风速土壤风蚀的估算。

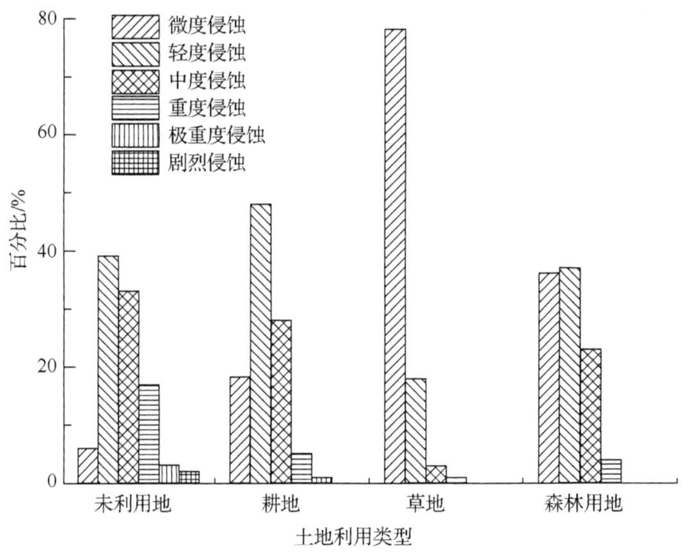

图 3-7　不同土地利用类型的侵蚀区域面积的百分比

3.1.9　集沙仪观测法

直接监测法通过观察风沙物质的运动确定总输沙量。输沙率是确定土壤抗风蚀能力的一个重要指标，它表示单位时间内通过单位宽度的输沙量。输沙率随着输沙量的高度变化，这个规律是轻度风沙流结构的重要结论。集沙仪不仅可以用来测量输沙量，还可以用来研究风沙移动的方向、观测风沙流结构特征等，是重要的风沙观测仪器（郭乾坤，2015）。垂直长口形集沙仪是最早的风沙观测仪器。目前国外运用较多的集沙仪主要是 BSNE（big spring number eight）集沙仪。Fryrear（1986）、Shao 等（1993）检验得出该集沙仪的收集效率为 90%±5%，Goossens 等（2000）的检验认为 BSNE 的绝对收集效率为 80%～120%。该集沙仪自从 20 世纪 90 年代以来在美国、中东地区及澳大利亚等干旱半干旱地区的风蚀研究中应用广泛（Mendez，2011）。Li 等（2005）在科尔沁沙地进行一项试验，研究沙质草地不同退化发育阶段的风蚀强度变化，确定表面风蚀受表层土壤和植被因素影响的程度、粗糙度、长度和风况。研究显示，固定沙地日均风蚀量仅为半固定沙地的 1/5，为半流动沙地的 1/14，这表明固定沙地对风蚀的抵抗力要比其他沙地高得多。在植被建立前期，表面粗糙度长度由地面上枯枝落叶量、土壤表面硬度和土壤含水量的组合决定，其中枯枝落叶量解释了变异的最大比例。在植被建立后，表面粗糙度长度主要受植被特征（特别是植被覆盖度）的控制，而土壤表面硬度和土壤含水量对表面粗糙度长度的影响很可能被植被覆盖度所掩盖。王涛等（2005）在科尔沁沙地农田进行了田间试验，建立了侵蚀和沉积梯度，以评价风蚀和风沙堆积对土壤质地、土壤养分含量、土壤含水量和土壤温度的影响。研究表明，长期的风蚀可能导致严重的土壤粗化、不育性和干燥。与研究区未被侵蚀农田相比，重度侵蚀减少黏土 59.6%、有机碳 71.2%、总氮 67.4%、总磷 31.4%、有效氮 64.5%、有效磷 38.8%、土壤含水量 51.8%。沙粒分数（粒子＞0.05mm）、pH 和地表温度分别上升 6.2%、3.7%和 2.2℃。风沙堆积会导致土壤养分和土壤含水量的减少。在严重的风沙堆积下，黏土减少 2%，有机碳减少 19.3%，总氮减少 21.7%，总磷减少 13.7%，有效氮减少 52.5%，土壤含水量降低 26.6%。沙粒分数、pH、有效磷和地表温度分别上升 0.2%、0.9%、5.8%和 2.8℃。Hoffmann 等（2011）通过测量锡林郭勒草原沉淀物扇中沉积物质的大小和厚度，计算重新定位材料的体积和质量。沉淀物扇的平均厚度、总面积和体积分别为 11mm、257hm^2 和 2.76m^3。将土壤和沉积物质材料的粒度分布进行比较，发现体积高达 45 900m^3 的地表土壤材料被风吹动，剩下 18 300m^3，吹走的主要是黏土和淤泥组分。这一地区的平均侵蚀率在 323～340t/hm^2，相当于上层土壤表面的 30mm。该油田的平均粉尘产量达到 136t/hm^2。

3.1.10 内蒙古地区土壤风蚀状况

根据全国第一次风力普查结果，内蒙古自治区风蚀面积为 1 053 248.5km^2，占全区面积的 45.98%，风蚀面积主要集中在除呼和浩特市、乌海市、兴安盟外的其他市（盟），风蚀土壤面积均超过 10 000km^2。

董治宝（1997）对乌兰察布市后山地区的风蚀研究显示，该区强烈的土壤风蚀始于 20 世纪 50 年代末 60 年代初，土地开垦是导致该区土壤风蚀加剧的主要原因。通过粒度对比分析法对该区现状土壤风蚀量的计算结果为，草原的风蚀厚度平均为 5cm，农田的风蚀厚度一般在 10cm 以上。若将农田与草原现状风蚀量的差视为草原开垦以后的农田风蚀量，并以 50 年作为该区农田的平均开垦年限，可以计算出乌兰察布市后山地区草原农垦区近 50 年的平均风蚀厚度为 0.1～0.3cm，风蚀模数为 1 500～4 500t/（km^2 · a），平均风蚀模数为 3 000t/（km^2 · a），该区属于强烈的土壤风蚀区。

于国茂等（2011）综合长时间序列的遥感数据和地面气象站观测数据，对内蒙古中部地区 2000～2008 年土壤风蚀危险度的空间分布格局、变化动态及其驱动机制进行分析，认为在内蒙古中部地区，土壤风蚀危险度从东南到西北呈现逐渐增强的趋势，不同的风蚀危险等级区有不一样的主导控制因子。2000～2008 年，除 2005 年出现一次因为气候干燥度上升引起的区域土壤风蚀危险度整体升高的情况外，内蒙古中部地区土壤风蚀危险度总体呈现逐渐下降的趋势。2000 年以来风场强度的持续下降及植被 NDVI 值持续上升是促使区域土壤风蚀危险度下降的主导控制因子。

孙悦超等（2013）针对内蒙古寒旱区草地土壤风蚀沙化的危害，利用移动式风蚀风洞及相关配套设备选择 3 种风速对 3 种不同植被覆盖度的草地进行野外原位测试，获得了不同植被覆盖度草地的风速廓线和输沙量。草地风速廓线总体呈指数规律，植被下部风速小，随着距地表高度的增加迅速增大，而植被上部风速变化平缓。不同植被覆盖度的草地在 0～70cm 高度内输沙量与高度的关系用指数函数拟合效果好，输沙量主要集中在近地表 30cm 高度以下。输沙量随着植被覆盖度的增加而迅速减少，55%和 80%植被覆盖度的草地相对于 30%植被覆盖度的草地的输沙率分别减少 48.75%和 118.37%。因此，增加植被覆盖度可对近地表风速进行削弱与阻挡，从而有效抑制草地土壤风蚀。

迟文峰等（2018）应用 RWEQ 模型定量反演了 20 世纪 90 年代以来内蒙古高原土壤风蚀模数，揭示其时空变化特征及其影响因素。①自 20 世纪 90 年代以来，土壤风蚀模数呈先升后降趋势，2000 年以后下降趋势显著，下降速率为 0.87t/（hm^2·a）。②2000 年以来，研究区 87.85%区域的土壤风蚀模数呈下降态势，土壤中度风蚀以上发生面积减少 4.73 万 km^2，西部区域土壤风蚀得到有效抑制，土壤风蚀模数从 86.92t/（hm^2·a）下降至 59.46t/（hm^2·a），中部土壤风蚀明显减少，土壤风蚀模数降低 14.68t/（hm^2·a），东部空间变化不明显。③沙尘暴发生次数减少、年平均风速降低与土壤风蚀模数下降显著相关（$P<0.001$），退耕还林灌草等土地利用/土地覆被变化（land use and land cover change，LUCC）对降低土壤风蚀模数、提高区域防风固沙功能具有关键作用。

3.2　土壤水蚀状况研究

土壤水蚀研究方法较为成熟，但在研究精度方面有待进一步提高。

3.2.1　遥感方法

陈贵廷（2009）以呼伦贝尔地区 1995 年、2000 年和 2005 年的 TM（thematic mapper，专题制图仪）影像数据、降水、地形和土壤等数据为基础，借助 RS 与 GIS 技术，运用 GIS 和 RUSLE 模型分析土壤水蚀时空格局及其动态变化特征，并运用 Markov 模型对未来 10 年土壤水蚀进行预测。研究表明：呼伦贝尔地区土壤水蚀主要分布在西部的森林—草原交错区和南部的农区。呼伦贝尔地区土壤水蚀经历了先增后减的动态变化。土壤水蚀以微度和轻度水蚀面积最大，约占总面积的 99%，中度以上水蚀面积约占 1%。各土地利用类型中，1995～2000 年耕地、林地土壤水蚀都有不同程度的增加，2000～2005 年各类型轻度以上水蚀面积都呈减小趋势。

滕思翰（2016）以阿鲁科尔沁旗为研究对象，基于地球观测系统（system probatoire d' observation de la terre，SPOT-5）影像，参照《第五次全国荒漠化和沙化监测技术规定》《第五次荒漠化和沙化土地监测内蒙古实施细则》标准划分荒漠化类型及荒漠化程度，得到阿鲁科尔沁旗土地荒漠化现状（表 3-6、表 3-7）。发现阿鲁科尔沁旗荒漠化类型主要有风蚀、水蚀和盐渍化 3 大类。风蚀荒漠化土地面积为 748 154.15hm^2，占荒漠化土地总面积的 99.63%。盐渍化荒漠化土地面积为 2 731.92hm^2，占荒漠化土地面积的 0.36%。水蚀荒漠化土地面积为 45.63hm^2，仅占荒漠化土地面积的 0.01%，是阿鲁科尔沁旗最少的土地荒漠化类型。草地、林地的荒漠化类型主要为风蚀荒漠化，少量属于水蚀荒漠化。

表 3-6　草地、林地及未利用地荒漠化评价指标及程度分级

植被总覆盖度		坡度		侵蚀沟面积比例		程度分级
评分标准	分值	评分标准	分值	评分标准	分值	
≥70%	1	＜3	2	≤5%	2	非荒漠化：≤24 分 轻度：25～40 分 中度：41～60 分 重度：61～84 分 极重度：≥85 分
69%～50%	15	3～5	5	6%～10%	5	
49%～30%	30	6～8	10	11%～15%	10	
29%～10%	45	9～14	15	16%～20%	15	
＜10%	60	≥15	20	＞20%	20	

表 3-7　耕地荒漠化评价指标及程度分级

<table>
<tr><th colspan="2">作物产量下降率</th><th colspan="2">坡度</th><th colspan="2">工程措施</th><th rowspan="2">程度分级</th></tr>
<tr><th>评分标准</th><th>分值</th><th>评分标准</th><th>分值</th><th>评分标准</th><th>分值</th></tr>
<tr><td>＜5%</td><td>3</td><td>＜3</td><td>2</td><td>反坡梯田及水平梯田</td><td>0</td><td rowspan="5">非荒漠化：≤24 分
轻度：25～40 分
中度：41～60 分
重度：61～84 分
极重度：≥85 分</td></tr>
<tr><td>5%～14%</td><td>10</td><td>3～5</td><td>5</td><td>坡式梯田或隔坡梯田</td><td>10</td></tr>
<tr><td>15%～34%</td><td>20</td><td>6～8</td><td>10</td><td>简易梯田</td><td>20</td></tr>
<tr><td>35%～74%</td><td>35</td><td>9～14</td><td>15</td><td>无工程措施</td><td>30</td></tr>
<tr><td>≥75%</td><td>50</td><td>≥15</td><td>20</td><td></td><td></td></tr>
</table>

李智佩等（2002）利用遥感技术对中国三北地区的水蚀荒漠化进行研究，发现水蚀荒漠化依据地质背景的不同可分为土漠化和岩漠化两类：前者主要分布在北方中部黄土高原地区、内蒙古科尔沁沙地南侧的黄土分布区等，其成因主要与黄土的性质有关，除形成黄土区特有的塬、墚、峁地貌及其组合外，还使河水的泥沙量猛增，是黄河泥沙的主要来源；后者主要分布于太行山北部、辽宁西北部的基岩山区，是水土流失造成基岩出露、植被难以恢复形成的荒漠化。晋陕蒙交界地带、甘肃平凉北部、定西市和科尔沁沙地东南的蒙辽交界处等水蚀荒漠化形势严峻。

Wu 等（2007）提出建立水土流失风险评估模型的新方法，并整合遥感、GIS、层次分析法（analytic hierarchy process，AHP）和建模技术对覆盖山西省、陕西省和内蒙古自治区区域进行水土流失调查。根据实地调查和信息分析，评估该地区水土流失的相关因素，确定 9 个主要因素，即土壤类型、暴雨强度、地形地貌类型、沟谷密度、地面坡度、植被覆盖度、采矿面积、水土保持水平和土地利用类型；构建了基于 GIS 的土壤侵蚀风险度专题层次，每个专题层的重量通过 AHP 确定；然后将模型应用于研究区内典型情景下的土壤侵蚀发展预测。

3.2.2　模型模拟法

樊才睿（2017）以呼伦贝尔草原不同放牧草场为研究对象，通过模拟降雨实验，发现在相同降雨强度下 3 种放牧草场的产流量和产沙量均显示为自由放牧草场＞轮牧草场＞休牧草场，3 种放牧草场产流量差异显著（$P<0.05$）。在相同降雨强度下，休牧草场主要流失砂壤土，轮牧草场主要流失砂壤土及粉壤土，自由放牧草场主要流失粉壤土。降雨强度对不同放牧草场的泥沙流失量影响

明显，并且随着降雨强度的增加，流失土壤中黏性粒土壤及粉性粒土壤所占比例上升（图 3-8、图 3-9）。

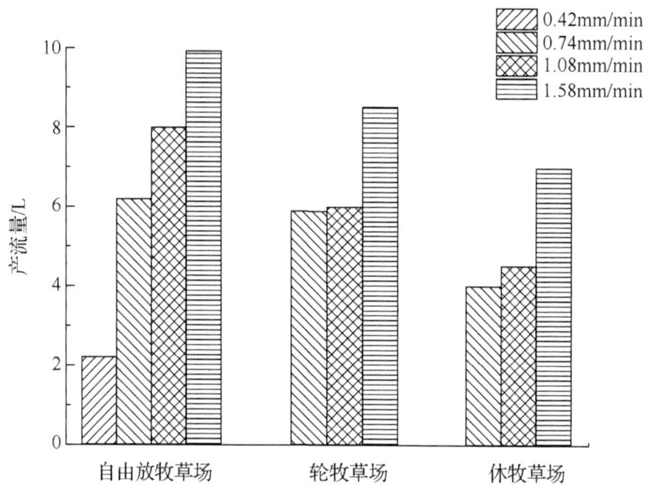

图 3-8　不同放牧草场不同降雨强度下的产流量

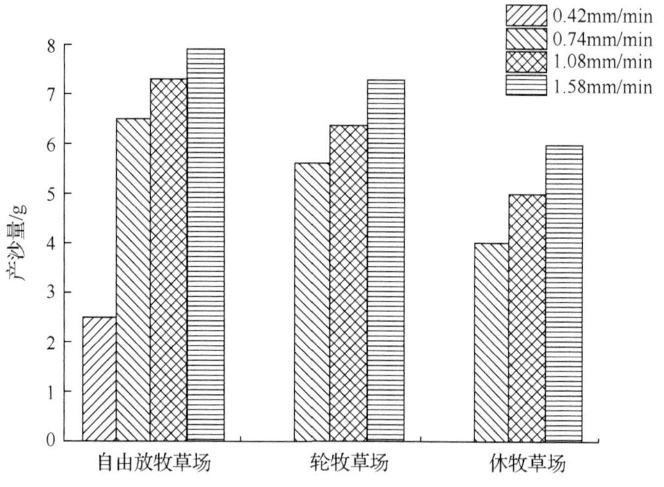

图 3-9　不同放牧草场不同降雨强度下的产沙量

张元（2016）以达拉特旗黄土丘陵区为研究区域，以研究区及周边共 11 个站点的气象资料、研究区的土壤资料、OLI（operational land imager，陆地成像仪）影像资料、DEM 图、公益林林种资源分布图等相关资料为基础，运用 GIS、GPS（global positioning system，全球定位系统）、遥感技术和通用土壤流失方程（universal soil loss equation，USLE），提取土地利用、坡度、植被覆盖度、土壤质地等信息，得出研究区的土壤侵蚀强度分级图，并对研究区的土壤侵蚀强度空间分布特征进行分析，结果表明研究区土壤侵蚀以水力侵蚀为主，平均土壤侵蚀模数为 4 381.39t/（km^2·a），研究区土壤侵蚀以轻度、中度侵蚀为主，侵蚀面积达 1 818.8km^2，占研究区总面积的 60.44%。从土壤侵蚀强度的分布规律来看，研究区海拔为 1 095～1 250m、1 250～1 400m 的高程带以及＜15° 的坡度带是土壤侵蚀主要分布的区域，＞35° 的坡度带只发生剧烈侵蚀，应对这些区域及时治理。研究区植被覆盖度＞75%的区域，侵蚀强度以微度侵蚀为主，说明植被覆盖度较高对土壤侵蚀强度有显著的减弱作用。土地利用类型中，草地、林地和未利用地所占的面积比例较大。研究区内草地以轻度、中度侵蚀为主；林地以轻度、中度侵蚀为主；耕地侵蚀强度差异较大，侵蚀主要发生在坡耕地；未利用地多发生强烈侵蚀。所以，为减少土壤侵蚀应保护现有植被，注重成活率，还需进一步优化土地利用结构，使植被重新生长。地表基岩裸露区域可适度地提高土地利用率和改善土地利用结构，增加地面植被覆盖程度。

Li 等（2017）利用 Rb/Sr 比值、化学蚀变指数（chemical index of alteration，CIA）和有机质含量，推测中国毛乌素沙漠西南部 20 世纪 30 年代初至 2010 年初的水分变化。结果表明，水分可能是控制植被恢复或退化的主要因素。我们认为在过去 80 年中，整个研究区植被逐渐恢复，尽管在 20 世纪 50 年代中期出现两个显著的退化阶段，但 Rb/Sr 比值、化学蚀变指数和有机质含量显示研究期间水分含量增加，且年际变化较大。在灌丛沙堆形成的早期阶段，水分变化受降水量异常偏低的控制。此后，降水量、平均蒸发量和温度一起决定水分变化，但不同时期决定水分变化的关键因素不同。该研究揭示的水分变化趋势可能并不局限于该地区，因为它与邻近的蒙古高原情况相似。

倪含斌（2009）结合 GIS 技术，通过野外降雨实验模拟发现神府-东胜矿区弃土堆积物中新近弃土侵蚀剧烈，其单场降雨侵蚀模数比类似原状土坡地的侵蚀模数增加 10 倍多，产沙量很大。在相同条件下，降雨强度越大，侵蚀模数越大。在风沙土坡地中，一旦产生含沙量很大的径流，那么就会产生垂直渗流—坡地潜流—崩塌的过程，最后形成沟谷。模拟结果表明，水土流失具有明显空间差异性，侵蚀严重的地方多是坡度为 25° 的沙黄土坡地。

Yan 等（2015）选择 4 种不同土壤有机碳和养分含量的土壤，通过模拟降雨来研究内蒙古锡林郭勒草原白音锡勒草场轻度降雨对土壤结皮形成和土壤流失的影响。研究结果表明，随着降雨量的增加，土壤结皮厚度呈线性增加（高达 1.2mm）；土壤流失率随着细粒与土壤有机碳含量的增加而增加，换句话说，细颗粒和有机碳比例高的土壤更易受到侵蚀。未经耕作的草地，其植被一旦被清理，将面临较高的侵蚀风险。

李金霞（2011）以处于草原与荒漠过渡带的鄂尔多斯高原西部为典型区，结合不同时期 TM 影像数据与野外群落调查及土壤理化性状数据分析，得出如下结论：研究区荒漠化形势十分严峻并呈逐渐恶化态势，平均荒漠化率近 80%，风蚀荒漠化、水蚀荒漠化和盐渍化荒漠化土壤面积比大致为 65∶10∶5，荒漠化面积年平均增长率为 0.35%。其中，风蚀荒漠化和盐渍化荒漠化均呈增加趋势，水蚀荒漠化呈减少趋势，年平均变化率分别为 0.36%、0.06%和 0.97%。风蚀荒漠化以轻度和中度荒漠化为主，水蚀荒漠化以中度和重度荒漠化为主，盐渍化荒漠化以极重度荒漠化为主。20 世纪 80 年代末荒漠化程度最轻，2005 年最重。未荒漠化和荒漠化土地之间、不同程度荒漠化土地之间的转化比较普遍，导致荒漠化程度不断加重。

黄伟等（2015）以 2004 年、2009 年 TM 影像数据为主要数据源，通过人机交互解译的方式，提取巴彦淖尔地区荒漠化信息，运用 GIS 技术，对巴彦淖尔地区荒漠化土地的荒漠化类型、荒漠化程度进行分析。结果表明：巴彦淖尔地区以风蚀荒漠化为主，81.7%的荒漠化土地是风蚀荒漠化土地；与 2004 年相比，巴彦淖尔地区风蚀、盐渍化荒漠化土壤面积分别增加 2.1 万 hm^2 和 0.67 万 hm^2，水蚀荒漠化土壤面积减少 0.01 万 hm^2。

Du 等（2016）基于土壤侵蚀模型对宁夏、内蒙古黄河流域风和水的土壤侵蚀风险进行评估。采用 IWEMS 和 RWEQ 估算该流域的风蚀模数，并通过 RUSLE 估算水蚀模数。结果表明：21 世纪风蚀模数为 0～31 440.4t/（km^2 · a），水蚀模数为 0～24 048.5t/（km^2 · a）。此外，风和水的总侵蚀模数为 0～32 792.7t/（km^2 · a）。由于受区域天气和地貌形态的影响，这一流域的风蚀和水蚀发生时空格局不尽相同。水蚀主要发生在夏季和秋季的山区。

郭碧云（2010）以内蒙古农牧交错带太仆寺旗为例，运用卫星遥感数据，辅以 GIS 技术对该区域土地利用/土地覆被变化、景观格局空间变化及土壤侵蚀情况进行研究，并在此基础上运用 Markov 模型对未来 20 年土地利用情况进行预测。结果显示，2007 年研究区土壤受水力侵蚀影响较小，微度水蚀面积占水蚀面积的 77.2%，轻度水蚀面积占 14.4%，中度水蚀面积占 8.3%，强度和极强度水蚀面积很小。微度水蚀中，农业用地面积占 19.12%，草地面积占 50.47%，林地面积占 5.74%，未利用面积地占 1.84%；轻度水蚀中，草地面积占 11.31%，农业用地面积占 2.51%，林地和未利用地面积很小；中度侵蚀中，草地面积占 6.44%，农业用地面积占 1.81%，林地和未利用地占很少部分。研究发现，不同的土地利用方式会导致不同程度的水土流失，农业用地水蚀率最高为 42.87%，草地的水蚀率为 22.96%，林地的水蚀率为 6.52%，未利用土地主要以微度水蚀为主，太仆寺旗土地利用方式总体上有利于水土保持。结合植被图、坡度图及调查数据发现，中度以上水蚀主要发生在旱地和灌草丛，尤其是坡度较大的旱地，而强度以上的水蚀基本发生在坡度较大的、没有采取水保措施的顺坡耕地上。

李明品（2004）应用遥感技术监测丘陵区不同土地利用方式的水土流失动态，发现土壤侵蚀面积增加 4 228.45km^2。这是因为森林过度采伐和盲目开荒等人类不合理的生产活动加剧了局部地区的水土流失。

Yang 等（2015）利用日降雨侵蚀力模型，基于 ArcGIS 的空间插值工具及 Mann-Kendall 和 Sen 的方法，评估 1961～2012 年中国旱地地区的降雨侵蚀力及其变化。结果表明，过去半个世纪以来降水特征的变化对该地区大部分地区的水蚀没有显著影响，但可能会导致西部较干旱地区部分地区的水蚀风险增大。

3.2.3　径流小区法

谢颂华等（2013）对径流小区进行优劣分析，并以江西水土保持生态科技园径流小区为例，提出径流小区设计中应把握的原则是：提高试验精度，减少实验误差；节省工程材料，降低工程成本；降低施工难度，提高施工质量利于后期观测；降低运行成本。

戴礼飞（2013）在乌梁素海上游乌拉山区选取典型小流域作为研究对象，通过对研究区自然条件现状及水土流失相关因子的分析，确定水土流失强度及空间分布情况，并有针对性地布设水土保持措施，对流域内的水土流失进行综合治理。选取 RUSLE 研究土壤侵蚀及流失现状，结果表明研究区内每年土壤侵蚀量为 5 089t，坡度越大的区域土壤侵蚀越强烈，就土壤侵蚀强度面积而言，轻度侵蚀＞中度侵蚀＞重度侵蚀＞强度侵蚀；就土壤侵蚀强度造成的土壤流失量而言，中度侵蚀＞轻度侵蚀＞重度侵蚀＞强烈侵蚀。

郭乾坤（2015）在内蒙古自治区鄂尔多斯市准格尔旗皇甫川流域的一处坡耕地上，建立径流小区以研究水蚀，研究表明：2012～2013 年农业用地、裸地小区平均侵蚀量分别为 46.5t/（hm^2 · a）和 60.3t/（hm^2 · a），根据《土壤侵蚀分类分级标准》（SL190—2007），分别属于中度和强烈侵蚀。2014 年水蚀量不足 10t/hm^2，远低于 2012 和 2013 年，显示出一定的年际变异性。水蚀通常发生在每年 6～9 月，其在年内的分布与降雨同步，年径流量和侵蚀量的 80%左右集中于 7～8 月。

3.2.4 其他方法

王金花等（2016）以水蚀、风蚀区重要入黄支流内蒙古河段西柳沟为研究对象，通过对西柳沟流域产沙地层及河流水文站悬移质泥沙采样分析和激光粒度仪测定，分析研究区河道纵向、横向断面沉积泥沙的级配特征，揭示了该流域沉积泥沙粒径分布变化规律。结果表明：西柳沟流域沉积泥沙的粒径从上游丘陵沟壑区到下游农田区逐渐减小；西柳沟流域上、中、下游不同断面泥沙级配横向对比发现，右岸泥沙颗粒最细，左岸泥沙颗粒最粗，河床泥沙颗粒介于二者之间；流域沉积泥沙粒径为 0.125～0.5mm，而流域出口水文站悬移质泥沙粒径 72.5%在 0.025mm 以下，说明由西柳沟进入黄河干流的泥沙主要为细泥沙。

那日娜（2007）对内蒙古黄河流域进行研究，发现内蒙古黄河流域总面积为 15.68 万 hm^2，水土流失面积为 111 289.54 hm^2，占总面积的 70.98%。水土流失存在轻度、中度、强度、极强、剧烈 5 个土壤水蚀级别，其中，中度、轻度土壤水蚀面积 68 833.79hm^2，占水土流失面积的 61.85%；强度以上土壤水蚀面积 42 455.75hm^2，占水土流失面积的 38.15%。水蚀发生以黄土丘陵区为主，土石山区次之。水蚀主要发生在 7～9 月。

Ban 等（2017）通过电解质痕量法测量不同石材含量冰冻斜坡上的水流速度。试验在 5°、10°、15°和 20°的斜坡下进行，流量排放速率为 1L/min、2L/min、4L/min 和 8L/min，石材含量为 0%、10%、20%和 50%。使用 9 个等距离传感器测量沿坡面坡度的水流速度。结果表明，随着坡度的增加，石材含量对流速有显著影响。石材含量的增加迅速降低流速。在不同坡度和石材含量下，冻结边坡的流速是未冻结边坡的 1.21～1.30 倍。当石材含量从 0%增加到 20%时，比例从 52%逐渐下降到 25%。另外，随着石材含量的增加，冻土坡和非冻土坡的流速变得逐渐相似。

Fan 等（2012）根据 1952～1986 年汛期黄河宁夏至内蒙古河段 6 个站点的日排水量和 SSC（suspended sediment concentration，悬沙浓度）记录，分析排水量与 SSC 的关系。采用 Pettitt 统计方法检验排水时间和泥沙浓度的突然变化。结果表明，黄河上游宁夏至内蒙古河段的流量时间可以分为两个时期，即 1969 年之前和 1969～1986 年。在这两个时期内，三级多项式函数可用来描述洪水期间排水量与 SSC 之间的关系，表明黄河宁夏至内蒙古河段的输沙受上游和支流水沙输入的复杂过程及河道边界条件的影响。幂函数形式的泥沙等级曲线可用来拟合中度洪水下的排水量与 SSC 之间的关系。尽管由于刘家峡水库和拦沙坝的蓄水以及在黄河上游宁夏至内蒙古河段水土保持计划的实施，洪水期间输沙量减少 40%，但 1952～1986 年的泥沙输送规律没有改变。

Hua 等（2014）建立了一个覆盖蒙古高原、中国东北地区和黄河流域的 39 个树轮宽度年表的年度数据库，以确定过去 3 个世纪沙漠化周期的规律。研究结果表明，蒙古高原在 18 世纪 30 年代～18 世纪 50 年代、19 世纪初～20 世纪初发生沙漠化。沙漠化的发生与夏季风减弱和冬季风加强有关，与小冰期降水量减少和风积活动增加有关；沙质沙漠化的逆转主要是由于当前温暖期降水量增加和风沙活动减少。

Cheng 等（2006）利用 GPS 测量内蒙古自治区一个小流域内的短暂冲沟的形态，发现由于短暂沟壑侵蚀造成的平均沟壑长度为 19.6m/hm^2 和平均土壤流失为 8.8m^3/hm^2。土壤侵蚀影响农田作物生产和休耕地植被组合。短暂冲沟中部与其他地区的植被差异非常明显。

3.2.5　内蒙古地区水蚀状况

第一次全国水利普查结果显示，内蒙古自治区水蚀面积 102 398km^2，占自治区面积的 8.94%。水蚀面积主要集中在呼伦贝尔市、赤峰市、锡林郭勒盟和兴安盟，4 市（盟）水蚀面积占内蒙古自治区水蚀面积的 61.1%。水蚀面积占内蒙古自治区水蚀面积的比例超过 20%的有呼和浩特市、赤峰市和兴安盟，分别是 29.0%、24.8%和 21.5%。内蒙古自治区土壤水蚀主要有两个特征。

1. 轻度和中度水蚀为主

内蒙古自治区土壤水蚀总面积中，轻度水蚀面积为 68 480km^2，占水蚀总面积的 66.9%；中度水蚀面积为 20 300km^2，占水蚀总面积的 19.82%；强烈水蚀面积为 10 118km^2，占水蚀总面积的 9.88%；极强烈水蚀面积为 2 924km^2，占水蚀总面积的 2.86%；剧烈水蚀面积为 577km^2，占水蚀总面积的 0.56%。中度及以下水蚀面积占水蚀总面积的 86.7%，中度以上水蚀面积（强烈以上）占水蚀总面积的 13.3%。

各市（盟）水蚀以轻度和中度水蚀为主，所有市（盟）轻度和中度水蚀面积占其总水蚀面积的比例均超过 70%，为 74.42%～98.17%。强烈以上水蚀面积占其总水蚀面积比例超过 20%的市（盟）为呼伦贝尔市（25.6%）、赤峰市（23.1%）和兴安盟（20.3%），主要来自无水土保持措施的陡坡耕地和其他土地。其他市（盟）强烈以上水蚀面积的比例较低，除通辽市为 10.3%，均在 10%以下。

2. 水蚀主要发生在低山丘陵区和黄土丘陵区

内蒙古自治区土壤水蚀主要发生在内蒙古自治区的大兴安岭东南坡低山丘陵区、燕山北坡低山丘陵区、阴山山脉以南的中低山区和黄土丘陵区。位于黄土丘陵区的呼和浩特市、包头市、乌兰察布市和鄂尔多斯市东部的水蚀较为严重，该区域的县级行政区水蚀面积比例一般都超过 25%。以土壤风蚀为主的巴彦淖尔市、锡林郭勒盟和阿拉善盟水蚀面积比例都很小，均在 5%以下。

3.3　其他侵蚀状况研究

3.3.1　耕作侵蚀研究

耕作引起的土壤侵蚀是难以避免的。在所有地形复杂的农业耕作景观都会发生不同程度的耕作侵蚀。无论使用何种耕作工具或何种耕作方式均会发生耕作侵蚀。耕作次数越多，耕作侵蚀的严重性和危害性也就越大（李勇等，2000）。

1. 径流小区法

孙建等（2010）研究黄河流域内蒙古黄土高原丘陵区不同耕作方式对旱作农田土壤侵蚀的影响，设置免耕、免耕覆盖和传统耕作 3 种耕作处理方式。研究表明，免耕及免耕覆盖能显著减少降雨对土壤的侵蚀，与传统耕作相比，免耕覆盖处理的燕麦地地表水径流量和土壤流失量都有一定程度的减少。原因在于地表覆盖物能够延迟地面积水产生的时间和径流产生的时间，地表覆盖物能够减少雨滴直接打击地表的机会，降低雨滴的动能和速度，使地表受到的破坏比裸露时小，同时能够增加表层土壤的水分入渗能力，减少地表径流的发生。土壤侵蚀的强弱与地表状况（糙度、覆盖）密切相关，土壤表面增加作物覆盖，能有效地减弱水蚀。传统耕作由于地表没有覆盖物，雨水直接打击地表，特别是翻耕、耙耱过的土地，雨滴打击使土粒细碎化，形成的黏体会很快填满土壤表面孔道，形成“结壳”，阻止水分入渗，使地表径流发生，因而传统耕作的水土流失量更大。3 种耕作方式的土壤侵蚀量均受农田坡度的影响，并随着农田坡度的增大而增加。在相同环境条件下，不同作物存在一定的差异，这可能与作物种植密度、根系情况及前茬有关。

2. 集沙仪及径流小区法

阴山北麓农牧交错区草原开垦现象日益突出，由此带来的环境恶化愈加严重。草原开垦完全改变了植被组成，使土壤结构遭到破坏，土壤氮、磷和有机质等营养物质大幅减少，引起严重的水土流失。高天明等（2014）运用集沙仪收集和设置径流小区的方法，研究阴山北麓农牧交错区草原坡地开垦对土壤侵蚀、植被数量特征和土壤理化性质的影响。研究表明强烈的土壤侵蚀，使坡耕地土壤中粒径较小的黏粒和粉沙粒逐渐流失，沙粒和砾石存留，造成土壤越来越粗质化，保水保肥能力逐渐下降。春季翻耕和秋季农作物收获，都会造成土壤养分含量逐渐下降。一方面，收获农作物会完全破坏地上植被造成土壤裸露，另一方面，收获农作物和春季翻耕会带走大量土壤养分。前者会增大土壤侵蚀的风险，后者会直接降低土壤养分含量。特别是开垦 4 年后的土地，土壤理化性质严重恶化，农作物产量下降，不得不撂荒（高天明等，2014）。

3.3.2　重力侵蚀研究

重力侵蚀是内蒙古南部砒砂岩区的主要侵蚀类型之一。砒砂岩是对广泛分布于鄂尔多斯高原，整体呈现红色，发育于三叠系、侏罗系、白垩系时期的一套沉积岩层的俗称，岩性为以白色、灰白色、紫红色为主的砂岩和粉砂岩，其中夹有泥质砂岩、砂质泥岩、泥岩和少量的砾岩、页岩。它主要分布在内蒙古鄂尔多斯市、准格尔旗中北部、伊金霍洛旗东北部和达拉特旗的丘陵区。砒砂岩地区是黄河中游的剧烈侵蚀中心，水蚀、风蚀都很严重，还存在重力侵蚀，是黄河粗泥沙的主要来源地之一，同时，也是水土保持工作的重点地区。砒砂岩重力侵蚀主要有两种形式：一是泻溜；二是崩塌。泻溜主要发生在 35°～60° 的陡坡地段，崩塌主要发生在 60° 以上的沟坡陡崖地段。泻溜的发生首先破坏河岸底部稳定的风沙堆积物形成的休止角，使坡角变陡，底部变空，在重力作用下，产生河岩坡面的泻溜，泻溜过程从坡角向上逐级进行；当坡脚侵蚀停止后，仍然有一个滞后的泻溜过程以调整坡面，最后产生一个与原始休止角相同的新的稳定的沙坡面。崩塌的模式可以概括如下：①砒砂岩主要是砂岩和泥岩互层，其中的砂质泥岩、泥岩在陡坡表面往往被风化成粒径为 1.5cm 左右或更小的小碎块或小颗粒；②小碎块或小颗粒在水流冲刷、风力、自身重力等外力作用下，最终移动到坡脚、沟底或别处；③在泥岩部位形成凹陷，致使其上部的砂岩形成一个临空面，从而发生崩塌。

1. 实验分析法

石迎春等（2004）运用实验分析法，对砒砂岩的矿物成分、化学成分、岩性组合、颗粒密度、岩体构造和工程性质等进行研究。结果表明，砒砂岩地区强烈的侵蚀与岩体本身的矿物成分、化学成分、岩性组合、粒度成分、构造特征和工程性质有关，而矿物方解石所起的弱胶结作用是导致岩体抗侵蚀能力差的最直接原因，不同的岩性组合和不同的粒度组合会改变岩体抗蚀能力。值得注意的是，岩体的各种性质互相影响、互为统一、共同作用，导致砒砂岩的抗侵蚀能力极其低下。

2. 野外调查法

叶浩等（2008）在野外对重力侵蚀进行了专项调查，研究内蒙古南部砒砂岩岩性特征对重力侵蚀的影响，结果发现：砒砂岩中易风化的、不稳定的矿物，如蒙脱石、方解石和长石含量悬殊，胶结物以黏土矿物和方解石为主；在各种风化作用下，不同岩性砒砂岩的风化程度不同，从而导致岩石侵蚀速率的差异，这是砒砂岩重力侵蚀发育的前提。岩石的孔隙、裂隙发育，为各种风化作用提供了良好的通道，岩性地层的地层组合方式、垂直裂隙的发育特征，加剧了重力侵蚀的发育。

3. 试验小区法

唐政洪等（2001）通过观测分析得出砒砂岩风蚀、水蚀及重力侵蚀交互作用的时空分布规律。砒砂岩的渗透力弱，径流冲刷力强，可蚀性大，使砒砂岩的侵蚀产流和产沙能力都明显高于风沙土和黄土；砒砂岩地区的侵蚀产沙呈现水蚀、风蚀和重力侵蚀交互作用的特点，并在时间分布及空间分布上具有规律性；多种侵蚀方式在空间上复合作用、在时间上交替作用，扩大了土壤侵蚀范围，延长了土壤侵蚀时间，导致侵蚀强度大，是砒砂岩侵蚀物质中粗沙含量高的根本原因。

3.3.3 冻融侵蚀研究

冻融侵蚀是我国三大主要土壤侵蚀类型之一，是仅次于水蚀、风蚀且在全国分布较广的土壤侵蚀类型（刘淑珍等，2013）。土壤的冻融循环作用可改变土壤的容重、孔隙度、渗透性、含水量和稳定性，从而改变土壤的抗侵蚀能力，使土壤更易遭受侵蚀。土壤抗冲性是土壤抵抗径流对其机械破坏和搬运的性能，是衡量土壤抵抗径流侵蚀能力的重要指标。

1. 室内模拟实验法

冻融循环对土壤物理性质及抗冲性有一定的影响。肖俊波等（2017）以内蒙古坡耕地风沙土为研究对象，运用室内模拟实验进行冻融循环模拟，对风沙土物理性质及抗冲性进行研究，结果表明冻融循环会导致风沙土抗冲性降低，使其易发生侵蚀。在冻融循环过程中，土壤含水量呈现增多现象，随着冻融循环次数的增加，土壤的容重和孔隙度分别呈降低和增大的趋势，且土壤含水量高的土壤经过冻融循环后容重更低，孔隙度更大。冻融循环过程中土壤含水量越大，土壤抗冲系数降低越明显，且存在显著差异（$P<0.05$）。冻融循环次数对抗冲系数、土壤容重及孔隙度的影响存在作用临界，当冻融循环次数达到 6 次以后，其变化趋于稳定状态。上述结果可以为季节性冻融区土壤侵蚀机理研究提供一定的参考。

季节性冻融对土壤的理化和生物学性质均产生直接或间接影响，会对土壤内部结构产生一定的影响，冻融后土壤变得疏松多孔，产生大量可蚀物质，大大增加土壤的分离能力。季节性冻融是影响我国内蒙古地区风沙土侵蚀的重要因素之一。肖俊波等（2017）通过室内模拟实验对内蒙古东柳沟流域的风沙土分离能力的变化特征进行研究。结果表明冻融作用增大了风沙土分离能力，可导致季节性冻融区春季解冻期土壤侵蚀量增加。坡度和流量是影响风沙土分离能力的主效应因素，而与冻融相关的土壤含水量、冻融循环次数和土层深度是风沙土土壤分离能力的次效应因素。冻融坡面风沙土分离能力随着坡度、放水流量的增大而呈现明显增强的趋势。冻融过程中土层深度主要通过土壤水分的再分布间接影响风沙土的分离能力。土壤含水量过高或过低均能增大风沙土的分离能力，且随着土层深度的增加，各层土壤的分离能力逐渐增强，但中间层土壤的分离能力最弱。风沙土土壤分离能力随着冻融循环次数的增加呈先增强后减弱并逐渐趋于平缓的趋势。当冻融循环次数为 4 时，风沙土分离能力达到最强；但是在 10 次冻融循环以后，风沙土分离能力的变化减弱并逐步趋于平缓，冻融循环次数的增加对风沙土分离能力的影响能力降低。

风雪复合侵蚀作用是自然环境中的风、融雪和温度的共同作用。马云峰等（2014）使用风洞实验与冻融实验模拟，对内蒙古那—苏省际通道锡林郭勒盟桑根达来段的风沙土填方路段土体冻融、风蚀复合侵蚀前后孔隙分布特征进行定量分析，分析路基填料各测试层孔隙面积比率与融雪下渗引起的冻融侵蚀、风蚀之间的关系。研究发现，随着冻融循环次数的增加，路基坡面表层的侵蚀破坏增大，且随着测试深度的增加，侵蚀影响逐渐减弱。路基经过冻融后继续进行风蚀，路基坡肩处复合侵蚀破坏更为严重。通过对 3 次冻融循环与 3 次风蚀循环结果的对比分析表明，风蚀循环对路基的影响大于冻融循环的影响。对路基坡面各测试层（坡肩、坡中上部、坡中下部、坡脚）的对比分析表明，路基经过冻融、风蚀的复合侵蚀后，路基坡肩处受到的影响最大，破坏最严重。

寒旱区路基常年受风沙侵蚀，同时在强烈的温差变化下，路基填料因积雪融水入渗受到冻融循环侵蚀。李驰等（2015）通过冻融风蚀风洞实验研究寒旱区路基填料土体冻融、风蚀复合侵蚀机理，分析冻融循环和风蚀循环前后填料土体抗剪强度变化规律。发现路基经过冻融循环侵蚀后，其填料土体抗剪强度随着冻融循环次数的增加而整体降低，且坡肩土体受冻融侵蚀的影响最为显著，依次向坡中上层、坡中下层和坡脚处逐渐减弱。当路基继续经历风蚀作用后，路基迎风坡表层风蚀最为严重，沿水平测试深度方向由表及里逐渐减弱，直至一定深度处风蚀影响可以忽略不计。随着路基填料含水量的增大，冻融侵蚀作用越来越显著，而风蚀作用逐渐减弱。在低含水量时，风蚀作用占主导地位，在高含水量时冻融侵蚀作用占主导地位。

2. 模型法

内蒙古自治区阴山北部位于我国季节性冻土区，也是我国北方地表土壤风蚀沙化相当严重的地区之一。特别是在每年的春季，由于冻土表层的解冻，土壤物理性质发生变化，加上降雨量甚少，在风力作用下，地表土层风力侵蚀愈加严重。刘铁军等（2008）在建立土壤冻结模型的基础上，对内蒙古自治区阴山北部农牧交错带耕作土壤冻结过程进行了数值模拟。由模拟结果可以看出，土壤冻结过程中上部已冻土的温度变化曲线大致呈抛物线形状，在冻结缘附近冻土温度有所波动；冻结过程中由于冻结缘下移而使冻结缘附近的未冻土温度产生变化，随着土层的加深，土体温度趋于稳定。模拟中土壤冻结规律与野外监测的地温变化规律一致，有力证明了土壤在冻结过程中冻结缘处土壤内部性质变化复杂，为该地区土壤的冻土研究等提供了基本理论依据。

3.3.4　人为侵蚀研究

常月明等（2014）对内蒙古自治区北部半干旱丘陵低山地区乡村道路的侵蚀进行研究，发现其主要影响因素是路面坡度和降水强度，人类的使用方式也直接影响路面侵蚀。研究区位于坡面和谷地汇水处的土质道路，普遍存在不同程度的侵蚀；夏季发生的几次强降水是研究区道路遭受侵蚀的重要原因；位于较大坡度坡面和谷地汇水处的道路侵蚀最为严重；两边不等高和壤质土形成的路面都易遭受侵蚀；人类季节性的使用和维护的缺失加剧了道路侵蚀程度。

参考文献

常月明，雷俊义，李永香，等，2014．半干旱丘陵地区乡村道路侵蚀特点和影响因素研究：以内蒙古四子王旗东南部为例[J]．水土保持研究，21（5）：116-121．

陈贵廷，2009．基于“3S”技术的呼伦贝尔土壤侵蚀研究[D]．兰州：甘肃农业大学．

迟文峰，白文科，刘正佳，等，2018．基于 RWEQ 模型的内蒙古高原土壤风蚀研究[J]．生态环境学报（6）：1024-1033．

戴海伦，金复鑫，张科利，2011．国内外风蚀监测方法回顾与评述[J]．地球科学进展，26（4）：401-408．

戴礼飞，2013．基于 GIS 和 RUSLE 的乌拉山区小流域综合治理[D]．北京：北京林业大学．

董治宝，陈广庭，1997．内蒙古后山地区土壤风蚀问题初论[J]．土壤侵蚀与水土保持学报，3（2）：84-90．

杜鹤强，薛娴，王涛，等，2015．1986—2013 年黄河宁蒙河段风蚀模数与风沙入河量估算[J]．农业工程学报，31（10）：142-151．

樊才睿，2017．不同放牧制度草甸草原生态水文特性研究[D]．呼和浩特：内蒙古农业大学．

富宝锋，赵耀林，何艺峰，等，2014．砾石覆盖沙床防风蚀效果风洞实验[J]．水土保持学报，28（2）：91-94．

高天明，张瑞强，黄建国，2014．开垦对阴山北麓农牧交错区草原坡地的破坏作用[J]．中国农业科技导报，16（1）：125-130．

巩国丽，刘纪远，邵全琴，2014．基于 RWEQ 的 20 世纪 90 年代以来内蒙古锡林郭勒盟土壤风蚀研究[J]．地理科学进展，33（6）：825-834．

顾欢欢，马礼，2011．坝上高原不同土地利用类型的地块土壤风蚀对比及年际变化分析[J]．河北师范大学学报（自然科学版），35（1）：94-97．

郭碧云，2010．基于 RS 和 GIS 的内蒙古农牧交错带土地利用/覆被变化研究[D]．西安：西北农林科技大学．

郭乾坤，2015．风水复合侵蚀研究——以内蒙古皇甫川流域坡耕地为例[D]．北京：北京师范大学．

郭晓妮，马礼，2009．坝上地区不同土地利用类型的地块土壤年风蚀量的对比：以河北省张家口市康保牧场为例[J]．首都师范大学学报（自然科学版），30（4）：93-96．

何文清，高旺盛，妥德宝，等，2004．北方农牧交错带土壤风蚀沙化影响因子的风洞试验研究[J]．水土保持学报，18（3）：1-5．

何文清，赵彩霞，高旺盛，等，2005．不同土地利用方式下土壤风蚀主要影响因子研究：以内蒙古武川县为例[J]．应用生态学报，16（11）：2092-2096．

黄伟，张懿，王利明，2015．基于 TM 影像的土地荒漠化变化研究：以巴彦淖尔地区为例[J]．内蒙古林业调查设计，38（5）：132-134．

李驰，葛晓东，高利平，等，2015．寒旱区路基冻融风蚀复合侵蚀机理试验研究[J]．工程力学，32（10）：177-182．

李金霞，2011．鄂尔多斯高原西部植被-土壤-土壤动物对荒漠化的响应[D]．长春：东北师范大学．

李明品，2004. 呼伦贝尔市水土流失监测及防治[J]. 东北水利水电（4）：55-57.
李晓丽，申向东，张雅静，2006. 内蒙古阴山北部四子王旗土壤风蚀量的测试分析[J].干旱区地理（2）：292-296.
李晓丽，申向东，张雅静，2006. 内蒙古阴山北部四子王旗土壤风蚀量的测试分析[J]. 干旱区地理，29（2）：292-296.
李勇，张建辉，罗大卫，等，2000. 耕作侵蚀及其农业环境意义[J]. 山地学报，18（6）：514-519.
李智佩，岳乐平，聂浩刚，等，2002. 中国三北地区荒漠化区域分类与发展趋势综合研究[J]. 西北地质，35（4）：135-153.
刘纪远，齐永青，师华定，等，2007. 蒙古高原塔里亚特—锡林郭勒样带土壤风蚀速率的 ^{137}Cs 示踪分析[J]. 科学通报，52（23）：2785-2791.
刘俊，李敬川，张东风，等，2013. 一种土壤风蚀测定盘及野外土壤风蚀量测定的方法：CN103558143A[P]. 2013-10-30.
刘淑珍，刘斌涛，陶和平，等，2013. 我国冻融侵蚀现状及防治对策[J]. 中国水土保持（10）：41-44.
刘铁军，何京丽，张瑞强，等，2008. 阴山北部耕作土壤冻结过程温度变化的数值模拟[J]. 干旱区地理，31（6）：850-854.
马玉堂，徐兆生，姚文权，1981. 呼伦贝尔草原土壤风蚀研究[J]. 草地学报，2（3）：67-74.
马云峰，李驰，高利平，等，2014. 风雪复合侵蚀路基孔隙特征的微细观实验研究[J]. 岩石力学与工程学报，33（12）：2524-2530.
梅凡民，RAJOT J，ALFARO S，等，2006. 毛乌素沙地的粉尘释放通量观测及 DPM 模型的野外验证[J]. 科学通报，51（11）：1326-1332.
那日娜，2007. 浅谈内蒙古自治区黄河流域的水土流失现状[J]. 现代农业（11）：145.
倪含斌，2009. 煤炭资源开发过程中矿区水土流失动态模拟研究[D]. 杭州：浙江大学.
齐永青，刘纪远，师华定，等，2008. 蒙古高原北部典型草原区土壤风蚀的 ^{137}Cs 示踪法研究[J]. 科学通报，53（9）：1070-1076.
石迎春，叶浩，侯宏冰，等，2004. 内蒙古南部砒砂岩侵蚀内因分析[J]. 地球学报，25（6）：659-664.
孙传龙，张卓栋，邱倩倩，等，2017. 锡林郭勒草地表层土壤粒度分形特征及其与风蚀的关系[J]. 中国沙漠，37（5）：978-985.
孙建，刘苗，李立军，等，2010. 不同耕作方式对内蒙古旱作农田土壤侵蚀的影响[J]. 生态学杂志，29（3）：485-490.
孙悦超，陈智，赵永来，等，2013. 阴山北麓农牧交错区草地土壤风蚀测试[J]. 农业机械学报，44（6）：143-147.
唐政洪，蔡强国，李忠武，等，2001. 内蒙古砒砂岩地区风蚀、水蚀及重力侵蚀交互作用研究[J]. 水土保持学报，15（2）：25-29.
滕思翰，2016. 基于 SPOT-5 的阿鲁科尔沁旗土地荒漠化动态变化研究[D]. 呼和浩特：内蒙古农业大学.
王金花，张荣刚，姚文艺，等，2016. 风蚀水蚀共同作用下沙漠河流泥沙级配特征[J]. 中国沙漠，36（6）：1695-1700.
王涛，赵哈林，2005. 中国沙漠科学的五十年[J]. 中国沙漠，25（2）：145-165.
王永吉，杨明义，张加琼，等，2017. 水蚀风蚀交错带小流域淤地坝泥沙沉积特征[J]. 水土保持研究，24（2）：1-5.
王云超，张立峰，侯大山，等，2006. 河北坝上农牧交错区不同下垫面土壤风蚀特征研究[J]. 中国农学通报，22（8）：565-568.
肖俊波，孙宝洋，李占斌，等，2017. 冻融循环对风沙土物理性质及抗冲性的影响试验[J]. 水土保持学报，31（2）：67-71.
肖俊波，孙宝洋，马建业，等，2017. 季节性冻融对东柳沟流域风沙土分离能力的影响[J]. 中国水土保持科学，

15（6）：1-8.

谢颂华，方少文，王农，2013. 水土保持试验径流小区设计探讨[J]. 人民长江，44（17）：83-86+113.

徐斌，刘新民，赵学勇，1993. 内蒙古奈曼旗中部农田土壤风蚀及其防治[J]. 水土保持学报，7（2）：75-80.

严平，张信宝，1998. ^{137}Cs 法在风沙过程研究中的应用前景[J]. 中国沙漠（2）：182-187.

叶浩，石建省，侯宏冰，等，2008. 内蒙古南部砒砂岩岩性特征对重力侵蚀的影响[J]. 干旱区研究，25（3）：402-405.

于国茂，刘越，艳燕，等，2011. 2000～2008 年内蒙古中部地区土壤风蚀危险度评价[J]. 地理科学，31（12）：1493-1499.

张惜伟，汪季，高永，等，2017. 呼伦贝尔沙质草原风蚀坑表层土壤粒度特征[J]. 干旱区研究，34（2）：293-299.

张元，2016. 基于 3S 和 USLE 的内蒙古达拉特旗黄土丘陵区土壤侵蚀研究[D]. 呼和浩特：内蒙古农业大学.

赵彦军，2009. 利用风洞研究带状留茬间作农田抗风蚀效果[D]. 呼和浩特：内蒙古农业大学.

赵羽，金争平，史培军，等，1989. 内蒙古土壤侵蚀研究：遥感技术在内蒙古土壤侵蚀研究中的应用[M]. 北京：科学出版社.

周丹丹，董建林，高永，等，2008. 巴音温都尔沙漠表层土壤粒度特征及风蚀量估算[J]. 干旱区地理，31（6）：933-939.

朱震达，刘恕，1981. 我国北方地区沙漠化过程及其治理区划[J]. 中国沙漠（1）：12.

BAN Y Y, LEI T W, GAO Y, et al., 2017. Effect of stone content on water flow velocity over loess slope: non-frozen soil [J]. Journal of hydrology, 549:525-533.

CHENG H, WU Y Q, ZOU X Y, et al., 2006. Study of ephemeral gully erosion in a small upland catchment on the Inner-Mongolian Plateau[J]. Soil & tillage research, 90(1-2):184-193.

DU H Q, DOU S T, DENG X H, et al., 2016. Assessment of wind and water erosion risk in the watershed of the Ningxia-Inner Mongolia Reach of the Yellow River, China[J]. Ecological indicators, 67:117-131.

EVERS B J, BLANCO-CANQUI H, STAGGENBORG S A, et al., 2013. Dedicated bioenergy crop impacts on soil wind erodibility and organic carbon in Kansas[J]. Agronomy Journal,105(5): 1271-1276.

FAN X L, SHI C X, ZHOU Y Y, et al., 2012. Sediment rating curves in the Ningxia-Inner Mongolia reaches of the upper Yellow River and their implications[J]. Quaternary international，282:152-162.

FRYREAR D W, 1986. A field dust sampler[J]. Journal of Soil and Water Conservation, 41(2): 117-120.

GOOSSENS K, OFFER Z Y, 2000. Wind tunnel and field calibration of six Aeolian dust samplers [J].Atmospheric Environment, 34(7): 1043-1057.

HOFFMANN C, FUNK R, REICHE M, et al., 2011. Assessment of extreme wind erosion and its impacts in Inner Mongolia, China[J]. Aeolian research, 3(3):343-351.

HUA T, WANG X M, LANG L L, et al., 2014. Variations in tree-ring width indices over the past three centuries and their associations with sandy desertification cycles in East Asia[J]. Journal of arid environments, 100-101(1): 93-99.

LI F R, KANG L F, ZHANG H, et al., 2005. Changes in intensity of wind erosion at different stages of degradation development in grasslands of Inner Mongolia, China[J]. Journal of arid environments, 62(4): 567-585.

LI J C, ZHAO Y F, HAN L Y, et al., 2017. Moisture variation inferred from a nebkha profile correlates with vegetation changes in the southwestern Mu Us Desert of China over one century[J]. Science of the total environment, 598: 797-804.

MENDEZ M J，FUNK R，BUSCHIAZZO D E，2011. Field wind erosion measurements with Big Spring Number Eight

(BSNE) and Modified Wilson and Cook (MWAC) samplers[J] . Geomorphology，129(1): 43-48.

MENZEL R G, 1960. Transport of strontium-90 in runoff[J]. Science, 131(3399): 499-500.

SHAO Y, MCTAINSH G H, LEYS J F, et al., 1993. Efficiencies of sediment samplers for wind erosion measurement[J] .Australian Journal of Soil Research，31 (4): 513-532.

SUTHERLAND R A, 1991. Examination of caesium-137 real activities in control unroded locations[J]. Soil Technology, 4(1): 33-50.

VRIELING, 2007. Timing of erosion and satellite data: A multi-resolution approach to soil erosion risk mapping[J]. International Journal of Applied Earth Observation and Geoinformation, 10(3): 267-281.

WU Q, WANG M Y, 2007. A framework for risk assessment on soil erosion by water using an integrated and systematic approach[J]. Journal of hydrology, 337(1-2): 11-21.

YAN Y C, WU L H, XIN X P, et al., 2015. How rain-formed soil crust affects wind erosion in a semi-arid steppe in northern China[J]. Geoderma，249-250: 79-86.

YANG F B, LU C H, 2015. Spatiotemporal variation and trends in rainfall erosivity in China's dryland region during 1961-2012[J]. Catena, 133: 362-372.

ZHANG Z, WIELAND R, REICHE M, et al., 2012. Identifying sensitive areas to wind erosion in the Xilingele grassland by computational fluid dynamics modelling[J]. Ecological Informatics, 8: 37-47.

第 4 章　蒙古高原植被退化

蒙古高原位于欧亚大陆腹地，是中亚沙漠和西伯利亚南部北方针叶林之间的过渡区，地处 37°22′N～53°20′N，87°43′E～126°04′E，总面积约为 274 万 km^2，其中中国内蒙古和蒙古国面积分别为 118 万 km^2 和 156 万 km^2（Bao et al.，2014）。蒙古高原属于典型的干旱、半干旱气候类型，在蒙古国北部和中国内蒙古东北部地区降水量最多，年降水量为 300～400mm，而在高原西南部戈壁荒漠区降水量最少，一般低于 100mm。气温变化与降水量丰枯呈相反态势，在高原西南部戈壁荒漠区温度最高，而在蒙古国北部和中国内蒙古东北部温度最低。地势总体上西高东低，平均海拔为 1 580m。蒙古高原作为欧亚草原的主要组成部分，大部分地区为天然草地植被所覆盖，草地生物多样性高。畜牧业是蒙古高原的主要产业，蒙古国采取“逐水草而居、逐水草而迁徙、四季轮牧”的游牧畜牧业经营方式，而中国内蒙古由游牧变为定居，人为活动强度比蒙古国相对强烈。2011 年末蒙古高原总人口数量约为 2 690 万，其中中国内蒙古和蒙古国人口数量分别约为 2 400 万和 290 万（Bao et al.，2015）。

荒漠化是一个全球性的环境问题。蒙古高原内生态景观类型多样，是中国北方重要的生态屏障，是全球干旱土地的核心部分，其荒漠化严重（卓义，2007）、生态环境脆弱（刘兆飞等，2016；Li et al.，2012），易受人类活动的影响。植被作为生态系统的重要组成部分，是有机物的制造者，是生态系统能量流动和物质循环中的重要环节，对自然环境最为敏感，是某一地区生态环境的综合反映，是土地荒漠化研究的主体。植被退化一直是干旱半干旱地区紧迫的环境和社会经济问题之一（Reynolds et al.，2007）。分析植被特征及其空间分布，对于分析荒漠化的发生、发展过程，揭示区域环境演变，调节生态系统，具有重要的理论和现实意义。蒙古高原包括 3 个主要的生物区，即荒漠区、草原区和森林区，主要由降水梯度决定。蒙古高原作为东北亚地区的一个特殊地貌单元，远离海洋，属于干旱半干旱地区，主要植被覆盖类型是草地，生态系统比较脆弱，荒漠化是其重要的地貌特征（张艳珍等，2018）。近 40 年来，由气候变化和人类活动引起的蒙古高原草地退化形势加剧，裸地面积有扩大趋势，土地荒漠化形势十分严重。草地退化一方面直接影响蒙古高原广大牧民群众的生活水平和社会经济的健康发展；另一方面，会加重高原荒漠化、沙化和水土流失，造成严重的生态环境问题。草地生态系统作为陆地生态系统的主要类型之一，具有多种生态功能，在防风固沙、水土保持、生物多样性保护等方面发挥着重要功能。蒙古高原上草地是畜牧业的基础，草地退化是土地荒漠化的主要表现形式之一，以草本植物为主要植被群落的草地被以灌丛为优势群落的草地所替代是草地退化或荒漠化的显著特征（李新荣，2005）。植被覆盖度指示景观环境因子的适宜程度，因而可作为表征土地荒漠化的一个直接的主导性指标（殷贺等，2011）。蒙古国境内的草地样方出现灌丛的现象比中国内蒙古多，从一个侧面反映蒙古国草地退化更加严重（刘庆生等，2016）。草地是中国西部易受气候变化影响的最脆弱的生态系统（Jin et al.，2016），内蒙古草原是多年来中国生态环境破坏的重灾区，土地荒漠化进程扩大迅速（目前中国沙化土地面积约占国土面积的 27.4%）不仅直接影响内蒙古地区畜牧业生产的持续发展，而且造成中国华北广大地区生态环境的恶化。近几十年来，受气候变化、人类活动、放牧方式、载畜量差异的影响，蒙古高原资源环境问题，特别是草地退化、土地荒漠化、干旱频发、沙尘暴肆虐等一系列重大生态环境问题日益突出，蒙古国和中国内蒙古草地植被现状也有明显差异，草地生态环境均存在不同程度的退化（包秀霞等，2009）。因此，对蒙古高原的植被动态变化进行研究，了解该地区植被变化的驱动因素显得十分必要。

4.1　蒙古高原植被现状

蒙古高原植被具有明显的空间差异性和季节性（戴琳，2014）。评估草地退化情况的指标包括植被多样性、植被总覆盖度、灌木覆盖度、草地覆盖度、总植被生物量、地下生物量、幼苗存活率、隐花植物结皮覆盖度（cryptogamic crust cover）、凋落物覆盖量（litter cover）、凋落物生物量。这些指标在许多方面相互关联，有些指标（植被总覆盖度、隐花植物结皮覆盖度）对风蚀更加敏感。大量研究证实，NDVI（normalized differential vegetation index，归一化植被指数）与植物冠层的光合能力和能量吸收直接相关（Sellers et al.，1992），可用于评价生态系统的光合潜力、初级生产力和生物量等生态系统状况（Wang et al.，2005）。NDVI 是表征植被指数常用的指标之一，能良好地指示大尺度植被覆盖状况、植被生物量，在植被覆盖的相关研究中得到广泛的应用，许多科学家利用该指标对植被变化开展深入研究。时间综合 NDVI 的变化可以反映气候变化对植被生长的影响。

4.1.1　植被空间分布格局

1. 植被类型的空间分布

蒙古高原地处欧亚大陆中部干旱半干旱地区，属于大陆性温带草原气候，是世界最大的草原——欧亚大草原的组成部分。其干燥度空间梯度差异明显，植被类型沿干燥度空间梯度分异特征明显。蒙古高原分为 6 个植被区，包括山地草原、针叶林、森林草原、草原、干草原和荒漠草原，植被区分布与降水变化一致。蒙古高原自东北到西南依次分布着草甸草原、典型温性草原、荒漠草原和戈壁等生态景观类型，其中以典型温性草原分布最广。蒙古高原植被由草和矮灌木组成。自然植被带从北部到南部依次为森林、草甸草原、典型草原、荒漠草原和戈壁荒漠。蒙古高原跨越 6 个主要自然区：高山 3.6%、泰加林 4.5%、森林草原 15.2%、草原 34.2%、荒漠草原 23.4%和荒漠 19.1%（Dash，2000）。蒙古高原植被划分为森林植被、灌丛、草甸草原、典型草原、荒漠草原、农田植被、戈壁荒漠、沙地植被、苔原植被 9 种类型。蒙古高原地表植被类型的空间分布总体格局可以总结为：从西南到东北，逐步由戈壁荒漠向草原、森林类型过渡。在所有植被类型中，典型草原分布最为广泛，占据蒙古高原植被分布面积的 32.28%，主要分布在蒙古国东部大范围地区和中国内蒙古锡林郭勒草原、大兴安岭西部和呼伦贝尔草原等地区。戈壁荒漠和荒漠草原分布也比较广泛，分别占 17.28%和 17.07%，主要分布在蒙古高原西南部，以及内蒙古西部阿拉善盟和阴山山脉以北到浑善达克沙地西部一带。草甸草原占据蒙古高原植被分布面积的 8.95%，主要分布在大兴安岭西侧、蒙古国东北部森林周围。森林植被类型主要分布在蒙古国北部森林保护区和内蒙古大兴安岭森林区，占蒙古高原植被分布面积的 9.87%。苔原植被类型主要分布在蒙古国，主要集中在地势较高的阿尔泰山脉、杭爱山脉、库苏古尔山区。沙地植被、农田植被和灌丛只分布在中国内蒙古地区，主要分布在中国内蒙古南部省界一带。这一植被类型分布格局总体反映了蒙古高原植被覆盖的空间形态和空间分异特征。表 4-1 为研究区各植被类型面积百分比组成。从表上可以看出占据蒙古高原地表最多的植被类型为典型草原，占据高原植被分布面积的 32.28%，其次为戈壁荒漠和荒漠草原类型，分别占据高原植被分布面积的 17.28%和 17.07%。而后由多到少依次为森林植被、草甸草原、农田植被、沙地植被、苔原植被、灌丛（温都日娜，2017）。

表 4-1 蒙古高原不同植被类型面积比例

植被类型	面积比例/%	植被类型	面积比例/%
典型草原	32.28	农田植被	4.66
戈壁荒漠	17.28	沙地植被	3.84
荒漠草原	17.07	苔原植被	3.05
森林植被	9.87	灌丛	2.32
草甸草原	8.95		

2015～2016 年 8 月中旬至 9 月上旬对蒙古国植被样带进行调查，沿 de Martonne 干燥度梯度将蒙古国植被划分为草甸草原、典型草原、荒漠草原和戈壁荒漠 4 种类型。草甸草原的优势种为贝加尔针茅（*Stipa baicalensis* Roshew.）、线叶菊（*Filifolium sibiricum* (L) Kitam.）、羊草（*Leymus chinensis* (Trin.) Tzvel.）、羊茅（*Festuca ovina* L.）、克氏针茅（*Stipa krylovii* Roshev.）。典型草原的优势种包括大针茅（*Stipa grandis* P. Smirn）、寸草苔（*Carex duriuscula* C.A.Mey.）、糙隐子草（*Cleistogenes squarrosa* (Trin.) Keng）、冷蒿（*Artemisia frigida* Willd.）、羊草（*Leymus chinensis* (Trin.) Tzvel.）、冰草（*Agropyron cristatum*(L.) Gaertn.）、东北丝裂蒿（*Artemisia adamsii* Bess.）、线叶蒿（*Artemisia subulata* Nakai）、芒草（*Koeleria litvinowii* Dom.）、无芒隐子草（*Cleistogenes songorica* (Roshev.) Ohwi）、星毛委陵菜（*Potentilla acaulis* L.）、新疆针茅（*Stipa sareptana* Becker）、早熟禾（*Poa annua* L.）。荒漠草原的优势种为本地肤（*Kochia prostrate* (L.) Schrad.）。戈壁荒漠的优势种包括碱韭（*Allium polyrhizum* Turcz. Ex Regel）、沙生针茅（*Stipa glareosa* P. Smirn.）、灰绿藜（*Chenopodium glaucum* L.）、短叶假木贼（*Anabasis brevifolia* C. A. Mey.）（佟旭泽，2017）。

2. 植被覆盖的空间分布格局

通常，人们利用遥感光谱计算的植被指数研究植被和环境的关系（王正兴等，2006；彭道黎等，2009），其中应用最广泛的是 NDVI。NDVI 是植被生长状态及植被空间分布密度的最佳指标，与植被分布密度呈线性相关。NDVI 具有植被检测灵敏度高、检测范围大、能削弱太阳高度角及大气所带来的噪声等优势，因此，被广泛应用于作物产量估计、林火监测、植被分类、物候分析等方面（李霞等，2007）。

NDVI 值显著增加（$P<0.05$）的区域主要分布在蒙古国的库苏古尔省、布尔干省，中国内蒙古中部的锡林郭勒盟、兴安盟的东部、通辽市。NDVI 值减少的区域主要分布在蒙古国的苏赫巴托尔省、东戈壁省、中央省，中国内蒙古的呼伦

贝尔市。NDVI 值显著减少的区域在蒙古国首都乌兰巴托附近、中国内蒙古呼伦贝尔市等少部分地区（戴琳等，2014）。1982～2006 年 NDVI 值显著增加的区域分布相对分散，主要分布在中国内蒙古通辽市，河套平原，甘肃平凉市、天水市、定西市，仅占蒙古高原的 15.55%，显著减少的区域较少。1982～2006 年夏季（6～8 月），NDVI 值减少区域占整个蒙古高原的 54.43%，减少区域面积大于增加区域面积，但显著减少和显著增加区域面积相当。显著减少区域主要分布在蒙古国中部、中国内蒙古北部呼伦贝尔市和甘肃陇南市，占蒙古高原的 7.79%。显著增加区域主要分布在中国内蒙古通辽市和河套平原，占蒙古高原的 8.05%（戴琳等，2014）。从不同地区来看，1982～2006 年蒙古国的植被改善情况最好，其次是中国的内蒙古、甘肃、宁夏。从空间来看，蒙古高原大部分地区的植被在改善，少部分地区在退化。改善区域主要分布在蒙古国西部的库苏古尔省、布尔干省，中国内蒙古锡林郭勒盟、兴安盟的东部、通辽市，退化区域主要分布在蒙古国的苏赫巴托尔省、东戈壁省、中央省和中国内蒙古的呼伦贝尔市（戴琳等，2014）。从空间分布趋势看，25 年内植被覆盖呈增加趋势的地区主要分布在蒙古高原南部——中国内蒙古农牧交错区和蒙古国中部、西部和北部的山脉及其环抱的大湖盆地地区，而植被覆盖呈减少趋势的地区主要集中在蒙古高原中部的干旱地带和东部呼伦贝尔地区（包刚等，2013）。

对蒙古高原 1982～2013 年的年最大 NDVI 值取平均数，得到蒙古高原地区的植被覆盖分布情况，NDVI 值的分布具有明显的地带性特征。从整体来看，NDVI 值由北向南和由东向西逐渐减小。蒙古高原东北部内蒙古大兴安岭地区气候条件较湿润，NDVI 值最高为 0.8。蒙古国萨彦岭东部山区和肯特山脉及其邻近地区的 NDVI 值也较高，在 0.6 以上。在中蒙边界 NDVI 值自东向西逐渐减小，植被覆盖由荒漠草原过渡到戈壁荒漠。尤其自二连浩特市往西地区，地处荒漠，NDVI 值降到 0.2 以下，植被覆盖极为稀少（张韵婕等，2016）。由 NDVI 值的面积比例看，NDVI 值小于 0.1 的植被面积占蒙古高原植被总面积的 7.1%，主要出现在蒙古高原西南部，NDVI 值大于 0.1 但小于 0.2 的植被面积最大，占蒙古高原植被总面积的 22.8%，说明蒙古高原有相当大一部分地区为荒漠草原。在这些荒漠化土地周围的主要植被类型为草原、灌丛和稀树草原，其 NDVI 值为 0.2～0.5，面积占 29.56%。NDVI 值大于 0.5 说明植被生长状况良好，其面积占 40.54%，主要是在森林区（张韵婕等，2016）。

蒙古高原 1986～1999 年和 2000～2013 年草地植被覆盖度空间分布整体呈现由东北向西南逐渐减小的趋势（张艳珍等，2018）。1986～1999 年草地植被覆盖度显著和极显著增加的区域主要分布在蒙古国杭爱山南麓，中国阴山山脉地区、赤峰市中南部和通辽市南部少数区域；2000～2013 年草地植被覆盖度显著（$P<0.05$）和极显著（$P<0.01$）增加的区域主要分布在蒙古国杭爱山东部东方省东部地区，中国肯特山脉区域、兴安盟东部、鄂尔多斯南部和东部一带。从草地植被覆盖度变化率来看，2000 年前草地植被覆盖度变化率较大区域主要分布于中国呼和浩特市及其邻近区域和通辽市、赤峰市南部地带，2000 年后草地植被覆盖度变化率较大区域主要分布在蒙古国东方省和苏赫巴托尔省地区（张艳珍等，2018）。

蒙古高原 NDVI 值分布从东北向西南、从南北边缘地带向中心地带呈明显的规律性变化：高原东北部的大兴安岭地区 NDVI 值最高，蒙古国北部的杭爱山脉 NDVI 值次之，西南部荒漠区的 NDVI 值最低。森林区及荒漠区植被覆盖显著减少，草原区植被覆盖显著增加（周锡饮等，2014）。

计算 2000～2015 年蒙古高原平均 NDVI 值，并进行分类，得出蒙古高原多年平均 NDVI 值空间分布格局图。蒙古高原植被覆盖以阿拉善盟额济纳旗为中心，向东北方向成弧形分布，NDVI 呈现规律性的变化，其值由小逐渐变大，大值主要分布在高原的东北部和北部，基本在 0.6 以上（温都日娜，2017），这种规律性的现象与蒙古高原植被类型的空间格局密切相关。2000～2015 年蒙古高原 NDVI 值最高为 0.796，平均值为 0.259，平均值低于中国内蒙古地区的平均值（0.295），高于蒙古国的平均值（0.233）。NDVI 值分布有很好的连贯性。NDVI 值小于 0.2 的区域面积最大，约占蒙古高原植被面积的一半（44.95%），主要分布在蒙古国阿尔泰山以南戈壁荒漠区、中国内蒙古阿拉善盟及鄂尔多斯市西部至锡林郭勒盟苏尼特草原的中蒙边境地带。该区分布着巴丹吉林沙漠、腾格里沙漠、库布其沙漠等沙漠和荒漠草原，因此常年干旱。NDVI 值在 0.2～0.3 的区域，分布在蒙古国阿尔泰山脉西部以北，杭爱山一带的荒漠草原向典型草原过渡带及图拉河、克鲁伦河以南的典型草原，中国内蒙古鄂尔多斯市东部至锡林郭勒盟中部典型草原区、科尔沁沙地西部延伸至赤峰市中东部、呼伦贝尔沙地西南部地区，面积占比为 18.08%。NDVI 值在 0.3～0.4 的区域面积占蒙古高原植被面积的 18%，分布在蒙古国中东部典型草原区，中国内蒙古巴彦淖尔市河套平原至兴安盟的省界一带的种植业区、锡林郭勒盟东部及呼伦贝尔典型草原区。NDVI 值在 0.4～0.6 的区域面积占蒙古高原植被面积的 13.86%，主要分布在蒙古国北部草甸草原分布区、中国内蒙古灌丛植被分布地带。NDVI 值大于 0.6 的区域占据面积最少（4.83%），主要分布在蒙古国北部及中国内蒙古大兴安岭等森林区。

不同植被类型生长季植被覆盖变化趋势不同。不同植被类型有各自的地表覆盖，为揭示蒙古高原不同植被类型生长季植被覆盖变化情况，分别计算 9 种植被类型的指数平均值。不同植被类型 NDVI 值由大到小依次为森林植被、草甸草原、灌丛、农田植被、典型草原、沙地植被、苔原植被、荒漠草原和戈壁荒漠。2000～2015 年，不同植被类型生长季 NDVI 值变化程度不同，除荒漠草原植被，其他植被类型 NDVI 值均呈增加趋势。其中灌丛、沙地植被和农田植被 NDVI 值增加较为明显，这些植被类型只分布在中国内蒙古地区，表明内蒙古生态恢复工程效果明显。在所有植被类型中，典型草原分布最为广泛，占蒙古高原植被总面积的 32.28%，主要分布在蒙古国中东部大范围地区，以及中国内蒙古锡林郭勒草原、大兴安岭西部、呼伦贝尔草原等地区。2000～2015 年典型草原分布区植被覆盖呈增加趋势，但不显著。戈壁荒漠和荒漠草原植被类型分布也比较广泛，分别占蒙古高原植被总面积的 17.28%和 17.07%，主要分布在蒙古国西南部，以及中国内蒙古西部阿拉善盟和阴山山脉以北到浑善达克沙地西部一带。戈壁荒漠分布区植被呈无显著增加趋势。森林植被主要分布在蒙古国北部森林保护区和中国内蒙古大兴安岭森林区，占蒙古高原植被总面积的 9.87%。2000～2015 年植被覆盖无显著变化。蒙古高原的第二大草原类型——草甸草原，占高原植被总面积的 8.95%，主要分布在大兴安岭西侧、蒙古国东北部森林周围地区。草甸草原植被覆盖变化呈增加趋势（$P<0.1$）。灌丛主要分布在内蒙古，在所有植被类型中灌丛分布面积最小，但仍然是蒙古高原重要的植被类型之一，仅占蒙古高原植被总面积的 2.32%。2000～2015 年，灌丛植被覆盖变化呈极显著增加趋势（$P<0.01$）。沙地植被面积占蒙古高原植被总面积的 3.84%，也主要分布在内蒙古，集中分布于内蒙古四大沙地，包括毛乌素沙地、浑善达克沙地部分地区、科尔沁沙地及呼伦贝尔沙地小部分地区。沙地植被覆盖度呈显著增加趋势（$P<0.01$）。苔原植被占据面积较小，仅占蒙古高原植被总面积的 3.05%，主要分布在蒙古国境内阿尔泰山脉、杭爱山及库苏古尔中高山区。其植被覆盖变化波动较大，但整体无显著变化。蒙古高原 9 种植被类型 NDVI 值表现出不同的变化趋势。总体上，灌丛、沙地植被和农田植被覆盖明显改善，其余 6 种植被类型植被覆盖无明显变化。森林植被主要分布在山区，自然环境良好，受气候和人为因素的影响较小，生长稳定。农田植被主要受人为因素的影响，施肥、育种等农业活动使农田植被 NDVI 值呈增加趋势。

李博（1997）在研究草地类型演替的基础上，将草地植被退化程度划分为轻度退化、中度退化、重度退化和极重度退化 4 个等级，并根据植物种类组成、地上生物量、植被盖度及土壤等指标拟定了中国北方草地退化分级指标体系。从草地植被退化程度的空间分布特征来看，蒙古高原草地退化程度区域性明显。1986～1999 年和 2000～2013 年草地植被退化程度均呈现由东北向西南依次逐渐加重趋势。未退化和轻度退化区域主要集中于高原北部蒙古国萨彦岭区域、中国大兴安岭区域；中度和重度退化区域主要在高原中部，极重度退化出现在高原西南部草地植被和荒漠区的过渡区域（张艳珍等，2018）。草地退化严重的地区在内蒙古中部农牧交错带北缘呈带状分布，表明该地区的生态环境仍然脆弱，应引起高度重视。植被绿化明显改善的地区主要分布在内蒙古东南部和西部。农业劳动力外移显著改善了区域植被的绿色度（Li et al.，2016）。薛存芳等（2009）利用实测法选择种群自然生殖枝高度、草地植被覆盖度和草地生物量 3 个评价指标，加权得到草地退化指数，结果显示，与 2002 年相比，2006 年中国内蒙古地区草地植被退化呈现整体改善、局部恶化的状况。

3. NPP 的空间分布

利用修订后的 CASA（Camegie-Ames-Stanford approach，卡内基-埃姆斯-斯坦福方法）模型估算 2000～2012 年蒙古高原植被月净初级生产力（net primary productivity，NPP）。NPP 年最大值为 1 211.63g · C/m^2，年最小值为 0.22g · C/m^2，年均值为 290.12g · C/m^2。NPP 年均值的分布呈现空间异质性。蒙古高原植被 NPP 的累积主要发生在：①蒙古国的北部。具有蒙古国最大的湖泊——库苏古尔湖，且毗邻俄罗斯境内的贝加尔湖，水分较为充足，是蒙古国的主要农业生产区域，植被 NPP 年均值在 300～600g · C/m^2。②中国内蒙古的东北部。主要为呼伦贝尔市、兴安盟和锡林郭勒盟等森林和混合林区域，距离海洋较近，受季风气候的影响较大，降水量较多，植被 NPP 年均值分布在 300～800g · C/m^2。③中国甘肃省南部。甘南高原受来自孟加拉湾西南季风的影响，降雨充沛，地处中纬度地带，太阳辐射充足，温度适宜，主要植被为混交林、草地和农作物，是甘肃省的主要农业生产区域，植被 NPP 年均值较高，在 500～700g · C/m^2。

根据 2000～2012 年 NPP 年均值统计，不同植被类型的 NPP 年均值具有较大的差异。NPP 年均值最大的植被为农林混合区（557.22g · C/m^2），其余依次为农作物（526.38g · C/m^2）、稀树草原（524.44g · C/m^2）、混交林（485.58g · C/m^2）、草地（250.58g · C/m^2）和稀疏灌丛（166.15g · C/m^2）。不同植被类型 NPP 年均值的变化趋势不同。草地、农作物、稀疏灌丛的 NPP 年均值呈增加趋势，增加最快的为农作物（3.84g · C/m^2）；而稀树草原、混交林和农林混合区的 NPP 年均值呈减少趋势，减少最快的为稀树草原（-1.7g · C/m^2）（黄登成，2013）。

4.1.2　植被时间变化趋势

1. 植被覆盖的时间变化

植被联结着土壤、大气和水分等生态要素，且随着季节和年份的变化而有明显的变化。因此，植被作为土地覆盖类型，在一定程度上可以作为土地覆盖的指标（孙红雨等，1998）。1982～2006 年植被 NDVI 值的季节变化，春季（3～5 月）以增加为主，NDVI 值年增加率为 0.001 1，增加的区域主要分布在蒙古国和中国内蒙古的锡林郭勒盟，占蒙古高原植被面积的 70.73%。秋季（9～11 月），NDVI 值仍以增加趋势为主，年增加率为 0.000 8，增加区域面积占蒙古高原植被面积的 66.03%，显著增加的区域远远小于春季。1982～2006 年，蒙古高原植被整体呈改善趋势，植被变化趋势在波动中上升（戴琳等，2014）。1982～1999 年草地植被年度变化整体表现为上升趋势，夏季草地植被变化也呈上升趋势。从季节来看，春、秋季植被改善状况较好，夏季植被呈退化趋势（戴琳等，2014）。植被 NDVI 值年增加率最大的是蒙古国（0.000 8），植被改善状况最好，其次是中国的内蒙古（0.000 4）、甘肃（0.000 3）和宁夏（0.000 1）（戴琳等，2014）。

近 25 年来，蒙古高原植被整体呈改善趋势，NDVI 值年增加率为 0.000 6，年平均最小值出现在 1992 年，最大值出现在 1994 年。这可能与厄尔尼诺现象和南方涛动形成的气候现象有关。1992 年南方涛动指数较低，赤道中东太平洋海温指数较高，导致中国植被生长状况较差（朴世龙等，2001）。而 1994 年和 1998 年受厄尔尼诺突变为拉尼娜现象的影响，中国大部分地区降水量丰沛，导致植被生长状况良好（朴世龙等，2001）。

1982～2006 年蒙古高原森林区、草原区和荒漠区的植被覆盖度总体呈小幅波动，其中森林区及荒漠区植被覆盖度呈小幅下降趋势，森林区下降速率约为 0.001 2/a，荒漠区下降速率约为 0.000 5/a，只有草原区呈现上升趋势，上升速率约为 0.001 2/a（周锡饮等，2014）。内蒙古南部农牧交错带植被覆盖度显著增加，阿拉善中部植被覆盖度显著下降（Tong et al.，2017）。1982～2013 年，通过逐像元计算出的 NDVI 值变异系数中，变异系数小于 5%的像元数仅占像元总数的 4.89%，变异系数小于 10%的像元数占 20.72%，而变异系数大于 20%的像元数占像元总数的 34.26%，蒙古高原变异系数均值为 16.99%，这表明植被覆盖变化情况有较强的波动性。NDVI 值变化较为稳定的地区主要为中国内蒙古东北部大兴安岭沿线、西辽河平原，以及蒙古国北部森林的部分地区。1982～2013 年 NDVI

值变异系数较大、植被覆盖波动性较强的地区为中国内蒙古中南部、蒙古国南部，这一部分区域对应的植被覆盖类型为草地，或者是草地与荒漠化土地的过渡带，植被覆盖容易受外界因素的影响而发生频繁变动。总的来说，植被覆盖类型为草地的地区，植被覆盖度的变化波动性较大，没有显著的线性变化趋势（张韵婕等，2016）。1986～1999 年和 2000～2013 年蒙古高原草地植被平均覆盖度分别为 15.60%和 18.43%，总体呈增加趋势。从整体的草地植被覆盖度变化趋势来看，低于 60%的草地呈下降趋势，高于 60%的草地呈上升趋势（张艳珍等，2018）。

2000～2015 年蒙古高原生长季 NDVI 值为 0.24～0.28，总体呈显著增加趋势（$P<0.05$），增加率为 0.001 2/a，表明蒙古高原植被覆盖总体趋于改善态势。其中 NDVI 最小值出现在 2001 年，为 0.242，最大值出现在 2012 年，为 0.277，多年平均值为 0.258。考虑到中国内蒙古和蒙古国在人类活动强度、经济生产方式等方面的差别及其对生态系统可能产生的不同影响，对比分析中国内蒙古与蒙古国植被覆盖情况，结果显示，两地植被覆盖变化趋势基本与整个蒙古高原的变化波动一致，均呈上升趋势。然而中国内蒙古地区生长季 NDVI 值略高于蒙古国，且高于蒙古高原 NDVI 均值。而蒙古国 NDVI 值低于蒙古高原 NDVI 均值。中国内蒙古地区生长季 NDVI 值增加速率为 0.001 6/a，呈显著增加趋势（$P<0.01$）。而蒙古国生长季 NDVI 值增加不显著。与蒙古国相比，中国内蒙古地区植被覆盖改善比较迅速，这可能与中国内蒙古地区实施生态恢复工程有关。

尽管 1982～2010 年蒙古高原各季节植被覆盖度变化大小各不相同，但生长季植被覆盖度总体变化呈上升趋势（0.000 3/a）（阿娜日等，2017）。2001～2010 年，蒙古高原生长季植被 NDVI 值变化趋势表现为春季和夏季减少而秋季增加的特征。这意味着在全球气候变化大背景下，2001～2010 年蒙古高原植被没有明显的春季生长季提前和夏季生长强度增加的趋势，而有秋季生长季延长的趋势。由不同季节的温度变化来看，夏季温度在 18.6～20.5℃波动，总体呈下降的趋势，而春季温度和秋季温度在 3.27～5.57℃，总体呈上升趋势，春季平均温度高于秋季，且上升趋势比秋季更加明显。2001～2010 年生长季平均降水量为 214.49mm，没有发生显著的变化，其波动趋势基本与 NDVI 值的波动一致。对 NDVI 值与气候因子进行相关分析发现，春季和夏季 NDVI 值与降水量之间存在显著正相关（春季：$P<0.05$；秋季：$P<0.01$），秋季 NDVI 值和降水量之间相关不显著。而 3 个季节温度与 NDVI 值之间没有显著的相关关系。这说明在蒙古高原这一干旱半干旱地区，影响植被覆盖度变化的主要驱动因子是水分条件，不管是年内还是年际，降水量对植被覆盖度变化的影响都比温度要大，2001～2010 年蒙古高原植被覆盖

度变化对气候，尤其对温度没有显著的响应趋势（包刚等，2013）。

2. NPP 的时间变化

2000～2012 年，蒙古高原植被 NPP 总体呈上升趋势，其值在 262.78～335.58g · C/m^2波动，年均值为 290.12g · C/m^2。蒙古高原 NPP 年总量分布在 0.50～0.65 Pg · C（1Pg=10^{15}g），NPP 年均总量为 0.56 Pg · C。NPP 年总量从 2000 年的 0.534 7 Pg · C 增加到 2012 年的 0.650 8 Pg · C，平均每年增加 0.008 9 Pg · C（黄登成，2013）。

3. NDVI 值时间变化的空间分布特征

1982～2013 年蒙古高原植被 NDVI 值年际变化趋势从空间分布来看有如下特点：①NDVI 值增加且年增加率较大，每年增加率达 0.5%的地区主要在我国内蒙古自治区的东南区界沿线，包括西辽河平原中下游地区及科尔沁沙地，赤峰市南部，燕山北麓山地、丘陵地区，乌兰察布高原，鄂尔多斯高原东南部，这些地区的植被覆盖情况有明显好转。②NDVI 值增加但年增加率不大的地区为中国内蒙古阿拉善盟的沙漠地区、蒙古国西南部的沙漠地区，这些地区 NDVI 值多年平均在 0.1 以下，植被覆盖度极低，不具有讨论的意义。③NDVI 值减少且减少的速率也较小、年变化率在-0.5%～0 的地区为内蒙古自治区东北部的大兴安岭地区。④NDVI 值减少且减少的速率较大、年变化率达-0.5%以下的地区主要为蒙古国乌兰巴托往西的西北部的草原地带，以及中国内蒙古赤峰市阿鲁科尔沁旗、巴林左旗和巴林右旗的大部分地区，这些地区的草原退化情况相对明显。另外，鄂尔多斯市北部、巴彦淖尔市区到包头市区也有明显的退化条带。⑤NDVI 值没有显著变化的地区主要在蒙古高原中部、蒙古国西南部戈壁与中国内蒙古自治区西北部锡林郭勒高原（张韵婕等，2016）。

1982～2000 年内蒙古地区植被 NDVI 值总体呈轻微上升趋势，且存在显著的空间差异。植被覆盖显著增加的区域面积为 33.60 万 km^2，占内蒙古植被总面积的 28.4%，主要分布在内蒙古黄河河套灌区、鄂尔多斯草原东部、赤峰和通辽的南部及呼伦贝尔的北部地区。其中，呼伦贝尔地区植被显著增加的面积最多，达到 12.66 万 km^2。植被覆盖显著减少的区域面积为 7.76 万 km^2，占内蒙古植被总面积的 6.6%，主要分布在阿拉善右旗、阴山以北的巴彦淖尔高原、科尔沁沙地、呼伦贝尔的东部地区（孙艳玲等，2010）。

4.2 蒙古高原植被覆盖度变化原因分析

近年来，随着环境和气候问题的日益突出，作为北京和天津风沙源的内蒙古地区生态环境的变化及其可能的影响因素受到特别关注。降水和人类活动是导致内蒙古植被覆盖度上升的主要原因（孙艳玲等，2010）。植被覆盖度变化是气候变化和人类活动共同作用的结果，蒙古高原地区的降水变化是植被覆盖度变化的重要原因，森林砍伐、河套耕作及城镇化等人类活动则是导致具有相似气候条件的中国内蒙古与蒙古国植被覆盖度区域变化差异的原因（周锡饮等，2014）。在干旱半干旱地区草地的研究中，识别草地退化的原因，把气候因素与人为因素区分开来成为关注的重点。

4.2.1 气候因素

蒙古高原位于亚洲大陆东部，属于温带大陆性气候，是北半球主要的干旱半干旱地区之一。该地区主要的植被类型是草地，蒙古高原草地位于干旱半干旱气候带，生态环境十分脆弱，位于国际地圈生物圈计划陆地样带，是对气候变化非常敏感的地区（Bai et al.，2008）（政府间气候变化专门委员会指出蒙古高原是全球变暖的敏感区域）。受全球气候变化影响，蒙古高原气候发生明显变化，温度上升、降水减少、干旱化日益加剧。气候变化影响植被的生长环境，进而影响植被的生长状态，而植被是连接土壤、大气、水分的“纽带”，对气候和人文因素的影响反应敏感，在全球气候变化研究中充当“指示器”的作用。近年来，随着全球气候变化和人类活动的增强，蒙古高原植被发生明显变化，植被退化、土地荒漠化日益严重，生态系统的安全与稳定受到威胁，其生态屏障作用减弱，严重限制了这一区域农牧业的可持续发展（戴琳等，2014）。蒙古高原属于典型的干旱、半干旱气候类型，水热分布不均，地带性明显，东部和北部分别受太平洋和北冰洋水汽的影响，年降水量最多，并随着离两个海洋距离的增加，降水量逐渐减少（包刚等，2013）。

气候的暖干化趋势是蒙古高原植被变化的主要原因。1940～2007 年蒙古高原温带草原平均温度增加 2.1℃，年降水量减少 7%或者 16mm。依据中蒙干旱区 1961～1997 年 1 月的实测地面气温资料，极端气候事件频繁发生，中国和蒙古国干旱区大部分地区冬季增暖明显，特别是临河—富蕴—拐子湖一带，1978～1997 年平均增温在 2.5℃以上（李万源等，2005）。

1951～1990 年蒙古国气温上升（李万源等，2005），降水减少（Yatagai et al., 1995），干旱化日益加剧。蒙古高原变暖趋势十分明显，降水降低趋势轻微（李新周等，2012）。植被的分布受水热条件的影响，春、秋季温度升高使生长季延长，植被改善；而夏季温度升高和降水减少共同导致植被退化（戴琳等，2014）。植被对气候变化的敏感性，决定植被的生长、演替过程，从而影响植被的空间分布格局。蒙古高原降水量自东向西逐渐递减。北部与中国内蒙古东北部地区的降水量最多，年降水量为 300～400mm，蒙古高原西南部戈壁荒漠区降水量最少，年降水量低于 100mm。降水量集中分布于 6～8 月。蒙古高原气温分布与降水量相反。多年平均气温为 3.3℃，1 月平均气温最低，为-15.2℃，7 月平均气温最高为 21.6℃。

1982～2006 年，蒙古高原气候发生变化，温度呈升高趋势，降水呈减少趋势。气候对植被生长变化产生一定影响，气候对植被的影响因植被类型、生长环境和分布地势的不同而不同（戴琳等，2014）。基于气象数据分析蒙古高原 1982～2006 年平均气温的变化，发现年均气温呈显著上升趋势（$P<0.01$），每年温度升高 0.06℃。气温的季节变化同年际变化一致，都呈上升趋势，上升速率分别为 0.06℃/a（春季）、0.1℃/a（夏季）、0.05℃/a（秋季）、0.07℃/a（冬季）。王劲松等（2008）研究表明 1901 年以来蒙古高原干旱区气温呈现线性大幅度上升趋势；李万源等（2005）研究表明中蒙干旱区除东南部的陕南地区外，冬季气温的年际变化较大，大部分地区增暖明显。这均与本章的结果相符。蒙古高原年均降水量呈下降趋势，每年下降 3.6mm。4 个季节降水量也呈下降趋势，夏秋季下降趋势显著，夏季降水量下降速率最大（-2.5mm/a），其次是秋季（-0.7mm/a）。年均降水量的变化趋势和夏季的变化趋势一致，这说明年均降水量主要受夏季降水量的影响。Yatagai 等（1995）研究中国和蒙古国干旱半干旱地区夏季降水量的变化，发现中国内蒙古北部和蒙古国中部夏季降水呈现显著的下降趋势。

为了研究不同区域植被对气候因子的响应，我们分析了植被 NDVI 值和温度、降水量的空间相关关系，结果表明植被 NDVI 值和温度、降水量的相关表现空间差异性。大部分地区植被 NDVI 值和温度呈现正相关。显著正相关的区域主要分布在蒙古国的库苏古尔省东部、布尔干省，内蒙古锡林郭勒盟。在蒙古国的库苏古尔省东部、布尔干省，人口密度相对较小，植被覆盖度受人为因素影响较小，温度是该区域植被改善的主要诱导因子，温度升高，将延长植被生长期，提高光合作用效率和水分利用率，使植被覆盖度增加、植被 NDVI 值增加。植被 NDVI 值和温度呈现负相关的区域主要分布在蒙古国东部，以及中国内蒙古的东北部、中偏南部，是由于过高的温度使干旱半干旱地区蒸发量增大，地表水分减少，抑制植被的呼吸作用而不利于植被的生长。宁夏、甘肃的东部，植被 NDVI 值和温度相关很小并且都没有通过显著性检验。植被年均 NDVI 值和年均降水量呈显著正相关的区域主要分布在内蒙古的中偏南部（锡林郭勒盟南部、乌兰察布市、鄂尔多斯市北部）、甘肃的东部（庆阳市东部、陇南市东部）。在中国内蒙古中偏南部主要植被类型是草地，1982～2006 年，此区域年均降水量较少，降水量呈增加趋势，增加的降水量有助于植被生长，这可能是植被改善的原因。植被年均 NDVI 值和降水量呈现负相关的区域主要分布在蒙古国的库苏古尔省、布尔干省，中国内蒙古的呼伦贝尔市东北部、甘肃中偏东部（兰州市、白银市）。有研究表明，当降水量小于 200mm 时，增加的降水量有助于植被生长；而降水量大于 200mm 时，增加的降水量和植被生长的关系变得微弱（Piao et al.，2006）。在蒙古国的库苏古尔省、布尔干省年均降水量减少，但此区域年均降水量较其他区域大，降水量的减少反而有助于植被的生长；在中国甘肃中偏东部降水量增加，增加的降水量超过利于植被生长的阈值，反而不利于植被生长。因此以上两地区均显示降水量和植被 NDVI 值呈现负相关关系。在内蒙古呼伦贝尔市部分地区，NDVI 值和温度、降水量都没有显著相关关系，人为因素是导致内蒙古东北部林区退化的主要原因（毛德华等，2011）。

研究分析不同季节 NDVI 值和温度、降水量的相关结果如下。春季，17.05%研究区的 NDVI 值和温度呈显著正相关，主要分布在蒙古国的库苏古尔省、布尔干省和中国内蒙古的呼伦贝尔市。夏季，5.19%研究区的 NDVI 值和温度呈显著负相关关系，主要分布在蒙古国的中部（中戈壁省和前杭爱省交会处）、中国内蒙古中部的锡林郭勒盟、甘肃的庆阳市。秋季，NDVI 值和温度呈显著正相关的区域明显大于呈显著负相关的区域，呈显著正相关的区域主要分布在蒙古国的库苏古尔省、后杭爱省，占蒙古高原植被面积的 11.26%，而呈显著负相关的区域主要分布在中国呼伦贝尔草原附近地区，占蒙古高原植被面积的 1.67%。春季、秋季温度有助于植被生长的原因是温度升高使春季生长季开始时间提前和秋季生长季结束时间延迟，导致生长季延长（张戈丽等，2011）。夏季温度不利于植被生长的原因是蒙古高原属于中高纬度干旱半干旱地区，夏季温度过高，不仅使蒸发加速、地表水分减少，而且抑制植被的呼吸作用，不利于植被生长。春季，NDVI 值和降水量呈显著正相关的区域和呈显著负相关的区域面积相当，分别占蒙古高原植被面积的 4.99%和 4.63%，呈显著正相关的区域主要分布在中国内蒙古锡林郭勒盟、甘肃庆阳市；呈显著负相关的区域主要分布在蒙古国库苏古尔省北部、色楞格省、中国内蒙古呼伦贝尔市。夏季，大部分地区 NDVI 值和降水量呈正相关，呈显著正相关的区域面积占蒙古高原植被面积的 9.14%，主要分布在蒙古国中部和中国内蒙古锡林郭勒盟。秋季，NDVI 值和降水量呈显著负相关的区域主要分布在蒙古国的西北部（库苏古尔省、扎布汗省东部、巴彦洪戈尔省北部、中央省东北部），占蒙古高原植被面积的 8.97%。春季内蒙古锡林郭勒盟、甘肃庆阳市植被 NDVI 值和降水量呈显著正相关是由于降水量增加，增加的降水量有助于此区域植被生长。春季、秋季，蒙古国的西北部地区 NDVI 值和降水量呈显著负相关是由于此区域年均降水量相对较多，降水量都呈减少趋势，降水量的减少有助于此区域植被的生长。因此，夏季，蒙古国中部地区 NDVI 值和降水量呈正相关是由于此区域属于干旱区，降水量减少，降水量的减少影响植被的生长，并且夏季温度呈上升趋势，夏季高温使土壤水分蒸发加剧，温度的升高和降水量的减少加剧蒙古国中部地区的干旱（周锡饮等，2012），不利于植被生长。温度和降水量的共同作用导致蒙古国中部地区夏季植被退化。

干旱是植被覆盖度变化的另一个重要的驱动因素。区分受干旱影响而减少的植被覆盖度和因放牧而减少的植被覆盖度对决策者来说是必要的，因为对植被变化的驱动因素理解错误可能导致制定不适当的政策。中国 66.11%的干旱半干旱区 NPP 与温度呈现正相关关系，91.47%的干旱半干旱区 NPP 与降水量呈现正相关关系（Wang et al.，2015）。相比温度而言，降水量与 NPP 的相关更强。NPP 与春季温度的相关存在明显的地区差异，呈正相关的区域分布于中国东部干旱半干旱区，呈负相关的区域一般在中国西部干旱半干旱区。然而，夏季大部分地区的 NPP 与温度呈负相关。秋季，西部降水量对 NPP 的作用较小，而东部降水量对 NPP 的贡献较大。冬季温度成为中国 NPP 的限制因素。研究结果不仅强调季节气候变化对植被生长的重要性，还表明季节气候变化对 NPP 的影响有待进一步探索（Wang et al.，2015）。2000～2012 年蒙古高原由于森林特征相对明显和降水量相对较高，泰加林和森林草原地区植被覆盖度相对稳定。蒙古高原植被覆盖度变异系数在草原和荒漠草原地区最大，主要取决于降水量的变化。蒙古高原植被覆盖（NDVI 或植物生物量）的时空变异高度依赖于降水量的数量、分布和变异系数。在生长季的湿润期和高降水区植被 NDVI 值的年际变异系数最低，而干旱期和低降水区植被 NDVI 值的年际变异系数最高。沙漠地区的降水量比蒙古国其他自然区少。由于沙漠中植被非常稀少，沙漠地区降水量的变化与草原和沙漠草原的相比，相对较小（Vandandorj et al.，2015）。

欧亚草原地上生物量的空间分布与年均降水量、年均温度、年均雨量、砾石、

pH、土壤有机碳相关，年均降水量解释了地上生物量变异的绝大部分。在蒙古高原草原亚区（高程＜3 000m，年均降水量≤500mm）地上生物量的空间变异取决于年均降水量，并与其呈正相关（Jiao et al.，2016）。

蒙古高原不同植被类型对气候变化的响应存在显著空间差异，其中尤其对降水量变化的响应较为密切。森林区对温度的响应较弱，而位于蒙古国及中国内蒙古的森林区与降水量呈正相关关系，可能表明降水量对森林区植被覆盖具有一定促进效应；草原区植被覆盖主要受降水量影响，河套耕作及城镇化会导致蒙古国与中国内蒙古草原区的植被覆盖变化差异；荒漠区植被覆盖变化较一致，与降水量呈显著正相关（周锡饮等，2014）。内蒙古温带草原自东向西 NPP 随着年降水量的增加呈现指数增加。

由春季 NDVI 值与气候因子的相关分析可以看出，在中国内蒙古锡林郭勒草原西部荒漠草原区域出现的 NDVI 值呈显著增加趋势的另一个主要原因可能是与该地区 2001～2010 年春季温度的升高和降水量的增加有关；同样，蒙古国南部荒漠草原区春季降水量的增加是蒙古国南戈壁省和东戈壁省植被显著增加的直接原因。春季 NDVI 值呈减少趋势的地区主要分布在以蒙古国中央省和乌兰巴托市为中心的蒙古国中部和杭爱山脉地区。其中 NDVI 值呈显著减少趋势的地区主要分布在中央省以及乌兰巴托市和达尔罕市及其邻近地区。统计数据表明，蒙古国 46.95%的人口主要集中在乌兰巴托市、中央省和色楞格省。夏季 NDVI 值呈增加趋势区域的面积由春季的 40%上升至 44%，主要分布于蒙古国杭爱山脉地区、南戈壁省、东戈壁省、东方省，以及中国内蒙古呼伦贝尔草原、鄂尔多斯高原和阿拉善高原东部地区，但除鄂尔多斯高原外其他地区的增加趋势都不显著。夏季 NDVI 值呈显著减少趋势的地区分布在蒙古国中戈壁省和中国内蒙古西辽河平原中下游等地区。由夏季 NDVI 值与温度和降水量的相关分析来看，凡是同时出现夏季温度的升高和夏季降水量的减少或增加趋势不显著的地区基本都呈现 NDVI 值减小趋势。这主要是因为夏季温度的升高会加快土壤水分的蒸发而导致干旱的加剧，从而限制了植被的生长。秋季 NDVI 值呈增加趋势区域的面积（50%）明显高于前两个季节，其中 NDVI 值呈显著增加趋势的区域主要分布在蒙古国布尔干省和中央省的交界处、中国内蒙古鄂尔多斯高原和锡林郭勒草原的西部荒漠草原地区。NDVI 值与温度的相关分析表明，秋季蒙古国布尔干省和中央省交界处的气温的升高可能延长该区域植被的生长期，从而导致其 NDVI 值的显著增加。蒙古国南戈壁省的 NDVI 值呈不显著的增加趋势，但其不少像元的相关系数都达到 0.5 以上，同样该地区的温度也呈明显的上升趋势。秋季 NDVI 值呈显著下降趋势的区域主要分布在蒙古国戈壁苏木布尔省及其邻近地区，由 NDVI 值与气候因子的相关分析看出，该区域的秋季降水量有明显的增加，秋季降水量的增多可能导致气温的明显下降和冰冻现象的出现，从而抑制植被生长（包刚等，2013）。

4.2.2 人为因素

气候变化是引起内蒙古植被覆盖度变化的重要影响因素，人类活动也是不可忽视的重要驱动因素（孙艳玲等，2010）。人类在草原上不合理的放牧、收割、开垦、樵采、狩猎、开矿、旅游都是引起草原退化的原因。其中不合理的放牧影响程度最深、影响范围最广。放牧是最普遍、最简便、最经济的草地利用方式，是草地利用的重要方式。草地在放牧情况下有两个演替方向：一是进展演替；二是退化演替。

1. 过度放牧

牧民过度放牧一直是全球干旱地区荒漠化的常见原因。放牧是蒙古高原历史上主要的土地利用方式（John et al.，2015），放牧作为一种重要的人为干扰方式，能直接改变草地的形态特征、草地生产力和群落结构。在蒙古国，放牧牲畜数增加是一个问题。根据蒙古国国家统计局的数据，牲畜总数中，山羊所占比例和山羊数量呈急剧增加趋势，1991 年为 20.6%、520 万只，2000 年为 34.0%、1 030 万只，2016 年为 42.9%、2 830 万只（中华人民共和国国家统计局，2016 年）。2016 年绵羊和山羊数占蒙古国牲畜总数的 86.8%（牲畜的总头数 6 600 万）。20 世纪 90 年代蒙古国牲畜数量和牧群结构的变化使草原或荒漠草原生态系统变得更加脆弱。2000～2017 年内蒙古的牲畜数量增加了 0.94%，从 2000 年的 7 300 万头（只）增加到 2017 年的 1.42 亿头（只）（《2017 内蒙古统计年鉴》）。放牧压力导致内蒙古中部地区大部分草地植被覆盖度降低。近年来在内蒙古西部的荒漠草原区植被不断改善，如退化的阿拉善荒漠草原，由于实施了 6 年的禁牧，草地生物量增加了 56%，地表植被覆盖度比放牧区增加了 1.5 倍（Mu et al.，2013）。

蒙古国基本沿用游牧方式，中国内蒙古以定居和半定居方式为主，两者草地管理和放牧方式存在明显差异。基于草原退化生态学从植物生产性能方面评价草原健康程度，与蒙古国四季游牧区相比，中国内蒙古两季轮牧区草场退化较轻；中国内蒙古四季轮牧区草场出现中度退化，而中国内蒙古定居放牧区草场出现重度退化。从植物生态学作用方面评价草原退化程度，蒙古国四季游牧区草原出现轻度退化现象；中国内蒙古四季轮牧区、两季轮牧区均出现中度退化现象；而中国内蒙古定居放牧区草原出现极重度退化现象（包秀霞等，2009）。利用卫星遥感方法获取植被指数，可用以研究植被退化，监测人为原因引起的植被覆盖度的变化。Thomas 研究蒙古国植被覆盖度变化与气候、牲畜量的关系，认为过度放牧是蒙古国植被退化的主要原因，降水量是植被退化的次要原因（Hilker et al.，2014）。Yang 等（2012）研究发现降水量减少和过度放牧是中国内蒙古呼伦贝尔草原植被退化的主要原因。

2. 土地利用变化

蒙古国与中国内蒙古具有相似的生态系统类型，但是在社会经济系统、政治体系、民族构成、土地覆盖/利用变化过程存在差异。蒙古国与中国内蒙古在各自政府决策及经济发展影响下，对地表的扰动加剧，土地利用变化强度加大。

1）蒙古高原土地利用动态变化

蒙古高原 20 世纪 70 年代至 2005 年土地利用动态变化时空特征表现为：①草地面积明显减少，草地退化趋势显著（表 4-2）。蒙古高原草地面积减少 703.8 万 hm^2，其中蒙古国减少 136.8 万 hm^2，中国内蒙古减少 567.0 万 hm^2，中国内蒙古草地面积减少量远大于蒙古国。②裸地总面积增加。蒙古高原裸地总面积增加了 524.1 万 hm^2，其中蒙古国增加了 136.2 万 hm^2，中国内蒙古增加了 388 万 hm^2，中国内蒙古裸地面积增加量远大于蒙古国。③耕地总面积增加。蒙古高原耕地总面积增加 93.4 万 hm^2，其中蒙古国增加 7.94 万 hm^2，中国内蒙古增加 85.4 万 hm^2，中国内蒙古耕地增加量远大于蒙古国。④林地总面积增加。各类林地总面积增加了 118.5 万 hm^2，中国内蒙古北部的林地面积增加明显，蒙古国林地面积基本保持稳定；其中落叶阔叶林、混交林面积有所增加。⑤水域面积有所减少。总面积减少 11.9 万 hm^2，其中蒙古国水域面积减少 4.48 万 hm^2，主要为湖泊萎缩及冰雪融化，分别为 3.76 万 hm^2 和 0.73 万 hm^2；中国内蒙古水域面积减少 7.37 万 hm^2，主要为湖泊萎缩及河流干涸。⑥城镇和建设用地面积有所增加。该类总面积增加 1.20 万 hm^2，其中蒙古国面积增加 0.79 万 hm^2，中国内蒙古面积增加 0.41 万 hm^2（周锡饮等，2014）。

表 4-2　蒙古高原 20 世纪 70 年代至 2005 年各类土地利用动态变化净面积（单位：hm^2）

土地利用类型	蒙古高原变化净面积	中国内蒙古变化净面积	蒙古国变化净面积
林地	1 185 454.00	1 218 504.00	−33 050.00
草地	−7 037 618.75	−5 669 943.75	−1 367 675.00

续表

土地利用类型	蒙古高原变化净面积	中国内蒙古变化净面积	蒙古国变化净面积
永久性湿地	−216 406.25	−213 056.25	−3 350.00
耕地	933 881.25	854 456.25	79 425.00
城镇和建设用地	11 956.25	4 050.00	7 906.25
冰雪	−7 250.00	0.00	−7 250.00
裸地或稀少植被覆盖	5 241 231.25	3 879 656.25	1 361 575.00
水域	−111 262.50	−73 681.25	−37 581.25

2）土地利用变化影响植被时空分布

蒙古高原 20 世纪 70 年代至 2005 年土地利用发生变化，草地、永久性湿地、水域面积明显减少，耕地、林地、建设用地和未利用土地面积增加（魏云洁等，2008）。在中国内蒙古一些地区（John et al.，2013）与蒙古国中北部地区（Pederson et al.，2013）耕地增加。人类活动通过对土地利用方式的改变，一方面使内蒙古黄河河套等地区 1982～2000 年 NDVI 值显著增加，另一方面使内蒙古的某些地区的植被严重退化（孙艳玲等，2010）。

分析 1982～2006 年蒙古高原的草地和农作物面积、产量的变化及其与植被年均 NDVI 值的相关显示，内蒙古、甘肃、宁夏的农作物面积和产量均呈增加趋势，NDVI 值也呈增加趋势。内蒙古、甘肃的农作物产量和植被 NDVI 值呈正相关关系，相关系数分别为 0.53（$P<0.01$）和 0.42（$P<0.05$）；宁夏的农作物产量和 NDVI 值也呈微弱的正相关关系。内蒙古的草原面积虽然基本保持不变，但草产量在波动中增加，草产量和 NDVI 值呈显著正相关（$P<0.01$）关系。内蒙古农作物和牧草的种植面积与产量的增加直接或间接地导致 NDVI 值增加。与中国内蒙古地区不同，蒙古国的农作物和牧草的种植面积与产量都呈减少趋势，但 NDVI 值呈增加趋势。土地类型的转换可能是此现象产生的原因，农作物和牧草转换成其他高植被覆盖度类型，从而使整体 NDVI 值呈增加趋势。至于蒙古国草地、农作物面积和产量变化的原因及其与 NDVI 值的关系还需进一步研究。

3. 人口增长

人类活动不仅对植被覆盖变化产生消极影响，也会对植被覆盖变化产生积极影响。人口增长在一定范围内是有利于经济发展的，人类活动也会对地表改造产生积极影响。

中国内蒙古地区总人口由 1947 年的 561.7 万人增长到 2018 年的 2 534 万人，增长了 3.51 倍。其中，1980～2000 年年均增加 25.55 万人；2000～2018 年年均增加 9 万人，后期增长速度明显减缓，对草地的破坏有所减轻。不断增长的人口对粮食、肉类需求的增加，促使耕地面积和牲畜量增加，引起过度放牧，导致草地植被覆盖度下降。

蒙古国领土面积广阔，人口稀少，植被受气候影响比较大，但是一些人口密集区域，人口过多也会造成植被的退化，如乌兰巴托市附近区域。

4. 政策

近年来，随着沙尘暴、暴雪等极端气候的逐渐增加，中国和蒙古国政府为改善本国的植被覆盖情况采取一系列措施。蒙古国 1995 年制定《森林法》。中国 1978 年实施三北防护林工程，并于 2000 年开始实施“退耕还林还草”“天然林保护工程”等政策。研究显示，2001～2015 年内蒙古的年均 NDVI 值整体呈增加趋势，甘肃、宁夏年均 NDVI 值也都有一定程度的增加，植被覆盖度明显上升。森林病虫害、火灾减少，对研究区植被覆盖度的增加起到一定的促进作用。另外，围栏禁牧、舍饲圈养牲畜、禁止滥垦滥伐、推广防风蚀及增产耕种技术等措施对植被覆盖度的增加也起到一定的作用。草地植被退化程度明显减轻，与 21 世纪以来我国实施退耕还林还草、退牧还草和京津风沙源治理，蒙古国实施土地法等一系列环境治理工程息息相关（穆少杰等，2012）。

内蒙古东部地区，由于牧民对草场的承包时间延长到几十年，牧民对草场的投入逐渐加大，牧民投入的资金占总投资金额的比例多于 70%。牧民通过建立草围栏，根据草地自身情况采取全年禁牧、季节性休牧、轮牧等方式利用草地，加上退牧还草工程的实施，一些典型的草地植被得到有效恢复（薛存芳等，2009）。处于内蒙古中西部的中度退化草地，由于国家退耕还草、围栏封育、全面圈养政策的实施，草地植被也在向好的方向发展。但处于中东部地区的轻度退化草地，由于牲畜量的增加幅度较快，加上 2005 年相对干旱，草地退化程度进一步加剧。

退耕还林还草工程是由我国政府投资和实施的 6 大林业重点工程之一，是一项涉及范围最广、政策指导性最强、群众参与度最高的生态建设工程。退耕还林还草工程是利用恢复生态学原理，将陡坡耕地还原为森林，符合党的十八大报告中关于建设生态文明和建设美丽中国的相关论述。1999 年，中国政府开始启动退耕还林试点工程，2002 年，退耕还林工程全面展开，建设范围涉及我国 25 个省、自治区和直辖市，3 200 万农户，1.24 亿农民，到 2019 年，全国累计实施退耕还林还草 1.99 亿亩、荒山荒地造林 2.63 亿亩、封山育林 0.46 亿亩。实施退耕还林还草工程以后，植被覆盖度增加（Liu et al.，2008）、生物多样性提高（魏兴琥等，

2013)，生态环境质量得到很大的改善，为生态环境的可持续发展奠定了坚实的基础。内蒙古退耕还林还草工程的重点实施区域分布在内蒙古东南部（兴安盟、赤峰市和通辽市）和中西部（锡林郭勒盟南部、呼和浩特市周边地区、巴彦淖尔市南部及鄂尔多斯市）。

基于 1998～2011 年 SPOT-VGTNDVI 时间序列数据分析内蒙古自治区退耕还林还草重点区域生长季植被的时空变化，在内蒙古退耕还林还草工程实施过程中，在东部工程区的东南部和西部工程区的中部植被出现较好的恢复效果。在内蒙古通辽市东南部及赤峰南部、中西部的土默特平原、河套地区和鄂尔多斯东部等区域的退耕还林还草工程区，植被持续增加，植被恢复显著。植被显著恢复的主要是农用地/自然植被镶嵌、草地、稀疏灌丛和稀疏植被区，内蒙古自治区的退耕还林还草工程的实施使局部生态环境得到改善（张宝林等，2016）。

2001～2010 年，蒙古高原各季节平均 NDVI 值都呈现不同程度的增加或减小趋势，且存在较大的空间差异。秋季是 3 个季节中平均 NDVI 值呈增加趋势面积最大的季节，约占蒙古高原总面积的 50%；春季平均 NDVI 值呈下降趋势的面积（占蒙古高原总面积的 47%）略大于呈上升趋势的面积（占蒙古高原总面积的 40%）；夏季平均 NDVI 值呈增加趋势和呈减小趋势的面积基本持平，分别为蒙古高原总面积的 44%和 42%。从区域分布看，春季平均 NDVI 值的变化特点可总结为南升北降，即呈增加趋势的地区主要分布在蒙古高原南部的中国内蒙古及蒙古国南部的南戈壁省和东戈壁省的荒漠草原地带，其中中国内蒙古鄂尔多斯高原禁牧及退耕还林还草生态服务区、狼山北麓、土默特平原南部、锡林郭勒草原西部荒漠草原区、西辽河平原中下游等地区都呈显著的增加趋势。3 个季节中，春季 NDVI 值呈显著增加趋势的面积最大，占高原总面积的 4.11%。这些 NDVI 值呈显著增加趋势的地区，与 21 世纪初我国开始实施的退耕还林还草，禁牧、休牧、轮牧等生态保护和重建工程有关（包刚等，2013）。

5. *矿产资源开采*

随着科技的进步、经济的发展、人口的激增，社会对矿产资源的需求越来越大。矿产资源的开采造成的大气、水资源、植被、土壤等环境污染问题也越来越严重，带来许多生态环境问题。矿产开采对环境的影响主要有以下几点：①对景观及植被的影响。矿产开采改变草原原有的面貌，使草原景观不再完整；产生的粉尘飘落在植被上，影响植物的光合作用和呼吸作用，使草原地区牧草质量和产量下降，植物群落生物多样性丧失，土壤和植被结构组成改变，不利于草原地区植物多样性和生物多样性的保存。②对生态的影响。矿产开采必然造成大面积毁林毁草、占用耕地，致使植被破坏、水土流失及土地沙漠化；矿产开采需要消耗大量的水，致使地下水位下降、井泉干枯，影响当地居民的生活用水及农田灌溉用水；地下水位下降，会造成大片植被死亡，从而引发土地沙漠化。③对地质环境的影响。矿产开采往往形成大面积采空区，放顶后出现地裂、地面塌陷、地面沉降等地面变形，地面植被破坏；矿产开采时产生的各种工业废水及生活污水直接污染附近的水源；矿产开采产生的固体废弃物堆放混乱，侵占耕地，污染土壤，废物中有害元素因降水的长期淋滤往往富集在水中，进一步污染水资源（杜瑛，2017）。

在蒙古国，超过 1 000 个矿床和 8 000 处储藏地的 80 种矿产类型已经被发现，其中有价值的有煤、铜、萤石、金、铁、铅、钼、银、钨、铀和锌。蒙古国还有大量矿产资源未被开采和利用，在 400 处被调查矿床中，有 160 处矿床正在开发中，占 40%。2009 年，蒙古国矿产资源和能源部门公布的蒙古国矿产资源储量中煤的储量最大，是 1 500 亿 t；其次为磷，储量为 24 亿 t；铁矿石的储量相对较高，为 4.53 亿 t；铜的储量为 0.23 万 t；其他矿产资源储量较少。统计数据显示，蒙古国是世界上煤矿储量排名前十的国家之一，有 98 亿 t 的煤炭储量，其中 300 处矿床和矿产地散布于 15 个盆地（安可玛，2013）。

受管理及技术等因素的影响，蒙古国矿产资源长期存在破坏性开采及使用浪费等问题（安可玛，2013）。Wellmer 等（2002）认为矿产资源开发过程中资源开采对土地、植被以及周围环境均有不同程度的破坏，在矿产资源开发利用过程中应加强环境保护，控制资源开采对生态环境的破坏。

内蒙古为我国重要的资源（尤其是能源）战略基地。矿产资源丰富，种类多、储量大且分布广泛。截至 2013 年年底，内蒙古共发现各类矿产 143 种，包括 6 种能源矿产、5 种黑色金属矿产、10 种有色金属矿产、8 种贵金属矿产、14 种稀有稀土及分散元素矿产、63 种非金属矿产。内蒙古发现矿种占全国发现矿种的 83.14%，查明资源储量的矿种有 91 种，占全国查明资源储量矿种的 62.11%（郝俊峰，2015）。依托资源优势，内蒙古矿产资源开采量不断加大，经济增长迅猛，生态破坏与环境污染问题日益严重。

内蒙古草地资源丰富，但草地生态脆弱，生态环境易受破坏。矿产开采活动对内蒙古生态环境带来很大的破坏，草原面临着退化和面积日益缩小的危机。截至 2015 年，内蒙古自治区采矿权面积为 6 205km^2，矿山生产破坏面积为 1 829km^2，未治理面积为 1 322km^2，固体废弃物累计积存量为 151.19 亿 t，造成滑坡和泥石流等地质灾害，破坏地下水均衡面积 820km^2。矿山环境恢复治理形势十分严峻（高宝明，2015）。

4.3　蒙古高原植被恢复措施

退化草地恢复是一项庞大且复杂的系统工程，涉及的学科较多，如草地学、土壤学及生态学等；要求具有强大的科学理论作指导，如恢复生态学、草地资源学和草业生产系统理论等。退化草地恢复应在坚持草地恢复原则的基础上，明确引起草地植被退化的主要原因，采取合理的方式进行建设。对于受人为因素影响的退化草地，可以在一定的条件下采取围栏禁牧、以草定畜、草地补播、施肥灌溉等方式加以改变；对于受气候影响的退化草地，可以通过调整产业结构的方式去加以适应。

1. 根据草地退化程度制定植被恢复措施

对于重度退化草地，自然条件影响占主导作用，恢复治理难度较大。应通过选取适合当地生态环境的草种，调整产业结构，结合围栏禁牧、人工补播与自然恢复、加强管理等治理措施，改建或重建生态系统，使其达到一种新的生态平衡。对于中度退化草地，气候条件和人为因素影响都比较大。应采取草地补播、施肥灌溉等措施，提高土壤有机质含量。同时进行围栏封育，解除放牧压力，遏制草地进一步退化，使草地自然恢复，并取得较好的经济效益。对于轻度退化和无明显退化草地，人为因素影响较大。应以保护为主，控制载畜量，合理利用草地资源，并采取轮封轮牧来减轻放牧压力，降低放牧强度，防止草地植被进一步退化（薛存芳等，2009）。

2. 按照相关法规进行生产建设活动

对风沙区营造防风固沙、阻沙林，封沙育草，建立绿色屏障，保护和恢复风沙区植被，遏制沙漠蔓延。开矿、筑路等生产建设活动，严格按照《中华人民共和国水土保持法》（以下简称《水土保持法》）、《中华人民共和国森林法》、《中华人民共和国草原法》（以下简称《草原法》）等自然资源保护法的要求，办理相关的审批手续，并根据破坏类型制定符合实际的植被恢复方案，与主体工程同时设计、同时施工，做到同步恢复（赵金柱等，2006）。

针对矿山损毁区域开展土地复垦，煤矿区是土地复垦的重点潜力区。按照《全国土地利用总体规划纲要（2006—2020 年）》《全国矿产资源规划（2008—2015 年）》，内蒙古属于晋陕蒙煤炭化工复垦潜力区。矿山开采损毁土地的待复垦面积主要复垦为耕地、林草地和建设用地。

3. 建立草原生态补偿机制强化植被恢复措施

建立草原生态补偿机制来保护草原生态环境，加强事后对草原的恢复力度。政府建立草原生态补偿制度，就是通过制定一系列的行为规则，创设一种新的法律关系，确定各自的权利、义务、范围和责任，激励生态效益的需求者和生产者之间相互合作，用法律重新分配利益问题，维护各方利益之间的平衡，并且在各方利益失去平衡时，以强制手段恢复这一平衡，保护法律秩序的稳定运行，实现生态资源产品的持续供给（史馨等，2013）。

参 考 文 献

阿娜日，包玉海，包刚，2017．1982—2010 年蒙古高原植被覆盖动态变化及其气候的关系[J]．内蒙古林业科技，43（7）：30-34．

安可玛，2013．蒙古国矿产资源开发利用与中蒙矿产资源合作研究[D]．长春：吉林大学．

包刚，包玉海，覃志豪，等，2013．近 10 年蒙古高原植被覆盖变化及其对气候的季节响应[J]．地理科学，33（5）：613-621．

包刚，覃志豪，包玉海，等，2013．1982—2006 年蒙古高原植被覆盖时空变化分析[J]．中国沙漠，33（3）：918-927．

包秀霞，易津，吉格吉德苏仁，等，2009．不同放牧方式对蒙古高原针茅草原植被特性的影响[C]// 中国草原学会．2009 中国草原发展论坛论文集．

戴琳，2014．基于 MODIS 数据的蒙古高原植被变化趋势及其影响因素研究[D]．青岛：山东科技大学．

戴琳，张丽，王昆，等，2014．蒙古高原植被变化趋势及其影响因素[J]．水土保持通报，34（5）：218-225．

杜瑛，2017．矿产开采对苏尼特草原景观及土地利用影响研究[D]．呼和浩特：内蒙古师范大学．

高宝明，2015．内蒙古自治区绿色矿山建设专题研究报告 2015—2020 年[C]．呼和浩特：内蒙古矿业联合会．

郝俊峰，2015．内蒙古自治区矿产资源综合区划与规划布局专题研究报告 2015—2020 年[R]．呼和浩特：内蒙古自治区地质调查院．

黄登成，2013．基于 CASA 模型的蒙古高原植被净初级生产力遥感估算[D]．沈阳：辽宁工程技术大学．

李博，1997. 中国北方草地退化及其防治对策[J]. 中国农业科学（6）：1-9.

李万源，钱正安，2005．中蒙干旱半干旱区冬、夏季地面气温时空变化特征分析（Ⅰ）：1 月[J]．高原气象，24（6）：889-897．

李霞，李晓兵，陈云浩，等，2007. 中国北方草原植被对气象因子的时滞响应[J]. 植物生态学报，31（6）：1054-1062.

李新荣，2005．干旱沙区土壤空间异质性变化对植被恢复的影响[J]．中国科学 D 辑（地球科学），35（4）：361-370．

李新周，刘晓东，2012．21 世纪中蒙干旱半干旱地区干旱化趋势的模拟研究[J]．干旱区研究, 29（2）：262-272．

刘庆生，刘高焕，黄翀，等，2016．蒙古高原乌兰巴托-丰镇草地样带植被与土壤属性的空间分布[J]．资源科学，

38（5）：982-993.

刘兆飞，王蕊，姚治君，2016. 蒙古高原气温与降水变化特征及 CMIP5 气候模式评估[J]. 资源科学，38（5）：956-969.

毛德华，王宗明，宋开山，等，2011. 东北冻土 NDVI 变化及其对气候变化和土地利用覆盖变化的响应[J]. 中国环境科学，31（2）：283-292.

穆少杰，李建龙，陈奕兆，等，2012. 2001—2010 年内蒙古植被覆盖度时空变化特征[J]. 地理学报，67（9）：1255-1267.

彭道黎，滑永春，2009. 几种植被指数探测低盖度植被能力的研究[J]. 福建林学院学报，29（1）：11-16.

朴世龙，方精云，2001. 最近 18 年来中国植被覆盖的动态变化[J]. 第四纪研究，21（4）：294-301.

史馨，马艳红，任圆，2013. 矿产资源开采对牧民生存发展利益的影响：以西乌旗为例[J]. 北方环境，29（1）：23-37.

孙红雨，王长耀，牛铮，等，1998. 中国地表植被覆盖变化及其与气候因子关系：基于 NOAA 时间系列数据集[J]. 遥感学报，2（3）：204-210.

孙艳玲，郭鹏，延晓冬，等，2010. 内蒙古植被覆盖变化及其与气候、人类活动的关系[J]. 自然资源学报，25（3）：407-414.

佟旭泽，2017. 蒙古高原草原群落沿干燥度梯度土壤异质性及其与植被的相关性[D]. 呼和浩特：内蒙古大学.

王劲松，陈发虎，张强，等，2008. 亚洲中部干旱半干旱区近 100 年来的气温变化研究[J]. 高原气象，27（5）：1035-1044.

王正兴，刘闯，陈文波，2006. 增强型植被指数 EVI 与 NDVI 初步比较[J]. 武汉大学学报（信息科学版），31（5）：407-410.

魏兴琥，雷俐，邹学勇，等，2013. 京津风沙源浑善达克沙地治理区退耕还林地的植被变化[J]. 中国沙漠，33（2）：604-612.

魏云洁，甄霖，刘雪林，等，2008. 1992—2005 年蒙古国土地利用变化及其驱动因素[J]. 应用生态学报，19（9）：1995-2002.

温都日娜，2017. 基于 MODIS 数据的蒙古高原植被覆盖变化及其对水热条件的响应[D]. 呼和浩特：内蒙古师范大学.

薛存芳，张玮，2009. 基于 MODIS 数据的内蒙古草地植被退化动态监测研究[J]. 国土资源遥感（2）：97-105.

殷贺，李正国，王仰麟，等，2011. 基于时间序列植被特征的内蒙古荒漠化评价[J]. 地理学报，66（5）：653-661.

张宝林，贾瑞晨，刘国彬，等，2016. 内蒙古退耕还林区植被恢复状况的遥感分析[J]. 环境科学与技术，9（1）：187-193.

张戈丽，徐兴良，周才平，等，2011. 近 30 年来呼伦贝尔地区草地植被变化对气候变化的响应[J]. 地理学报，66（1）：47-58.

张艳珍，王钊齐，杨悦，等，2018. 蒙古高原草地退化程度时空分布定量研究[J]. 草业科学，35（2）：233-243.

张韵婕，桂朝，刘庆生，等，2016. 基于遥感和气象数据的蒙古高原 1982—2013 年植被动态变化分析[J]. 遥感技术与应用，31（5）：1022-1030.

赵金柱，张建庭，池映翔，等，2006. 保护和恢复植被是防治土地退化的重要措施[J]. 内蒙古水利（1）：24.

中华人民共和国国家统计局，2016. 2016 中国统计年鉴[M]. 北京：中国统计出版社.

周锡饮，师华定，王秀茹，2014. 气候变化和人类活动对蒙古高原植被覆盖变化的影响[J]. 干旱区研究，31（4）：604-610.

周锡饮，师华定，王秀茹，等，2012．蒙古高原近 30 年来土地利用变化时空特征与动因分析[J]．浙江农业学报，24（6）：1102-1110．

卓义，2007．基于 MODIS 数据的蒙古高原荒漠化遥感定量监测方法研究[D]．呼和浩特：内蒙古师范大学．

BAI Y F, WU J G, XING Q P, et al., 2008. Primary production and rain use efficiency across a precipitation gradient on the Mongolia plateau[J]. Ecology, 89(8): 2140-2153.

BAO G, QIN Z H, BAO Y H, et al., 2014. NDVI-based long-term vegetation dynamics and its response to climatic change in the Mongolian Plateau[J]. Remote sensing, 6(9): 8337-8358.

DASH D, 2000. Landscape-ecological problems of Mongolia[J]. Ulaanbaatar: Urlakh Erdem.

HILKER T, NATSAGDORJ E, WARING R H, et al., 2014. Satellite observed widespread decline in Mongolian grasslands largely due to overgrazing[J]. Global change biology, 20(2): 418-428.

JIAO C, YU G, HE N, et al., 2016. Spatial pattern of grassland aboveground biomass and its environmental controls in the Eurasian steppe[J]. Journal of geographical sciences, 27(1): 3-22.

JIN J, WANG Q, 2016. Assessing ecological vulnerability in western China based on Time-Integrated NDVI data[J]. Journal of arid land, 8(4): 533-545.

JOHN R, CHEN J, KIM Y, et al., 2015. Differentiating anthropogenic modification and precipitation-driven change on vegetation productivity on the Mongolian Plateau[J]. Landscape ecology, 31(3): 547-566.

JOHN R, CHEN J, OUYANG Z, et al., 2013. Vegetation response to extreme climate events on the Mongolian Plateau from 2000 to 2010[J]. Environmental research letters, 8(3): 1-12.

LI A, WU J, HUANG J H, 2012. Distinguishing between human-induced and climate-driven vegetation changes: a critical application of RESTREND in inner Mongolia[J]. Landscape ecology, 27(7): 969-982.

LI S H, SUN Z G, TAN M H, et al., 2016. Effects of rural－urban migration on vegetation greenness in fragile areas: a case study of Inner Mongolia in China[J]. Journal of geographical sciences, 26(3): 313-324.

LIU J, LI S, OUYANG Z, et al., 2008. Ecological and socioeconomic effects of China's policies for ecosystem services[J]. Proceedings of the national academy of sciences, 105(28): 9477-9482.

MU S, YANG H, LI J, et al., 2013. Spatio-temporal dynamics of vegetation coverage and its relationship with climate factors in Inner Mongolia, China[J]. Journal of geographical sciences, 23(2): 231-246.

PEDERSON N, LELAND C, NACHIN B, et al., 2013. Three centuries of shifting hydroclimatic regimes across the Mongolian breadbasket[J]. Agricultural and forest meteorology, 178: 10-20.

PIAO S, MOHAMMAT A, FANG J, et al., 2006. NDVI-based increase in growth of temperate grasslands its responses to climate changes in China[J]. Global enviromnental change, 16(4): 340-348.

REYNOLDS J F, SMITH D M S, LAMBIN E F, et al., 2007. Global desertification: building a science for dryland development[J]. Science, 316(5826): 847-851.

SELLERS P J, HALL F G, 1992. FIFE in 1992: Results, scientific gains, and future research directions[J]. Journal of geophysical research atmospheres, 97(D17): 19091-19109.

TONG S Q, ZHANG J Q, BAO Y H, et al., 2017. Spatial and temporal variations of vegetation cover and the relationships with climate factors in Inner Mongolia based on GIMMS NDVI3g data[J]. Journal of arid land, 9(3): 394-407.

VANDANDORJ S, GANTSETSEG B, BOLDGIV B, 2015. Spatial and temporal variability in vegetation cover of Mongolia and its implications[J]. Journal of arid land, 7(4): 450-461.

WANG H, LIU G H, LI Z S, et al., 2015. Impacts of climate change on net primary productivity in arid and semiarid regions of China[J]. Chinese geographical science, 26(1): 35-47.

WANG Q, NI J, TENHUNEN J, 2005. Application of a geographically-weighted regression analysis to estimate net primary production of Chinese forest ecosystems[J]. Global ecology and biogeography, 14(4): 379-393.

WELLMER F W, BECKER-PLATEN J, 2002. Sustainable development and the exploitation of mineral and energy resources: a review[J]. International journal of earth sciences, 91(5): 723-745.

YANG Q, QIN Z H, LI W J, et al., 2012. Temporal and spatial variations of vegetation cover in hulun buir grassland of Inner Mongolia，China[J]．Add land research and management, 26(4): 328-343.

YATAGAI A, YASUNARI T, 1995. Interannual variations of summer precipitation in the arid, semi-arid regions in China and Mongolia: Their regionality and relation to the Asian summer monsoon[J]. Journal of the meteorological society of Japan,73(5): 909-923.

第 5 章　蒙古高原土壤特征、退化及治理措施

5.1　蒙古高原主要土壤类型

蒙古高原地处欧亚大陆中部干旱半干旱区，主要包含中国内蒙古自治区和蒙古国全境，是一个相对封闭的内陆生态地理单元，是欧亚大陆温带草原的核心区。大部分地区年降雨量一般<400mm，为典型的干旱、半干旱大陆性气候区。在不同气候的不同生境中，植被与土壤的发育产生了多样的生态系统，形成了具有地域特色的土壤类型，主要有冻土、灰化土、泥炭土、草甸土、亚高山草甸土（黑土型山地草甸土）、灰色森林土、暗棕壤、黑土、沼泽土、栗钙土、低地暗色土、棕钙土、盐渍土、灰棕漠土、灰漠土等。

5.2　蒙古高原主要土壤类型分布

1. 冻土分布

冻土，是指地表下 100cm 范围内永冻土壤，地表具有多边形土或石环等冻融蠕动形态特征的土壤，包括冰沼土和冻漠土。主要分布在高山地区，即蒙古国阿尔泰山脉、唐努乌拉山脉、库苏古尔山地、杭爱山脉、肯特山脉海拔 2 500～3 000m 处。

2. 灰化土分布

灰化土，是指具有灰化淀积层的土壤[在中国没有典型的灰化土，只有与美国灰化土纲中冷冻典型灰土（Cryorthods）相近似的漂灰土]。主要分布在唐努乌拉山脉、库苏古尔山地、杭爱山脉北麓、肯特山脉。

3. 泥炭土分布

泥炭土，是指在某些河湖沉积低平原及山间谷地中，由于长期积水，水生植被茂密，在缺氧情况下，大量分解不充分的植物残体积累并形成泥炭层的土壤。主要分布于冷湿地区的低洼地。

4. 草甸土分布

草甸土，是在冷湿气候条件下，直接受地下水浸润并在草甸植被下发育的半水成土纲土壤。主要分布在蒙古国杭爱山脉和肯特山脉以南，东部蒙古平原、山地及戈壁，还有蒙古国阿尔泰地区的河流冲积平原、高原宽浅盆地、山地丘陵间谷地、河谷平原、湖泊外围平地、地下水位较高的地方。在中国内蒙古主要分布在河谷平原或湖盆地区。

5. 亚高山草甸土分布

亚高山草甸土（黑土型山地草甸土），是在亚高山地带的冷湿气候条件下，有机物残体不易分解，土壤表层形成 5～10cm 厚富有弹性的草皮层的土壤。主要分布在蒙古国杭爱山和肯特山高山带以下的北坡地带。

6. 灰色森林土分布

灰色森林土，是在温带森林草原土壤植被下形成的土壤，因具有深厚的灰色土层而得名。其属于森林土壤向草原土壤的过渡类型，是具有冷凉性土温状况的弱淋溶土，其森林植被以阔叶杨、桦林为主。主要分布在杭爱山、肯特山的北坡、唐努乌拉山脉、库苏古尔山地西侧鄂尔浑、色楞格、乌勒兹、鄂嫩等地区的河流阶地、分水岭和山脊，阿尔泰、哈尔黑拉山地的有林地带。

7. 暗棕壤分布

暗棕壤，是在温带湿润地区针阔叶混交林下发育形成的土壤。主要分布于蒙古国杭爱山地南坡和东坡、肯特山地南坡和东坡、色楞格河和鄂嫩河流域丘陵地区；中国内蒙古自治区的大兴安岭三盟（市）（即呼伦贝尔市、通辽市、兴安盟）和赤峰市的大兴安岭西坡。

8. 黑土分布

黑土，分布于温带草原向温带湿润森林过渡地带。主要分布于森林草原带海拔 1 400～1 600m 的山地，如杭爱山脉、肯特山脉、库苏古尔山地的阳坡，鄂尔浑河、色楞格河流域，阿尔泰山脉西部、布尔干河附近，乌勒兹河、鄂嫩河流域。

9. 沼泽土分布

沼泽土，是在长期积水、生长有沼泽植被的条件下发育的一种隐域性土壤。主要分布于蒙古高原及其毗邻地区河谷平原、谷地、盆地、河滩地、湖泊周围、丘间洼地等，其他地区零星分布。

10. 栗钙土分布

栗钙土，是具有湿态彩度＞1.5 或有机质含量≥20g/kg 的饱和暗色表层、无腐殖质舌状物、地表 50cm 范围内有钙积特征的土壤。主要分布在蒙古国哈尔希拉山、肯特山、杭爱山的低坡，以及鄂尔浑河、色楞格河盆地；中国内蒙古高原的东部和南部，鄂尔多斯高原东部，呼伦贝尔高原西部，以及阴山、贺兰山、祁连山、阿尔泰山的垂直地带与山间盆地。

11. 低地暗色土分布

低地暗色土，主要分布在蒙古国肯特山西部的都木布尔特、穆尔哈、巴彦河、阿兰加特、布林—乌布、巴鲁湖、乌汗金—瀚德等地，以及东部的杰里布拉罕、乃木乃、查尔汗—哈赤、胡赤日尔土、穆苏屯—苏木、阿拉—乌尔图等地，杭爱山区西北地区。

12. 棕钙土分布

棕钙土，是温带草原向荒漠过渡的一种地带性土壤。主要分布于蒙古国南部，西起大湖盆地，东至东部国界，主要分布于莎尔噶沙漠、辉斯沙漠、噶勒宾沙漠、包尔宗沙漠、埃德轮沙漠中；在中国内蒙古高原和鄂尔多斯高原的中西部，在狼山、贺兰山、祁连山垂直地带上也有分布。

13. 盐渍土分布

盐渍土，是盐土和碱土，以及各种盐化、碱化土壤的总称。盐土是指土壤中可溶性盐含量达到对作物生长有显著危害的土类，盐分含量指标因不同盐分组成而异。碱土是指土壤中含有危害植物生长和改变土壤性质的大量交换性钠。主要分布在蒙古高原及其毗邻地区的大湖盆地、平原宽浅盆地、洼地、谷地、河谷平原、湖泊四周低地等地区。

14. 灰棕漠土分布

灰棕漠土，是在极干旱气候条件下发育的典型荒漠土壤类型。主要分布于蒙古国西南部的阿尔泰南戈壁、沙尔根戈壁、英根胡德尔谷地等。

15. 灰漠土分布

灰漠土，是介于棕钙土和灰棕漠土之间的一种荒漠土壤。广泛分布在蒙古国阿尔泰山南麓西干旱谷地、戈壁阿尔泰山南麓干谷、扎哈苏吉音戈壁、噶勒布音戈壁等地，中国内蒙古的阿拉善高原东部、后套平原的最西部和鄂尔多斯高原的西北地区（凌志，2017）。

5.3 蒙古高原主要土壤基本特征

5.3.1 成土条件

1. 冻土的成土条件

气候：冻土分布区环境条件差异大。冰沼土分布区属苔原气候，大部分地面被雪原和冰川覆盖，年平均气温在 0℃以下，一般都在-17～-10℃，冬季气温可低至-40℃，极端低温达-55℃，夏季气温也较低，7 月平均气温不超过 10℃，全年结冰日长达 240d 以上。冻漠土分布区年均气温一般为-4～12℃。冻土区降水较少，年平均降水量＜100mm，90%的降雨集中于 5～9 月。降水少，气温低，蒸发量小，长期冰冻，使土壤湿度很大，经常处于水分饱和状态；夏季土壤母质融化，砂土厚 1～1.5m，壤土厚 70～100cm，泥炭土厚 35～40cm，母质以下即为永冻层；冻漠土在宽谷、湖盆的永冻层深度 80cm，在山坡上可达 150cm。

植被：冻土分布区气候严寒。冰沼土分布区植被是以苔藓、地衣为主的苔原植被，草本植物和灌木很少，各种植物的年生长量均不大，每年有机质的增长量为 400kg/hm^2。冻漠土分布区植被为多年生和中旱生的草本植物、垫状植物和地衣，植物生长在石隙之间或在冰雪融水灌润的地方局部呈小片分布。

地形：冻土发育的地区，因脱离冰川覆盖不久，冰川地形保持得相当完整。冻漠土分布区的地形主要是陡峭的山坡、角峰、刃脊、第四纪和近代冰川所形成的冰斗和冰碛垄堤、宽谷、湖盆的湖积平原等。成土母质的差异较大，有前寒武系基岩，古生代各种灰岩、石英砂岩、板岩，中生代的灰岩、红色钙质砂泥岩，以及近代泥砾和冲积物、残积物、冰碛物、冰水沉积物等。

2. 灰化土的成土条件

气候：灰化土分布在寒温带湿润气候区，其南界大致与北纬 50° 线相当。气候的特点是冬长而寒冷，气温季节变化大，降雨集中在夏季。降水不多，冬季低温冷冻，积雪深厚，降低了水分蒸发作用，使永冻层广布，地表水分充足，利于淋溶和潜育作用的进行。

植被：灰化土的植被以针叶林为主，主要树种如云杉属、冷杉属、松属、落叶松属等。由于灰化土区的土壤冻结期比较长，结冻和解冻影响植物根系，加上在针叶林下光线不充足，林下草本植被稀少，地被植物多数是苔藓、地衣或蕨类等低等植物，林下亦常常发生沼泽化现象。

地形：灰化土分布区的地形多为山地、丘陵或平原，一般坡度较平缓，成土母质多为更新世冰川沉积物，还有砂岩、泥岩、黏土及石灰岩风化物，也有母质为火山灰的。一般在渗透性强的砂性母质上灰化土发育最快。

3. 泥炭土的成土条件

气候：泥炭土分布在高寒地区，气候严寒，水层与土层同时冻结，有时形成季节性冻层。

植被：由于长期被地表水淹没，泥炭土的植被以湿生和沼泽植被为主，在积水的沼泽中生长茂密。

地形：泥炭土主要形成于浅水湖泊、渍水洼地或位于山地坡面的平缓微洼的积水洼地。

4. 草甸土的成土条件

气候：由于分布广泛，气候条件相差很大，只要有潮湿积水条件，草甸土在寒带、温带均可发育。

植被：草甸土的植被主要是喜湿性的草甸植物，其生长较茂密，主要有半夏、委陵菜、鸢尾、小叶樟、羊草、狼尾草等。

地形：草甸土的成土母质多为较新的冲积物，多形成于河流泛滥地、冲积平原、三角洲以及湖滨、海滨等地势低平地区。地下水距地表较近，埋藏深度为1～3m，在植物生长旺盛季节，地下水可沿毛管上升至地表。

5. 亚高山草甸土（黑土型山地草甸土）的成土条件

气候：亚高山草甸土分布区的气候温凉而较湿润，年平均气温在 1℃左右，一般＞0℃。年降水量在 350～750mm，无霜期不足 90d。

植被：植被的组成以蒿草和多种草类为主，也有少量灌木，越接近森林郁闭线，灌木种类和数量越多。

地形：亚高山草甸土分布区的地形，大多是比较平缓的分水岭和平坦开阔的高原面。成土母质主要是岩石风化的残积物和坡积物，也有一些土壤形成于冰碛物。

6. 灰色森林土的成土条件

气候：灰色森林土分布区的气候条件，与漂灰土和亚高山草甸土分布区比较略显温和干旱，但与草原地区的黑钙土相比又凉爽湿润。年平均气温为-4～-3℃，10℃以上积温为 1 400～1 900℃，冬季寒冷，土壤冻深可达 1.5m。年降水量在 400～450mm，降雨集中在 6～8 月，对植物生长有利。

植被：灰色森林土的植被以落叶阔叶杨林、桦林为主，也混生落叶松、云杉等针叶林。

地形：地形主要为山地、山丘或山地垂直带。母质多为残积物质和坡积物。

7. 暗棕壤的成土条件

气候：年平均气温为-2～8℃，10℃以上积温为 2 000～3 000℃，季节性土壤冻结深度为 1～2m，最深可达 3m，冻结时间为 120～200d。无霜期为 115～135d，年降水量在 500～1 000mm，干燥度一般在 1.0 以下，属温带湿润气候。

植被：原始植被为红松阔叶林，以红松为主，伴生阔叶树种如杨树、椴树、榆树和蒙古柞等。针叶树种主要有红松、杉松、鱼鳞云杉和红皮云杉等阴性和半阴性树种。落叶阔叶树种种类很多，主要有白桦、黑桦、枫桦、蒙古柞、春榆、胡桃楸、黄檗及水曲柳等。林下灌木及草本繁茂，常见的灌木有毛榛、山梅花、刺五加、卫矛和丁香等植物。常见的草本植物有木贼、东北百合、银线草及苔原植物等。

地形：暗棕壤分布区的地形多为中山、低山和丘陵。成土母质大部分是花岗岩、安山岩、玄武岩的风化物，也有少量的第四纪黄土性沉积物。

8. 黑土的成土条件

气候：黑土是在温带半湿润季风气候条件下发育的土壤。

植被：黑土分布区的植被为草原化草甸类型，以杂类草（五花草塘）群落为主，植物种类多，生长繁茂，一般高 40～50cm，植被覆盖度在 90%以上，根系比较发达，根深在 100cm 以上，但以表层 20cm 最为集中。

地形：黑土主要分布在海拔 1 400～1 600m 的山地。成土母质为花岗岩、石灰岩、泥质页岩、泥岩、砂岩、疏松砂岩（凌志，2017）。

9. 沼泽土的成土条件

气候：沼泽土是地表长期积水、生长喜湿性植被条件下形成的土壤。主要分布于高纬度地区，沼泽土分布区气温低、蒸发小、湿度大。

地形：沼泽土分布区的地下水与地表积水相距很近，甚至相接，土壤既受地表积水浸润又受地下水浸润。沼泽土在山间地区，多见于分水岭上碟形地、坡折地、封闭的沟谷盆地、冲积扇前或扇间洼地；在河间地区，则多见于泛滥地、河流汇合处及河流平衡曲线异常部位；在海滨的潟湖、半干旱地区的风蚀洼地、丘间低地、湖滨地区也有沼泽土的分布。沼泽土在中国东北的三江平原、川西北高原的若尔盖地区分布面积较大。土体上部含大量有机质或泥炭，下部为潜育层，部分土体中间有的具锈色过渡层，是有机质积累及还原作用强烈的土壤。成土母质主要为河湖沉积物，质地较黏。温暖季节植被生长繁茂，冬季寒冷，有机质分解程度低，表层黑色的腐泥层或泥炭，有机质含量达 10%～25%，C/N 达 14～20；潜育层呈青灰色或蓝色，还原性物质总量达 10cmol/kg，氧化还原电位在 250mV 以下。土壤多呈微酸性至中性反应，干旱区为碱性。

10. 栗钙土的成土条件

气候：栗钙土形成于温带半干旱草原环境，其气候属温带大陆性气候，年平均降水量约 200mm，最热月和最冷月的平均气温相差极大。1 月平均气温为-31℃，7 月平均气温则达 16℃。冬季（11 月～次年 4 月）寒冷而漫长，并伴有大风雪；春季（5～6 月）和秋季（9～10 月）短促，常有突发性天气变化；夏季（7 月、8 月）昼夜温差大，光照充足，紫外线强烈，最高温度可达 35℃。

植被：栗钙土的植被属草原类型，由旱生多年生草类组成，以丛生禾本科为主，其次为走茎和根茎草类，草原灌木与半灌木也占相当比重（赵峰，2003）。草层一般高度为 5～30cm，植被覆盖度为 20%～50%。

地形：栗钙土分布区的地形以剥蚀和侵蚀高原为主，也有丘陵、低山和冲积、洪积平原。成土母质多种多样，有各种母岩的残积物、黄土及黄土状物质、河流冲积物、湖积物及风沙堆积物等。

11. 低地暗色土的成土条件

地形：低地暗色土主要分布在负地形、沿平原的低地，山间未沼泽化的盆地以及河流谷地，具有繁茂的植物覆被，它是在周期性的、充分的地表水的条件下形成的（凌志，2017）。

12. 棕钙土的成土条件

气候：棕钙土分布区属于温带干旱大陆性气候，干旱而寒暑变化大，10℃以上积温在 2 000～3 000℃，年平均气温为 2～7℃，年降水量为 150～250mm，降水量远远小于蒸发量，干燥度为 2.0～4.0。因其分布范围广阔，降水量的分配有较为明显的季节差异。

植被：棕钙土的植被为旱生或超旱生的荒漠化草原和草原化荒漠 2 个类型。荒漠化草原植被类型的特点是植物种属成分较少，植物较矮小，既有草原植物成分，也有荒漠植物成分，旱生形态显著，多呈匍匐状或具有深根系，蒿属、羽茅属及小灌丛是组成荒漠化草原的重要成分。草原化荒漠植被类型的特点是植物种属以超旱生半乔木、半灌木、小半灌木和灌木占优势，如猪毛菜属、碱蓬属、驼绒藜属、盐爪爪属等。

地形：棕钙土大部分地处平坦的剥蚀地形，如台地、高原、残丘及山前洪积-冲积平原。成土母质以残积物、洪积-冲积物与风成砂为主，质地较粗，且含有碳酸盐。

13. 盐渍土的成土条件

气候：盐渍土分布区的气候多为干旱或半干旱气候，降水量小，蒸发量大，年降水量不足以淋洗掉土壤表层累积的盐分。

植被：盐渍土分布区常见的盐土植物有海莲子、碱蓬、猪毛菜、白滨藜等，常见的碱土植物有茴蒿、剪刀股及碱蓬等。干旱地区的深根系植物或盐生植物，能从土层深处及地下水中吸收水分和盐分，将盐分累积于植物体中，植物死亡后，有机残体分解，盐分回归土壤，逐渐积累于地表，因而这些植物具有一定的积盐作用。还有不少生物能在体内合成生物碱，有的还能将盐分分泌出体外（赵蒙蒙，2013）。

地形：盐渍土所处地形多为低平地、内陆盆地、局部洼地及沿海低地。这是由于盐分随着地面、地下径流由高处向低处汇集，使洼地成为水盐汇集中心。从小地形看，积盐中心是在积水区的边缘或局部高处。这是由于高处蒸发较快，盐分随着毛管水由低处往高处迁移，使高处积盐较重。从水文地质条件看，盐渍土地区地下水埋深越浅和矿化度越高，土壤积盐越强。成土母质一般是近代或古代的沉积物。

14. 灰棕漠土的成土条件

气候：灰棕漠土分布区夏季热而少雨，冬季冷而少雪，年降水量大部分在100mm以下。气温的年变化和日变化大，年平均气温为7～9℃，10℃以上积温一般在3 300～4 100℃，1月平均气温为-16～-10℃，7月平均气温为24～28℃。

植被：植被多为耐旱、深根和肉质的灌木和小半灌木，主要为短叶假木贼、膜果麻黄、霸王、木本猪毛菜、红砂、泡泡刺、珍珠猪毛菜和绵刺等，植被生长呈草丛状，覆盖度为5%～10%。

地形：灰棕漠土分布区的地形主要是山前平原、低山和剥蚀残丘。成土母质在山前平原上为砂砾质洪积物或洪积-冲积物，在低山和剥蚀残丘上为花岗岩、片麻岩与其他古老的变质岩系风化残积物或坡积-残积物，以粗骨土为主，细土物质不多。

15. 灰漠土的成土条件

气候：灰漠土分布区的冬季寒冷，夏季较热、干旱，大陆性气候显著。年平均气温为5～8℃，年降水量多在100～200mm，10℃以上积温为2 700～3 600℃，植物生长期（气温不低于5℃）在200d左右。

植被：灰漠土的植被属旱生、超旱生小半灌木和灌木荒漠类型，常见的植被有琵琶柴、梭梭、假木贼和蒿属等，植被覆盖度一般在10%，高者为20%～30%。在植丛中常生长着数量不多的紫黑色地衣和藻类，形成黑结皮（一般称为蛤蟆皮）。

地形：灰漠土分布区的地形主要是山前平原、古老冲积平原和剥蚀高原。成土母质的共同特点是石灰性的母质，细粒部分的含量较荒漠化草原和草原化荒漠土高。

5.3.2 成土过程

1. 冻土的成土过程

冻土形成以物理风化为主，生物、化学风化作用非常微弱，元素迁移不明显，黏粒含量少，普遍存在粗骨性，而且进行得很缓慢，只有冻融交替时稍为显著。冻漠土黏粒的 K_2O 含量很高，可达 50g/kg，说明脱钾不深，矿物处于初期风化阶段。冻土区普遍存在不同深度的永冻层，成土年龄短，处处呈现原始土壤形成阶段的特征。

2. 灰化土的成土过程

灰化土最大的特点是具有灰化淀积层。其成土过程主要包括灰化层形成过程和淀积层形成过程。

（1）灰化层形成过程大致可分为下列 4 个阶段。第一阶段为碳酸盐分解淋溶阶段。H^+进入矿质土层后，首先与土壤中的碳酸盐发生作用，引起钙、镁等盐基的分解，形成富里酸钙和富里酸镁，并随着水淋溶下渗到剖面下层。第二阶段为代换性盐基分解淋溶阶段。当碳酸盐分解淋溶后，富里酸继续与土壤矿物质中的代换性盐基相互作用，使盐基被 H^+代换淋溶，并使黏粒不断分散和淋溶。第三阶段为铁、铝、锰分解淋溶阶段。在冷湿嫌气条件下，高价铁、锰被还原为 Fe^{2+}、Mn^{2+}，并与下渗的腐殖酸形成络合物而发生淋溶，使红、黄色的氧化铁和黑色的氧化锰转化成 Fe^{2+}、Mn^{2+}淋失后，在腐殖质层之下，土壤颜色逐渐变浅。第四阶段为灰化淋溶层的形成。由于不断进行酸性淋溶，表层土壤质地逐渐变粗，在铁、锰不断还原淋溶的同时，土壤胶体逐步为氢所饱和，并使高岭石受到破坏，形成可溶性的铁、铝、硅等富里酸络合盐，在胶体溶液或真溶液的状态下淋溶，并析出非晶质粉末状的 SiO_2，形成白色片状结构或无结构的灰化淋溶层。

（2）淀积层的形成。从灰化层下淋的富里酸钙、镁、铁、锰等盐类和少部分无机酸的盐类，以及铁、铝、硅酸胶体等下渗到下层，由于酸性溶液受到越来越丰富的盐基的中和而使盐类淀积。由于上层真菌分解过程消耗大量的氧气及灰化层潮湿状态造成的不透气性，下土层中氧气不足，嫌气微生物的活动及溶胶物质的凝聚使淀积下来的各种盐类形成红棕色或红褐色的淀积层，甚至形成铁磐或黏磐层。

在淀积层以下，由于通气不良，带灰白色或灰绿色的潜育层有可能形成。一般情况下，在灰化淀积层形成的同时，还进行腐殖化过程。

3. 泥炭土的成土过程

泥炭土的形成过程主要包括有机质累积过程和潜育化过程。

（1）有机质累积过程。由于泥炭土受地表积水和地下水浸润，沼泽植物生长繁茂，大量有机质归还土壤；但因土壤过湿或积水，土壤微生物的分解作用被强烈抑制，有机质不能充分分解，而以粗有机质和半腐有机质的形式累积于地表，在土壤上部形成深厚的泥炭层或腐殖质层。

（2）潜育化过程。在长期渍水和脱氧的状态下，有机质处于嫌气分解的环境，有机质在分解过程中产生较多的还原物质，高价铁、锰转化成亚铁、亚锰的还原过程（邓宏兵，2004）。

4. 草甸土的成土过程

草甸土的形成过程主要是有机质累积过程和氧化-还原过程。

（1）有机质累积过程。草甸植被生长繁茂，每年给土壤留下较多的有机残体，在土壤湿度较大的条件下，有机残体进行嫌气分解，有利于腐殖质的积累。同时草甸草本植物根系多集中在表层，向下急剧减少，因此草甸土的腐殖质累积主要集中在表层，向下腐殖质含量锐减。此外，草甸植被受地下水的影响是间歇式的，无长久淹水期，故草甸土没有泥炭状腐殖质层。

（2）氧化-还原过程。草甸土的地下水位较浅，潜水可通过毛管作用到达地表；地下水位升降频繁，从而引起土体中的氧化–还原作用交替进行；土壤中的铁、锰化合物随之迁移和局部淀积，在土壤剖面中出现锈纹、锈斑和铁锰结核。

5. 亚高山草甸土（黑土型山地草甸土）

亚高山草甸土的形成过程有缓慢的生物物质循环、矿物化学分解作用，及冻结作用等成土过程。

高山植被生长的特点是生长期短促，草丛低矮，生物量低，每年每公顷干草产量为 600～1 000kg。因此，每年遗留于土壤中的有机质不多。但因温度低，干冷季漫长，土壤冻结，微生物活动微弱，死亡的根系难以分解而以有机残体或腐殖质形态积累于土壤中，从而使土壤有机质含量相对较高，成土年龄轻，生物和化学风化作用微弱。一般土壤厚度只有 60～90cm，土壤质地较轻。高山顶部的土壤矿物化学分解程度低。原生矿物以较易风化的黑云母占优势，角闪石、绿帘石含量也较高。黏土矿物只发展到水化、脱钾阶段，以水云母和绿泥石为主，少有蛭石、蒙脱石、高岭石伴存，一般每千克黏粒含 K_2O 45g 以上，在剖面中变化较小。土壤微量元素除含 B 丰富外，Ga、V、Cr、Mo、Mn、Cu、Co、Ni 等含量均低于世界土壤的平均含量，土壤内部元素的移动集聚不大活跃。因地处高山高原地区，每年 10 月底或 11 月初，日平均气温降至 0℃以下，土壤开始自表层向下和自多年冻土层顶向上进行冻结，一般以前一种方式为主。直到次年 3 月底或 4 月上旬才大部分或全部融化。冻结作用对土壤的影响包括两个方面：一方面，冻结作用产生冻结力，使土壤颗粒牢固地黏结在一起，在冻结层里的胶结冰和分凝冰与土壤颗粒相互排列形成各种冻土构造，如整体状、粒状和层状结构等；另一方面，冻结作用产生冻胀力，即在冻结过程中，水分转移和冰体聚集，往往具有很大的膨胀性，形成多边形土、石环、石带、石条、石网等成型的地面形态。

6. 灰色森林土的成土过程

灰色森林土的成土过程一般表现为高度的腐殖质累积过程（即生草过程）、较弱的淋溶作用及某种程度的残积淀积黏化过程。植物在半湿润冷凉条件下，腐殖质化过程较强，腐殖质层较厚，在腐殖质层下有漂白层，漂白层以下往往含有较高的盐基分数和大量的硅酸盐黏粒淀积的淀积层，但剖面中无钙积层，呈酸性反应（海春兴等，2014）。

7. 暗棕壤的成土过程

暗棕壤的形成特点主要表现为在温带湿润针阔叶混交林下，弱酸性腐殖质累积和轻度淋溶、黏化过程。

（1）腐殖质累积过程。暗棕壤的自然植被主要为针阔叶混交林，以及林下生长繁茂的草本植被。每年有大量的凋落物残留地表。因生长季节雨水充足，生物累积过程十分活跃。以红松为主的针阔叶混交林每年每公顷有 5～8t 残落物回归土壤，加上该地区气候冷凉潮湿，造成暗棕壤的腐殖化作用十分强烈。表层土壤积累了大量的有机质，有机质含量最高可达 200g/kg。

（2）淋溶、黏化过程。受阔叶树的影响，每年归还土壤的残落物中盐基含量较高，可占灰分元素的 80%以上。这种盐基离子足以中和有机质分解过程中所产生的有机酸。因此，暗棕壤腐殖质层的盐基饱和度较高，土壤不致产生强烈的酸性淋溶过程。暗棕壤地区的降水量一般为 500～1 000mm，而且 70%～80%的雨量集中于夏季（7 月、8 月）。因此，暗棕壤有一定的向下淋溶作用，在 20～40cm 深处土壤黏粒含量为 20%～30%，较表层土壤可增加一倍。土壤中的铁在嫌气条件下可以还原成亚铁向下移动，并在新土层中重新氧化而沉淀并包在土粒表面，使之成为棕色。土壤溶液中来源于有机残落物分解和部分矿物质化学风化产生的硅酸，由于冻结作用等以 SiO_2 粉末沉淀析出，并以无定形硅酸粉末形态附着于土壤结构体表面，干后成为灰棕色，使土壤呈现“假灰化现象”。该假灰化过程与灰化过程的差别主要表现在暗棕壤剖面中部只有黏粒和铁的轻度积累，土壤中的铝基本没有移动，而灰化土中则是 Fe、Al、Mn 等金属元素在剖面中产生络合移动与淀积。

8. 黑土的成土过程

黑土的成土过程包括明显的生物累积过程和较强烈的淋溶过程。黑土分布区中生性草甸植物生长茂盛，根系发达，每年地上部分的干重为 4 700kg/hm^2，根系分布以表层 0～10cm 最为集中。黑土分布区暖季短，冷季长而严寒，草本植被每年在晚秋或冬季受冻结的影响而死亡，土壤微生物活动微弱，死亡的地下残体不能很快分解而保存在土壤中。来年春季以后，虽然土温增高，但是土层下部冻结未解，融水下渗受到阻碍，因而水分滞留在 50cm 以上的土层中。空气不足，土壤中有机残体只能产生缓慢的嫌气分解过程，从而使腐殖质在土壤中大量积累。夏季有机质分解加强，新的有机质又大量形成。黑土分布区夏秋温暖多雨，90%的雨量集中于此时，这使得在风化过程和有机质矿质化过程中释放出来的盐基发生强烈的淋溶作用，可溶性盐类从剖面中淋失，甚至少量的 Fe、Mn、Si 等元素也发生淋溶淀积作用。

9. 沼泽土的成土过程

沼泽土的形成过程称为沼泽化过程。它包括潜育化过程、腐泥化过程或泥炭化过程。

（1）潜育化过程。地下水位高，甚至地面积水，使土壤长期渍水，土壤结构破坏，土粒分散。同时，由于积水，土壤缺乏氧气，土壤氧化还原电位下降，有机质在嫌气分解下产生大量还原性物质，如 H_2、H_2S、CH_4 和有机酸等，使氧化还原电位进一步降低，Eh 一般小于 250mV，甚至降至负数。这样的生物化学作用引起强烈的还原作用，土壤中的高价铁、锰被还原成亚铁和亚锰。结果造成铁、锰的氧化物由不溶态变成可溶态的亚铁和亚锰，发生离铁作用。它们能随着流动的地下水而淋失，使土壤呈浅灰或灰白色。亚铁或亚锰如不流失，亚锰为无色，亚铁为绿色，它们可使土壤呈青灰色或灰绿色。潜育化过程形成土壤分散、具有青灰色或灰蓝色甚至灰白色的潜育层。

（2）泥炭化或腐泥化过程。沼泽土水分多，其湿生植物生长旺盛，秋冬死亡后有机残体残留在土壤中。翌年春季或夏季，由于低洼积水，土壤处于嫌气状态。有机质主要进行嫌气分解，形成腐殖质或半分解的有机质，有的甚至不分解。有机质年复一年的积累，如果伴随有地壳下沉，不同分解程度的有机质层逐年加厚，就形成泥炭或草炭。但在季节性积水时，土壤在一定时期（如春夏之交）嫌气条件减弱，有机残体分解较强，这样就不形成泥炭，而是形成腐殖质及细的半分解有机质，与淤泥一起成为腐泥。

10. 栗钙土的成土过程

在栗钙土形成的过程中腐殖质累积过程已渐减弱，而钙化过程相对增强。由于气候干旱，草原植被每年进入土壤中的有机质数量较少，总量为 1 870～7 500kg/hm^2。同时许多根系又是多年生植物木质化的粗根，因此每年实际进入土壤的有机质并不多。此外，草原植被一般在夏季由于高温干燥而死亡，植物残体在炎热干燥和土壤通气的条件下进行良好的好气分解，有机质矿质化速度大于腐殖质的积累速度。这就决定了栗钙土腐殖质含量较低，腐殖质层较薄，团粒结构形成较差。在干旱气候条件下，淋溶作用较弱，土壤钙化过程显著，碳酸盐钙积层位比较高，并以斑块状、粉末状和核状的新生体形式出现，致使土体颜色变淡且紧实。钙积层通常出现于 20～50cm 深处，深者为 70～80cm，厚度多在 20～40cm，以层状为主，间有斑块状。钙积层中的石灰含量多在 10%～30%，高者在 60%～90%。石膏与盐分的累积较弱，只有在局部地区的剖面底部才有数量不等的石膏聚集（海春兴等，2014）。

11. 低地暗色土的成土过程

低地暗色土是地处低地且有茂密的植被在有周期性的、充分的地表水的条件下形成的。

12. 棕钙土的成土过程

棕钙土的生物气候条件具有草原向荒漠过渡的特点，但土壤形成过程仍以碳酸钙积累过程和腐殖质积累过程为主，同时也有荒漠成土过程的某些特点。棕钙土地表普遍为砾质化和沙化，在灌丛之下，尤其在藏锦鸡儿灌丛下，常积沙成小丘包，形成棕钙土地表特有的景色；在非覆砂地段，地表常有微弱裂缝及薄假结皮形成。棕钙土的水分状况虽有季节性淋溶特点，但土壤淋溶作用较弱，大部分易溶盐类未从土壤剖面中淋走，Si、Fe、Al 等基本未移动，Ca 成为化学迁移中的标志元素。土壤溶液与地下水均被 Ca^{2+}所饱和，钙化过程十分活跃。一般在土壤表层即有碳酸盐反应，一般情况下碳酸钙淀积深度在地表 20～30cm，淀积多以粉末状连续成层分布（施国军等，2010）。石膏与盐渍化特征较明显，在有些剖面上部即见有石膏晶簇与中位盐化，碱化作用也很普遍。棕钙土在荒漠草原条件下，每年进入土壤中的有机质残体数量不多，每公顷仅 1 000～2 000kg，并在经常的好气条件下，有机质大部分被矿质化，所以腐殖质含量不高。土壤中的腐殖质累积主要依靠草类地下发达的根系和小半灌木残体的分解。同时，形成的腐殖质类型主要表现为富里酸含量增多，胡敏酸与富里酸的比值小于 1。所以腐殖质的累积虽然比较微弱，但还可以明显地区分出腐殖质层，以别于荒漠土壤（谢光洪，2010）。

13. 盐渍土的成土过程

盐渍土中的盐分积累是地壳表层发生的地球化学过程的结果。其盐分来源于矿物风化、降雨、盐岩、灌溉水、地下水及人为活动，盐类成分主要有钠、钙、镁的碳酸盐、硫酸盐和氯化物。土壤盐渍化过程可分为盐化和碱化 2 个过程。盐化过程是指地表水、地下水及母质中含有的盐分，在强烈的蒸发作用下，通过土体毛管水的垂直和水平移动逐渐向地表积聚的过程。碱化过程是指交换性钠不断进入土壤吸收性复合体的过程，又称为钠质化过程。碱化过程必须具备 2 个条件：一是有显著数量的钠离子进入土壤胶体；二是土壤胶体中交换性钠的水解。阳离子交换作用在碱化过程中起重要作用，特别是 Na-Ca 离子交换是碱化过程的核心。碱化过程通常通过苏打（Na_2CO_3）积盐及盐土脱盐等途径进行（李永进等，2017）。

14. 灰棕漠土的成土过程

灰棕漠土的形成过程中，生物作用颇为微弱。荒漠植被地上部分产量低，每公顷干物质量不足 750kg，而且每年地上部分只有不到百分之一的干物质成为凋落物。根系虽然发达，但每年都有一部分细根死亡，数量仍然有限，同时在干热气候条件下，这些有限的有机质也迅速矿化，故土壤中腐殖质累积量很少。在干旱气候条件下，淋溶作用微弱，在风化与成土过程中形成的石灰质就地累积未受淋失。随着时间的推移，石灰质在土壤表层大量聚集。土壤深层的石灰质随着土壤水分向上运动，同时，由于土表温度高，水分散失快，重碳酸钙转变成碳酸钙，在土壤表层累积，显示出特殊的石灰表聚现象。在灰棕漠土剖面中有不同程度的石膏和易溶性盐的累积。在干旱气候条件下，易移动的石膏和易溶性盐淋洗不深，多沉淀在剖面的中上部，其累积程度因母质、地形而异。灰棕漠土分布区由于风蚀现象严重，土层很少超过 lm，其中砾石含量在 10%～50%。土壤颗粒在剖面中的分布因母质不同而有明显的差异，但有一个共同特性，即砾幂以下就是亚表层，细土物质明显增高，再向下黏粒又逐渐减少。

15. 灰漠土的成土过程

灰漠土的形成过程，既有荒漠土壤成土过程的特征，又有草原土壤形成过程的某些雏形。灰漠土的有机质来源主要是灌木和半灌木的地上凋落物。每年进入土壤的有机物数量有限。因气候较温暖干旱，有机质矿化迅速，腐殖质积累作用很弱，除表层略显积累迹象外，一般无腐殖质层发育。因地区降水稍多，冬季常有积雪，促使表层碳酸钙向下淋溶，一般在 10cm 左右开始淀积，但不形成钙积层。石膏的聚积虽受母质、地形、地表水、地下水以及成土年龄的影响，但淋溶和积累作用却很明显。在含石膏的灰漠土中，石膏层均出现在距土表 30cm 或钙积层以下。易溶盐的聚积也与石膏相联系，含量在 10～25g/kg，大多具有深位残余积盐性质。随着脱盐过程的进行，土壤表层的碱化相当普遍，但碱化与盐化常同时并存。

5.3.3 基本性质

1. 冻土的基本性质

冻土具有永冻土壤的温度状况，具有暗色或淡暗色表层，地表具有多边形或石环状、条纹状等冻融形态特征。土体浅薄，厚度一般不超过 50cm（商可，2010），有 0.5～1.5cm 厚的灰白色结皮层，有盐斑，结皮层下有片状或层状结构。土壤有机质含量不高，腐殖质含量为 10～20g/kg，腐殖质结构简单，70%以上是富里酸，阳离子代换量低，一般为 10cM/kg 左右，土壤黏粒含量少，而且淋失非常微弱，营养元素贫乏。

2. 灰化土的基本性质

灰化土剖面分异明显，表层为暗色凋落物层、有机质淀积层、灰白色淋溶层。灰白色淋溶层含硅质白色粉末多，呈薄片状结构，在森林植被下有些灰白色淋溶层呈粉红色，在酸性灌丛下呈灰色。有机质淀积层呈黄棕色，有铁锰胶膜，有的还有硬磐和铁磐，剖面中下部多为冰冻风化产物，在 30～50cm 处即出现冻层或碎屑状冰块（凌志，2017）。

灰化土表层有机质含量高，可达 400g/kg 以上，向下锐减。腐殖质组成中以富里酸为主，土壤呈酸性反应，pH 常低于 5.5 或 5.0；阳离子交换量低，一般低于 12cM/kg，盐基饱和度低，一般低于 29%；整个剖面中各种氧化物均有明显的流失，除了 Ca、Mg、Si 等大量淋失外，Fe、Al 有明显的淋溶淀积；黏粒含量从表层向下明显增高，黏土矿物沿剖面有明显的差异。

3. 泥炭土的基本性质

泥炭土地表有厚 20～30cm 的草根层，草根层下面为厚度＞50cm 或更厚的泥炭层及矿质潜育层，有时泥炭层下还有腐殖质过渡层。泥炭土质地较黏重，多为重壤土至轻黏土。土壤水分含量高，经常处于湿润状态（凌志，2017）。有机质含量在 30%～90%，泥炭层有机质含量一般为 40%，pH4.0～7.0，土壤反应呈中性及微酸性。泥炭层 C/N 为 14～20，潜育层 C/N 为 10～20。全氮含量与有机质含量一致，在泥炭层最高。全磷含量也较丰富，全钾含量变化较大。代换性阳离子总量较高，尤其在泥炭层每千克土中为 30～50cM（+），盐基饱和度变化较大。

4. 草甸土的基本性质

草甸土表土层厚 30cm 以上，黑灰色，粒状结构，底土层棕色，有大量锈斑，有时有铁锰质小结核，地下水位高时形成青灰色潜育层（凌志，2017）。草甸土质地变化较大，由砂土至重壤土或黏土，同一剖面通常有砂黏相间的现象。土壤的水分状况具有含量高、表层变化大而下层较稳定的特点。有机质含量比较高，腐殖质组成中以胡敏酸为主，其结构也较复杂，H/F 比值较大。N、P、K 含量较丰富。土壤的阳离子交换量一般较高，代换性阳离子每千克土多在 20cM（+）左右，在代换性盐基中，以 Ca^{2+}、Mg^{2+}为主，盐基饱和度达 70%～80%或更高，土壤呈中性反应。

5. 亚高山草甸土（黑土型山地草甸土）的基本性质

亚高山草甸土水分状况接近湿润，土壤温度寒冷具有粗暗色表层，淀积层有淀积腐殖质胶膜，但缺乏暗色过渡层。土壤剖面分化明显，草毡层厚 10～15cm，腐殖质层棕灰色，厚 15～30cm，淀积层土色变淡。层次间过渡明显，砾石含量显著增多，有明显锈纹斑。土体中有蚯蚓活动，有蚯蚓粪迹。土壤有机质含量为 150～200g/kg，腐殖质组成以富里酸为主，胡敏酸与富里酸比值为 0.5 左右，pH 为 5～

7，呈弱酸性或中性。$CaCO_2$ 有一定淋洗，剖面没有碳酸盐层，阳离子交换量较高，为 27～94cM/kg，盐基饱和度为 50%左右。黏粒含量低于 10%，黏土矿物以水云母、夹层水云母为主，伴有绿泥石或蛭石、高岭石（王力丹等，2013）。

6. 灰色森林土的基本性质

灰色森林土具有暗色表层，土温冷凉。地表有由木本和草本植物凋落物组成的枯枝落叶层，色泽深暗的腐殖质层厚 30～50cm，腐殖质下渗并以舌状向下过渡，腐殖质含量丰富。灰棕色或棕带灰色的淀积层厚 30～40cm，结构体表面或裂隙中白色 SiO_2 粉状物或褐色胶膜偶有出现，通体无石灰反应。全剖面呈微酸性至中性反应，pH 为 5.5～7.5，盐基饱和度在 70%以上。通体质地较轻，一般为砂质壤土到黏壤土。灰色森林土生物聚积量高，土壤腐殖质丰富，腐殖质组成以胡敏酸为主。黏粒矿物以水云母为主，并伴有高岭石、绿泥石和少量的蒙脱石、石英（孟庆峰等，2011）。

7. 暗棕壤基本性质

由于暗棕壤的特定成土条件与形成过程，其剖面形态既无明显的灰化层，又无明显的铁铝淀积层，剖面层次呈逐渐过渡状态。枯枝落叶层一般厚为 4～5cm，主要为木本植物的凋落物，其内部有较多的白色菌丝体。腐殖质层呈棕灰色，厚为 8～15cm，有机质含量为 70g/kg，粒状或团块状结构，根系较多且有蚯蚓聚居。过渡层呈灰棕色，较为紧实。淀积层厚为 30～40cm，呈棕色，主要为核状结构或块状结构，结构表面有不明显的铁锰胶膜，质地较为黏重。母质层为棕色母质层，石砾表面可见少量的铁锰胶膜。暗棕壤的质地类型一般为砂质壤土，各发生层间分异不大。从表层向下石砾含量逐渐增加，黏粒在淀积层中有所增加。表层腐殖质中胡敏酸含量较多，H/F＞1.5，向下明显降低，20cm 以下 H/F 只有 0.5～0.6；活性胡敏酸含量占胡敏酸总量的百分数在剖面中由上向下递增。暗棕壤一般呈微酸性，pH 为 5.4～6.6，土壤交换性酸总量不一，在腐殖质层最高，为 0.2～2me/100g。土壤交换性阳离子主要为 Ca^{2+}、Mg^{2+}，但也有少量 H^+和 Al^{3+}。交换性盐基总量为 25～40e/100g，盐基饱和度在表层最高，可达 60%～80%。土体中的铁和黏粒有比较明显的移动过程，而铝移动则不明显。暗棕壤的黏土矿物主要以水云母为主，伴有一定量的蛭石、高岭石。由于森林枯枝落叶层吸水力强，土壤水分充沛，暗棕壤终年处于湿润状态，季节变化不明显。

8. 黑土基本性质

黑土按其腐殖质层的厚薄、腐殖质含量的多少分为 3 类，即肥沃黑土、普通黑土和南方黑土。肥沃黑土，腐殖质含量在 10%以上，腐殖质层的厚度为 50～70cm。从表面到 20～35cm 深处为暗灰色，接近于黑色。表层有良好的团粒状构造，团粒状构造随土壤深度而转变为粒状-团块构造，pH 在 7.0 左右。普通黑土，腐殖质含量为 6%～10%，位于肥沃黑土之下，典型的特征是：颜色十分黑，带有褐色色调，团块-粒状构造，在 20～35cm 深处有泡沫反应，在 45～55cm 深处（腐殖质亚层）有大量碳酸盐新生体，土层中缺乏易溶盐类，砾质化。南方黑土，是黑土向栗钙土类的过渡型，腐殖质含量为 4%～6%，典型的特征是：腐殖质层厚 40～50cm，腐殖质层的厚度与坡度有密切关系，在 25～45cm 深处有大量碳酸盐新生体，表层 0～5cm 范围内腐殖质的含量为 5%～6.5%，易溶盐类几乎全部从土层中淋洗掉（凌志，2017）。

9. 沼泽土基本性质

沼泽土的剖面由 2 个发生层组成：上部为泥炭层或腐殖质层，一般呈棕褐色，松软，混有大量半分解的植物残体和草根，厚度不一；下部为潜育层，质地黏重，土体紧实，呈灰蓝色或浅灰色。沼泽土的有机质含量很高，腐殖质层常在 50～250g/kg，泥炭层则可达 400g/kg 以上，分解不完全，C/N 宽，多在 14～20；潜育层的有机质含量显著下降，仅为 10～20g/kg，C/N 也较窄。全氮的含量与有机质含量相一致，在泥炭层最高，常在 10～20g/kg，潜育层多在 2g/kg 以下。全磷含量也较丰富，可达 3～5g/kg。全钾含量变化较大，在泥炭层中含量较低，仅有 3～5g/kg。代换性阳离子总量较高，尤其在腐殖质层或泥炭层，常达 30～50cM/kg，盐基饱和度则变化较大，高的在 80%～90%，低的仅为 30%～40%。土壤反应一般为中性或微酸性。

10. 栗钙土基本性质

栗钙土剖面由栗色的腐殖质层、灰白而紧实的钙积层与母质层组成。腐殖质层厚 20～40cm，缺乏腐殖质舌状逐渐下渗的特点，腐殖质往往向下急剧减少，过渡明显整齐。在自然状态下，栗钙土呈细粒状、团块状、粉末状构造，不具有明显的团粒状构造。钙积层一般出现在 30～50cm 处，呈层状、斑块状、网纹状形态积累，厚 30～40cm，底部碱化层形状明显。栗钙土腐殖质含量为 15～25g/kg，向下逐渐过渡。土壤组成随着母质的不同而有很大差异，总体质地较轻，多属粉砂土，砂与粉砂共占 60%～90%，细砂与粗粉砂占 50%左右，黏粒占 10%～20%。黏粒在剖面中分布的曲线与石灰累积曲线比较一致，但黏粒的淀积并不显著，黏粒的硅铁铝率在剖面各层间变化不大，变幅为 2.5～3.7，黏粒矿物以蒙脱石为主。栗钙土的土壤阳离子交换量一般为 10～25cM/kg，土壤盐基已饱和，全剖面有石灰反应，土壤 pH 在 8.0～8.5，剖面中易溶盐类基本淋失，易溶盐含量多低于 1g/kg，石膏含量很低，碱化层交换性钠可达 6%～22%（谢光洪，2010）。

11. 低地暗色土基本性质

低地暗色土一般土深 4～6m，最典型的特征是色暗，腐殖质层较厚，常在 50～60cm，在 45～50cm 深度内无泡沫反应。质地为壤质土或黏质土的变种，砂质的土壤较少。腐殖质的含量在 4%以上，易溶盐类几乎全部从土壤中淋洗。表层腐殖质的含量高于 4%，在黏质土和壤质土壤中，腐殖质向下缓慢减少。低地暗色土的水分含量相对多。在这种土壤中，Mn_2O_3、P_2O_5 和 Al_2O_3 的含量相对较高（凌志，2017）。

12. 棕钙土基本性质

棕钙土土壤剖面 0～30cm 内无或有游离 $CaCO_3$、有淡色表层和过渡层，但无变质黏化层。棕钙土剖面形态分化比较明显，基本特点是由浅棕色腐殖质层、灰白色碳酸钙淀积层与母质层构成。在具有碱化、盐化、石膏化的土壤中，还有碱化层、盐化层和石膏层存在。棕钙土的腐殖质层较薄，厚 20～30cm。钙积层层位较高，一般出现在 15～30cm 处，层次厚而坚实，具有石灰质结核，厚 20～30cm，在砾石下面常结成较厚的石灰壳。棕钙土有机质含量为 6～15g/kg，主要集中在腐殖质层的亚表层，在剖面中的分布总趋势是从上而下渐减，结构性差，多呈粉末状、块状结构。棕钙土易溶盐含量与石膏含量较高，剖面中的石膏、盐分累积与碱化现象较普遍。土壤溶液被盐基饱和，在盐分组成中以硫酸钠为主，并兼有苏打出现，总碱度较高。土壤呈碱性至强碱性反应，pH 为 8.0～9.0，且有向下增高的趋势。阳离子交换量多低于 10cM/kg，全剖面呈石灰反应，石膏含量变动为 100～400g/kg。棕钙土质地多为砂砾质细砂土和砂粉土，粉黏土较少，黏粒含量在钙积层上较高，为 5%～10%，黏粒的硅铁铝率为 3～4，除钙以外，其他元素未移动。黏土矿物以水云母为主，蒙脱石次之，并有铁的氧化物出现（谢光洪，2010）。

13. 盐渍土基本性质

盐积层、碱积层分别是盐土和碱土的诊断层。盐积层为在冷水中溶解度大于石膏的易溶性盐类富集的土层。碱积层为交换性钠含量高的特殊淀积黏化层。盐土一般没有明显的发生层次，典型盐土以地表有白色或灰白色的盐结皮、盐霜或盐结壳为剖面特征（王志军，2018）。碱土具有特殊的剖面构型，典型碱土的剖面形态是表层为淋溶层，厚 20～25cm，一般是灰色或浅灰色、片状或鳞片状结构。淋溶层之下是碱积层，又称柱状层，比淋溶层厚度大，且变异很大，一般呈褐色或近于褐色，有时为油黑色，很紧实，为圆顶形的柱状结构。这是由分散的黏粒经过长时期向下移动而形成的。在柱状层顶部常有一层薄的白色 SiO_2 粉末间层，这是由于碱性条件使黏土矿物发生水解，水解产物中的铁、铝等的氧化物被淋洗至下层，硅酸失水而呈粉末状残留形成的。碱积层之下是盐积层，易溶性盐含量很高，呈块状结构。再往下为母质层。碱土的物理性质很差，有机胶体和无机胶体高度分散，并淋溶下移，表土质地变轻，碱积层相对黏重，并形成粗大的不良结构。湿时膨胀泥泞，干时收缩硬结，通透性和耕性极差。土壤呈强碱性反应。盐土的质地一般较黏重。除苏打盐土外，盐土胶体多呈凝絮状态，因而有较好的结构。盐基饱和，一般呈碱性反应。易溶盐遭淋溶，量少且集中在碱积层以下。表层 SiO_2 含量较下层高，R_2O_3 含量较下层低。

14. 灰棕漠土基本性质

灰棕漠土的地表常形成砾幂，砾幂上有黑褐色的荒漠漆皮。土壤表层为发育良好的干面包状结皮，呈灰色或浅灰色，厚 1～3cm，其下为褐棕或红棕色紧实层，厚 5～10cm，具有较明显的铁质化。由于质地较粗，灰棕漠土片状-鳞片状结构层不明显。石膏层与易溶性盐累积层一般出现于 10～40cm 深处，石膏层呈白色或玫瑰红色的粒状或纤维状结晶，多夹于沙砾层中或附着于砾石背面，总厚度通常只有半米左右。表土有机质含量为 3～5g/kg，胡敏酸与富里酸的比值在 0.2～0.5。腐殖质累积极不明显，其含量与组成介于灰漠土与棕漠土之间。$CaCO_3$ 含量以表层最多，向下急剧减少，表层和剖面上部 $CaCO_3$ 含量高达 70～90g/kg，剖面下部则减至 30～50g/kg。石膏含量变化较大，表层含量少，向下增加，至石膏层骤增，可达 200g/kg 以上。易溶盐在石膏层中常成倍骤增，最大含量可达 10g/kg 以上。盐分组成均以硫酸盐为主，重碳酸盐和氯化物含量都很低，阳离子中以 Ca^{2+}为主。土壤呈碱性或强碱性反应，pH 为 8.0～9.5，表明有些灰棕漠土出现碱化特征（阴雷鹏等，2010）。灰棕漠土的颗粒组成与母质的类型有密切的联系。在残积物上发育的土壤，粗骨部分由表层向下逐渐增多，可占土重的 60%；但发育在洪积物上的土壤，其粗骨部分无明显的变化规律。细土部分的颗粒组成以中、细砂为主，多属于砾质壤土。此外，黏粒的含量一般在剖面中部有所增加，尽管剖面较薄，仍然表现出貌似“黏化层”的特征。灰棕漠土中 P、K 等元素含量较丰富，各元素沿剖面的分布也较稳定。黏粒的硅铝铁率在 2～3.4。

15. 灰漠土基本性质

灰漠土的地表有不规则的狭窄裂纹，有时呈多角形的龟裂。局部地区因受风蚀的影响，地面疏散着大小不一的砾石，但没有荒漠漆皮。发育比较完善的灰漠土剖面由下列层次组成：结皮层，干而松脆，厚 1～3cm，呈浅灰或浅棕色；结皮层以下，稍显棕色，呈片状—鳞片状，厚 5～10cm；褐棕或浅红棕色紧实层，厚 10～15cm，质地较黏重，呈不明显的团块状或棱块状结构，多呈现不同程度的碱化特征，在结构体上有时见有白色菌丝状或斑点状石灰新生体；在紧实层以下为过渡层，色稍浅，无结构或为不明显的块状—团块状结构，有少量白色脉纹状的盐类新生体，厚度由几厘米至 20cm 不等；呈白色粉末状的盐分和晶簇状的石膏，一般聚集于 40cm 以下。灰漠土表层（0～10cm）有机质含量一般在 10g/kg 以下，H/F 为 0.5～1.0，C/N 为 6～10。石灰在表层有微弱淋溶的表现，并在 10～50cm 形成稍高的聚积层。石膏含量很不一致，石膏通常聚积于 50～100cm 土层，最大含量可达 14%。大部分灰漠土有中位和深位盐化，易溶盐以氯化物-硫酸盐和硫酸盐-氯化物为主，有时含有少量苏打。灰漠土的碱化相当普遍，交换性钠一般占阳离子交换总量的 10%～30%或更高，土壤溶液呈碱性至强碱性反应，pH 通常大于 8。灰漠土的颗粒组成，一般多以粗粉砂-细砂或细砂-粗粉砂为主，黏粒含量在剖面中部有较明显的增高，在褐棕色紧实层或碱化层最为明显。黏粒的硅铁铝率在 2.9～3.1。黏粒含量在剖面中无明显的变化。黏土矿物以水云母为主，并有少量绿泥石和长石。灰漠土中氮素含量很低，但全钾含量较高，其他矿物元素也较丰富。

5.4　蒙古高原主要土壤退化及治理措施

1. 冻土的治理措施

冻土分布区气候严寒或干寒，且有永冻层，土壤自然肥力很低，不经改造不宜农用。冰沼土上生长有鹿的主要饲料——地衣，所以发展养鹿业是利用冰沼土的重要途径之一。

2. 灰化土的治理措施

由于气候冷湿，灰化土储水能力有限，土层浅薄，酸性强，结构性差，植物养分缺乏，肥力低，是天然的瘦土，一般不宜大面积农用，可作为森林和牧草地利用。在森林采伐时，应尽量减少植被的破坏，以免引起水土流失和土壤肥力降低。

3. 泥炭土的治理措施

泥炭土是一项重要的有机物质资源，由于经常淹水，人畜难以进入，尚未很好的开发利用。

泥炭土由于泥炭层厚，以胡敏酸为主，交换性能良好，酸度适宜，只需轻度加工就可作为土壤改良材料；泥炭土可作为生产焦油、煤气、沥青、塑料、染料、香料、石炭酸、三硝基苯等的原料；在农业利用方面，针对泥炭富含氮素及高吸收交换性能的特点，泥炭土可作为有机和无机复合肥料的原料；泥炭土具有强大的持水、吸水性能，可用于制造土壤物理改良剂；积水不深，分布于坝地、坡台地上的泥炭土，草被良好，产草量高，可辟为割草地与牧草地。

4. 草甸土的治理措施

在干旱地区的草甸土，盐化和碱化是其主要的障碍因素。

对于盐化草甸土，在干旱区，可结合旱灌淋盐治理；在半湿润区，可修建条台田，配合其他农业技术措施综合治理，或改种水稻，或作放牧用地。对于碱化草甸土，改良难度大，宜于牧用。对于耕种草甸土，自然植被已被破坏，腐殖质层上部和草根层已变为疏松的耕层，通气性增加，土壤有机质分解速率加快，使耕层土壤有机质含量显著降低，但养分的有效性明显提高，因此草甸土开垦后都是肥沃的耕地土壤，可作为重要的粮食生产基地和优质牧场。

5. 亚高山草甸土的治理措施

亚高山草甸土主要问题是有毒植物较多，但建立人工饲料基地的条件优越。因此可作为高山牧场牧养牦牛、藏羊等牲畜，是重要的畜产品生产基地。在向阳避风的地段，可以发展高寒种植业，但应注意避免霜害。虫草、贝母等药材也是亚高山草甸土带的重要资源。

6. 灰色森林土的治理措施

由于长期的开发利用，目前森林已遭到不同程度的破坏，特别是林农、林牧交错地带，乱砍滥伐、毁林开荒严重，森林面积不断缩小。林木稀疏，郁闭度下降，草本植物乘机侵入，加速了土壤的草甸化和生草化过程，致使连片的森林呈岛状分布。森林覆盖率下降，涵养水源的能力明显降低，加剧了水土流失，特别是暴雨季节，肥沃的表土被侵蚀，致使土体变薄，养分状况变差。

在改良利用方面，灰色森林土土体深厚，土质肥沃，水分条件好，适宜多种树木生长，利用方向应以林为主。可因地制宜地利用林间和林下草地资源适度发展畜牧业，以提高土壤资源的综合经济效益。

7. 暗棕壤的治理措施

暗棕壤分布区是重要的林业基地，有着丰富的木材资源。为此，暗棕壤地区必须结合林业生产，进行合理利用、科学管理和改良。

对于 25° 以上的陡坡、石塘上的森林应作为保安林，实行经营择伐，采伐强度应不大于 40%。其他林地采伐强度一般也不应大于 60%。对于大面积采伐迹地及火烧迹地，应该迅速采取人工更新，并促进天然更新，尽快恢复成林。为了解决林区部分粮食和蔬菜的供应，可以考虑在腐殖质层较厚的典型暗棕壤上适当开垦一定面积，种植农作物和蔬菜。种植作物可选择耐寒早熟的作物品种。暗棕壤地区最适宜发展人参及食用菌。

8. 黑土的治理措施

黑土分布区的主要问题是水土流失较严重，且土壤的有机质含量降低比较快。为了保证黑土地区土地产出率，必须随时进行保肥及培肥工作，不断增施有机肥料，使土壤腐殖质保持在一定水平，并不断得到更新。加强防治土壤侵蚀工作，应采取护沟造林、护坡种草等措施。为消除春旱，应注意雨季蓄水和春季对冻层水的利用。

9. 沼泽土的治理措施

沼泽土质地黏重，土壤排水不良，土温低，在雨季容易造成内涝，易受盐碱化威胁，限制了土壤肥力的发挥。

沼泽土的开发利用应治理涝区、盐区、碱区、旱区及提高肥力。具体措施为：①疏干排水，这是利用沼泽土的先决条件，但在大面积流干之前一定要进行生态环境分析，防止不良的生态后果；②小面积的治涝田间工程，如修筑条台田、大垄栽培等，以抬高局部地势，增加田块土壤的排水性；③有些排水稍差的沼泽土，由于有湿生植被，可以作为农场使用，但要注意牲畜的饮水卫生等；④对于林区的沼泽土，由于水分过多而林木生长不良，应采取局部排水改良，增强林木的种子萌发与自然更新。

10. 栗钙土的治理措施

栗钙土属于农牧兼用型土壤，由于受水热条件的影响，土壤肥力差异较大，草地产草量年际变化和季节变化很大。冬春缺草是栗钙土分布区畜牧业发展的一个限制因素。

在草地的改良利用上，在牧区应广辟水源，合理布局饮水点，有计划地建立人工草地，改良退化草场，培育天然割草场，以增加冬春储草量，扩大冬春放牧场。在天然草地的利用上，严禁滥垦、滥牧，控制载畜量，逐步实现划区轮牧制度。在农区、半农半牧区，应积极推广旱作农业技术，加强水利设施建设，逐步建立农田林网及护牧林体系，以保护农田、牧场，改善生态环境。

11. 低地暗色土的治理措施

在农业方面，低地暗色土的质量较各种栗钙土都高，它能保证足够的营养物质，同时在表层中也没有过多的、危害作物的盐类，主要可从事旱作农业。

12. 棕钙土的治理措施

棕钙土分布区干旱多风，对农牧业生产是一种限制因素。

棕钙土经过改良后，主要用作天然牧场。在进行牧业生产时，要以草定畜，划区轮牧，防止过度放牧产生草场退化。在开发地下水源的条件下，可以发展农业，但在进行灌溉时，应注意合理耕作，防止土壤次生盐渍化。因此，对于棕钙土应建立护田、护牧林网，进行综合防治。

13. 盐渍土的治理措施

盐渍土上植物生长的障碍主要是盐分浓度过高。由于淋溶作用较弱，大量水溶性盐分存留于根层土壤中，如高浓度的 Na^+、Mg^{2+}、SO_4^{2-}、Cl^-、HCO_3^- 等。它们可通过不同的方式影响植物的生长。具体表现为，降低水分有效性，当土壤溶液中盐分含量增加时，渗透压随之提高，水分的有效性，即水势相应降低，促使植物根系吸水困难，即使土壤含水量并未减少，也可能因盐分过高而造成植物缺水，出现生理干旱现象。植物体内盐分过多有以下几种危害：①会增加细胞汁液的渗透压，提高细胞质的黏滞性，从而影响细胞的扩张。②会产生单盐毒害作用。在离子浓度相同的情况下，不同种类的盐分对植物生长的危害程度不同。在盐渍土中，若某一种盐分浓度过高，其危害程度比多种盐分同时存在还要大。单一盐分离子浓度过高在盐渍土中是较为普遍的现象。③会破坏膜结构。高浓度盐分，尤其是钠盐会破坏根细胞原生质膜的结构，引起细胞内养分的大量外溢，造成植物养分缺乏。④会破坏土壤结构，阻碍根系生长。高钠盐土中土粒的分散度高，易堵塞土壤孔隙，导致气体交换不畅，根系呼吸微弱，代谢作用受阻，养分吸收能力下降，营养缺乏（吴丹丹，2014；白子彧，2016）。

盐渍土的改良，需要将根系层的盐分减少到一定限度。盐土区往往是旱、涝、盐相伴发生，必须抗旱、治涝、洗盐相结合，因地制宜采取综合措施。可通过平整土地（以消除盐斑）、排水、灌溉、种稻、种植绿肥和施肥等措施来改良。碱土区的改良，需要以交换性钙取代交换性钠来减低土壤交换性钠百分率（exchangeable sodium percentage，ESP），改良物理性状。施用钙盐是改良碱土的基本方法。

14. 荒漠土（灰棕漠土和灰漠土）

荒漠土多属粗骨性土壤，板结现象严重，有机质含量不高，肥力较低，抗旱能力差，若只用不养，则土壤日益瘠薄。

荒漠土的改良利用，需采用客土和引洪放淤的方法，以增加土壤的细粒部分，改善土壤的物理性质；通过深翻暴晒可破除紧实层，改善土壤的透水性，又可为作物根系生长创造良好环境，是改良土壤的有效措施；将用地和养地结合起来，可使土壤肥力不断提高；需积极建设基本草场和人工草场，实行分区轮牧，加强草场的管理，发展畜牧业。

参 考 文 献

白子彧，2016．大麦盐诱导根系表达基因 HvSR1 的鉴定及其功能分析专用载体的构建[D]．天津：天津农学院．

邓宏兵，2004．江汉湖群演化与湖区可持续发展研究[D]．上海：华东师范大学．

海春兴，周瑞平，满都呼，等，2014．内蒙古辉腾锡勒环境特点及其资源开发利用研究[J]．内蒙古师大学报（哲学社会科学版）（1）：140-145．

李永进，刘玉艳，2017．盐胁迫对二月兰种子萌发的影响[J]．分子植物育种（6）：2368-2374．

凌志，2017．蒙古国土壤类型分布与种植业发展研究[D]．呼和浩特：内蒙古师范大学．

孟庆峰，侯贵廷，潘文庆，等，2011．岩层厚度对碳酸盐岩构造裂缝面密度和分形分布的影响[J]．高校地质学报，17（3）：462-468．

商可，2010．论多年冻土路基的施工[J]．科技信息（18）：708-710．

施国军，吴道祥，徐冬生，等，2010．淮北平原钙质结核土的结构类型和成因分析[J]．合肥工业大学学报（自然科学版），33（11）：1681-1693.

王力丹，郭宏，2013．江孜白居寺吉祥多门塔壁画制作材料与绘画工艺研究[J]．中国藏学（4）：174-180.

王志军，2018．织金至纳雍铁路工程地质选线研究[D]．成都：西南交通大学.

吴丹丹，2014．马铃薯连作对土壤盐分积累及其离子组成的影响[D]．兰州：甘肃农业大学.

谢光洪，2010．乌鲁木齐河流域土壤有机碳影响因素研究[D]．乌鲁木齐：新疆大学.

阴雷鹏，赵景波，张新平，等，2010．黄土高原 350～280ka PB 气候迁移研究[J]．干旱区地理，33（5）：756-762.

赵峰，2003．农牧交错区沙化土地监测与评估技术研究[D]．北京：中国林业科学研究院.

赵蒙蒙，2014．保温材料在硫酸盐渍土路基中的应用研究[D]．北京：北京交通大学.

第6章　内蒙古土地盐碱化及土壤化学污染

6.1　土地盐碱化

6.1.1　定义

土地盐碱化是因为表土层易溶盐含量过高而造成绝大多数植物难以生长和土地贫瘠的一种环境地质灾害（吕镁娜等，2014）。盐碱化土地多分布在气候干旱、半干旱的平原地区。其表土层盐分过多，影响植物根系吸收水分，抑制土壤微生物的活动并阻碍土层内部、土层与植物根系之间的养分转化，造成土壤板结、肥力下降、植物死亡，影响农业生产，恶化农业生态系统及人类生活环境，对土地资源构成严重威胁。土地盐碱化现象在内蒙古自治区中西部较为普遍，直接影响该区域社会经济的发展（周发超，2010）。

受自然条件和人类活动的影响，内蒙古自治区的次生土地盐碱化现象日益加重，耕地次生盐碱化面积每年以 1.33 万 hm^2 的速度递增。日益加重的土地盐碱化造成农作物减产甚至绝收，地表植被逐年减少甚至消失，生态环境恶化。若不尽快采取有效措施加以治理，遏制其发展，未来治理成本会越来越大。同时在这类地区发展农村经济和特色农业，无论是中低产田改造还是植树种草，只有先治理土地盐碱化，才能提高土地利用率，提高经济效益（周发超，2010）。

6.1.2　成因

内蒙古自治区地处干旱、半干旱和半湿润地区，其大部分地区有发生土壤盐碱化的自然先决条件。造成土壤盐碱化的技术和社会经济因素纷繁复杂，但其根源是人类不合理的利用行为。这些不合理的利用行为直接表现为不科学的技术措施，同时涉及不完善的管理体系及宏观政策失误等（宇振荣等，1997）。

1. 技术因素

技术因素对土地盐碱化的影响主要表现在灌区土地次生盐碱化的形成与发展方面。大致有以下几个方面（宇振荣等，1997）：

（1）在大型水库和引河灌区建设过程中，没有从经济、生态和社会 3 个方面进行综合评价，尤其缺乏环境影响评价。对可能发生的灌区次生盐碱化问题，没有采取相应的预防措施。这是灌区大面积土地盐碱化发生的直接原因。

（2）灌、排渠系不健全、不配套，不能满足灌区合理灌溉、及时排涝防洪和降低地下水水位的要求。

（3）渠系设计强调自流灌。渠系设计水位偏高，渠道渗漏，加上工程不配套、灌水技术水平低、土地不平整、大水漫灌、田间灌溉渗失水量大，使渠系有效利用系数低。单位流量控制面积太大，干渠每年输水时间过长，地下水缺少回降时间，长期处于高水位，加速了表土盐分的积累。

（4）大量引用咸水灌溉。中国北方地区普遍干旱缺水，灌溉后作物增产效果显著，因此，咸水灌溉面积迅速发展。但长期引用咸水灌溉潜伏着土壤次生盐碱化的危险。

（5）在易发生土壤次生盐碱化的地区，不合理地开垦土地、种植水稻和发展灌溉农业。

2. 管理因素

只要有不完善的管理，就会有不科学的技术产生与应用。不完善的管理主要表现在以下几个方面：

（1）盐碱地的分布与资源数量的差异很大，土地盐碱化监测预报体系尚未建立。

（2）有些灌区开灌后，对灌溉管理没有予以足够的重视。不注意建立和健全灌溉管理制度，不执行计划用水，灌溉效率和灌溉水的利用率都很低。

（3）尽管国家有水法、土地法、环境保护法，但是没有很好的宣传和贯彻到基层。对水资源和土地资源的开发程度、计划调配、水费标准和征收办法、节约和浪费水的奖惩办法等没有明确的规定。这是灌区上、下游互相争水，上游灌溉过量，抬高地下水位，引起土壤次生盐碱化的原因之一。

（4）土地盐碱化防治和改良涉及很多农业部门。部门、集团和个人的利益不协调及不完善的运行机制，造成一些灌溉工程不配套、改良技术单一和片面，不能有效发挥各项工程和技术的组装配套和综合整体效益（宇振荣等，1997）。

3. 政策因素

（1）20 世纪六七十年代，在“以粮为纲”的农业发展政策的影响下，内蒙古河套地区将提高粮食产量作为农业发展的唯一目标，开垦了大批不宜作为种植业用地的荒地，也在宜农荒地与灌区的发展中出现盲目扩大面积的问题。这是土地盐碱化扩大的直接政策原因。

（2）国家的宏观政策文件中一直把盐碱地改造治理作为重要的内容，但是盐碱地综合治理和预防涉及价格、产业、土地和投入等政策。这些政策的不协调是导致盐碱地综合治理和预防短期化行为的重要原因。此外，盐碱化综合治理及研究投资逐年相对减少。

（3）在机构改革中，将广大基层农业技术推广部门推向市场的改革措施过急，且推广人员的工资得不到保证，使综合治理技术不能有效推广。

（4）对自然资源，尤其是水资源和土地资源的稀缺性缺乏价值体系，导致资源浪费。例如，农民灌溉只交纳电费和油费，灌渠利用系数（0.6）和水分利用率（0.49）都非常低，不仅浪费了宝贵的水资源，还给灌区土地带来次生盐碱化的危险。

（5）现行中国农村土地联产承包责任制下土地产权关系不稳定，土地的再分配频繁，严重影响农户对土地的长期投入，阻碍了盐碱化改良。此外，农村实行土地联产承包责任制后，没有相应的政策与法律法规约束农民利用资源的行为。农民以最方便的方式用水，滥用水资源，扩大耕地，导致排水设施破坏，华北和东北平原土地盐碱化的危险性增加（宇振荣等，1997）。

4. 其他社会因素

（1）人口压力、经济落后和贫困。在人口增长的压力下，滥用资源的现象普遍存在；经济落后，缺乏投资建设排水设施，不仅使灌区土地发生次生盐碱化，还使远离灌区的草地和非潜在的盐碱化土地发生盐碱化，最终导致土地荒漠化。

（2）观念。尽管我国在过去 40 多年对盐碱地的治理非常重视，但是广大盐碱区、直接参与农业生产的各级领导对盐碱化土地的危害、保护土地质量与防治土地盐碱化的重要性与迫切性认识不足，因而没有从根本上树立领导广大农民改良盐碱地和改变贫困的决心与信心。虽然我国在盐碱化土地综合治理和农业综合发展及试验研究方面取得了丰硕的成果，但是，在盐碱化土地的综合治理过程中，过分强调技术可行性的评价和推广，而缺乏有效的社会环境、政策、社会保证体系和市场机制的引入和资源管理的法律法规体系的应用（宇振荣等，1997）。

6.1.3 治理措施

1. 防治措施

土地盐碱化的防治应以盐碱化区域的综合治理与农业可持续发展为目标。需遵循以下原则（宇振荣等，1997）。

（1）全面规划、综合治理。盐碱化土地的治理与开发利用应当从整个流域（或区域）的综合发展进行全面规划。在综合治理阶段，要以建立高质量的农业生态系统为目标，增强综合预防能力，提高系统的抗逆性。

（2）突出重点，以防为主。根据不同区域盐碱化特点，集中投资，重点综合治理土地盐碱化。从长远来看，防止土壤次生盐碱化是盐碱化土地综合治理全过程的主要方面，灌区农业生产的重点是防止土壤次生盐碱化。

（3）因地制宜，讲求实效。根据盐碱化土地类型、农业生产条件和当地经验，因地制宜地采取有效措施，建立合理的综合治理工程技术体系，才能收到实效。

（4）以农村自身积累与地方财政为主，国家资助为辅，多渠道筹集农业投入资金。

2. 技术措施

（1）继续坚持统一规划、综合治理与开发的技术策略，采取水利措施与农业生物措施相结合的技术途径。

（2）积极稳妥地开发后备盐碱化荒地，将盐碱化荒地的开发与区域良性循环的农业生态系统的建设相结合，积极探索综合、配套、实用的多功能技术。

（3）积极完善与推广节水农业生产技术，研制与推广节水灌溉设备。

（4）大力开展与推广渠道防渗、防漏技术，提高水资源利用效率，防止地下水水位抬升。

（5）积极研究与推广适宜于不同盐碱化地区的高产高效的综合农业技术体系。

（6）加快土地开发的环境影响评价方法的研究与应用步伐。

3. 管理措施

（1）进一步明确土地退化防治的具体负责部门，逐步建立资源产业化的管理体制。

（2）加快资源保护与开发管理的制度化建设，实行资源保护责任制。作为各级领导政绩考核的主要内容之一，制定出台一批土地盐碱化防治的规范、指南和标准，强化各级管理部门的监督、指导和服务职能。

（3）加强水利工程维护的制度化建设，适度提高水资源价格，坚决制止破坏水利工程和滥用水资源的行为。

（4）强化区域土壤水盐运动的监测与预报技术的开发，建立全国土地资源质量及盐碱化监测预报体系。

（5）改革农业土地承包制度，明确规定保持与提高土地质量是土地承包人的责任和义务，并制定相应的检查、奖惩管理办法；制定优惠政策，鼓励农民个人投资、改造可耕种的盐碱化土地。

4. 法律法规

（1）进一步限制流域之间为争夺水资源而进行的滥用资源行为；限制掠夺性开发利用水土资源的行为；限制盲目开垦盐碱化土地的行为；限制破坏水利设施的行为；限制违反科学规律、乱建蓄水闸、盲目扩大灌溉面积的行为。

（2）进一步明确土地质量保护的法律内容，制定操作规程。明确有关法律的具体执行部门，通过监督与检查制度确保法律法规的实施。

5. 经济激励手段

（1）采取投资倾斜与奖励地方主要领导的经济激励手段，鼓励各地加强土地盐碱化的防治工作。对综合治理与防治成绩突出的地区，农业投资可给予适当的倾斜。

（2）鼓励保护与提高土地质量的行为；鼓励进行土地盐碱化治理的行为；鼓励个人投资进行土地质量改良的行为。

（3）在统一规划下，鼓励集体和个人承包盐碱化土地的改良。

6.1.4　土地盐碱化现状

内蒙古地区盐碱化土地主要分布在巴彦淖尔市河套灌区。以 0.5m 土体平均含盐量统计，该灌区全盐量大于 0.3%的中度以上盐碱土面积，占灌区总面积的 77.7%，全盐量在 0.6%以上的重盐碱土面积占 45.8%，而全盐量小于 0.2%的非盐碱土面积仅占 10.7%（彭培艺等，2016）。该盐碱化土地主要成因是地形地貌、气候、地质构造和水文地质、灌排失调等因素。盐碱土的分布主要受地下水埋深、下伏土层含盐量和地下水矿化度控制，同时也受地层岩性、微地貌和地表水体的影响。在地下水位浅、地层含盐量高的老盐地区和高矿化咸水带，土壤盐碱化往往较重，而在地下水位较深并且下伏基岩为淡水的地区，一般土壤盐碱化较轻。

河套灌区盐碱土分布有一定规律性。重盐碱土和盐碱土的分布与南北两咸水带有密切关系。其范围大体与咸水带一致，以北部咸水带的西段和南部咸水带尤为明显，其中以南部咸水带盐碱土最重。从大区域看，灌区上游地区以淡水为主，土壤盐碱化较轻，灌区西南部磴口镇—头道桥镇—干召庙镇—乌兰图克镇—塔尔湖镇，以全盐量小于 0.3%的轻盐碱土为主。灌区东部地处下游，又处于两咸水带之间，由于水盐的聚集，又有隐伏咸水分布，土壤盐碱化一般较重（彭培艺等，2016）。

有关内蒙古河套灌区 1987～2014 年土地盐碱化时空演变分析结果显示（郭姝姝等，2016），河套灌区盐碱地经历了萎缩（1987～1993 年）—缓慢扩张（1993～2006 年）—萎缩（2006～2014 年）3 个阶段，总体呈现缩减趋势。从空间分布来看，1987～2006 年，在河套灌区西南部—中部大部—东北部形成盐碱地分布集中带，且集中带经历了从萎缩到逐步扩张的过程；2006 年以后，大片盐碱地呈现碎片化趋势（郭姝姝等，2016）。河套灌区土地盐碱化主要驱动因素为排灌比、平均地下水埋深和蒸发量。

6.2　土壤化学污染

6.2.1　定义

土壤化学污染是指土地因受采矿或工业废弃物或农用化学物质的侵入，土壤原有的理化性状恶化，使土地生产潜力减退、产品质量恶化，并对人类和动植物造成危害的现象和过程。按污染源不同，土壤化学污染可分为工业污染、交通运输污染、农业污染和生活污染 4 类。工业污染主要是工业排放的废渣、废水、废气造成的土壤、水体和大气等环境污染；交通运输污染主要是交通工具排放的尾气造成的大气污染；农业污染主要是大量施用化肥、农药及除草剂造成的污染；生活污染主要是生活垃圾造成的污染。随着蒙古高原资源的开发及工业进程的加速，以上 4 类污染日趋严重。

6.2.2 成因

凡是妨碍土壤正常功能，降低作物产量和质量，并通过粮食、蔬菜、水果等间接影响人体健康的物质，都称为土壤污染物。土壤污染物的来源广、种类多，大致可分为无机污染物和有机污染物两大类。无机污染物主要包括酸，碱，重金属（Cu、Hg、Cr、Cd、Ni、Pb 等）盐类，放射性元素 Cs、Sr 的化合物，含砷、硒、氟的化合物等。有机污染物主要包括有机农药、酚类、氰化物、石油、合成洗涤剂、3，4-苯并芘，以及由城市污水、污泥及厩肥带来的有害微生物等。

土壤污染源主要是人为造成的，如“三废”的排放，即废气、废渣、废水；其次是过量使用的农药、化肥、污泥、重金属物、微生物、化学药品等（王婷，2010）。

1. “三废”的排放

随着内蒙古中西部煤化工业的发展，“三废”排放量逐渐增加。大气中的 SO_2、NO_x 等随着雨水降落到地面，引起土壤的酸化；固体废弃物的堆放，除占用土地外，还恶化周围环境，污染地表水和地下水，传染疾病；生活污水或工业废水灌溉，使土壤受到重金属、无机物和病原体的污染。

2. 农药对土壤的污染

农药对土壤的污染主要分布在内蒙古自治区的农业种植区、河套平原及大兴安岭的东南坡麓地带。农药对土壤的污染可分为直接污染和间接污染。前者是农药直接施于土壤或向作物喷洒农药时有一部分直接落到地面而直接污染土壤。后者是附着在作物上的农药经风吹雨淋落入土壤，悬浮大气中的农药经雨水溶解和淋失降落到土壤、动植物残体上，将农药带入土壤以及灌溉水中。

3. 化肥对土壤的污染

化肥对土壤的污染面积等同于农药对土壤污染的面积。随着生产的发展，化肥的使用量在不断增加。增施化肥在带来作物丰产的同时，也造成土壤污染，给作物的食用安全带来一系列问题。目前，人们已注意到过量施肥带来的环境问题，特别是硝酸盐的累积问题。

4. 污泥对土壤的污染

随着城镇化进程的推进，城市人口增多，污水处理厂处理工业废水、生活污水越来越多，会产生大量的污泥。污泥中含有丰富的N、P、K等植物营养元素，常被用作肥料。但一些有工业废水的污水中常含有某些有害物质，会造成土壤污染，使作物中的有害成分增加，影响其食用安全。

5. 重金属污染物

进入土壤的重金属污染物以可溶性与不溶性颗粒存在，如土壤中的Hg、Cr、Cu、Zn、Pb、Ni、As等可被植物吸收而得到富集。

6. 微生物的污染

不合格的畜禽类粪便肥料也是造成土壤污染的重要污染物。畜禽饲料中添加Cu、Pb等微量元素、动物生长激素，使许多未被畜禽吸收的微量元素和有机污染物随粪便排出体外，污染土壤环境。

7. 化学药品污染

弃漏的化学药品，如硝酸盐、硫酸盐、多环芳烃、多氯联苯、酚等也是常见的污染物。这些污染物很难降解，多数是致癌物质，易造成长期潜在的危险。

6.2.3 危害

内蒙古地区人口急剧增长，工业迅猛发展，固体废弃物不断地向土壤表面堆放和倾倒，有害废水不断地向土壤中渗透，大气中的有害气体及飘尘不断地随雨水降落在土壤中，当土壤中有害物质过多，超过土壤的自净能力时，就会引起土壤的组成、结构和功能发生变化，微生物活动受到抑制，有害物质或其分解产物在土壤中逐渐积累，产生土壤污染（田丰月，2016）。

土壤污染会产生严重的后果如下。

（1）通过食物链途径危害人体健康。土壤是污染物进入食物链的主要节点，土壤生物直接从污染的土壤中吸收有害物质，有害物质进入食物链。作为人类主要食物来源的粮食、蔬菜和畜牧产品都直接或间接来自土壤，污染物在土壤中的富集必然引起食物污染，最终危害人体的健康。

（2）有些土壤污染物直接具有放射性，对人类健康及其他生物的生存造成影响。因切尔诺贝利事故污染的大面积土地被迫闲置，其原因之一就在于此。

（3）在生态环境效应方面，土壤污染将直接导致土壤性质恶化，从而使植被减少，生物多样性降低。除此之外，土壤污染还可能引起大气、地表水、地下水污染和人畜疾病等次生环境问题，威胁生态安全和生命健康。

6.2.4　治理措施

由国家环保总局（现为生态环境部）和国土资源部（现为自然资源部）承担的《全国土壤现状调查及污染防治专项工作》，对我国土壤污染状况进行系统调查。在调查摸清我国土壤污染总体状况的基础上，研究和建立适合我国国情的土壤环境质量评价和监测标准，制定土壤污染防治的战略对策（永生，2007）。

1. 土壤污染防治措施

为控制和消除土壤污染，首先需要控制和消除土壤污染源，加强对工业“三废”的治理，合理施用化肥和农药（黄玉梅，2008）。同时还要采取防治措施。如针对土壤污染物的种类，种植有较强吸收力的植物，降低有毒物质的含量（如羊齿类铁角蕨属的植物能吸收土壤中的重金属）；通过生物降解净化土壤（如蚯蚓能降解农药、重金属等）；施加抑制剂改变污染物在土壤中的迁移转化方向，减少作物的吸收（如施用石灰）；提高土壤的 pH，促使 Cd、Hg、Cu、Zn 等形成氢氧化物沉淀（董轩萌，2018）。此外，还可以通过增施有机肥、改变耕作制度、换土、深翻等手段，治理土壤污染。

1）根源治理

根源治理的具体措施包括：①加强对工业废气、废水、废渣等的治理和综合利用，防止向土壤任意排放含各种污染物的废弃物；②合理施用农药和化肥，积极发展高效、低毒、低残留的农药；③对粪便、垃圾和生活污水进行无害化处理；④慎重推广污水灌溉，对灌溉农田的污水要严格进行监测和控制，最好使用处理后的污水灌田。

2）综合治理

对土壤污染进行综合治理，必须多部门协调统一行动。应完善土地管理考核体系，在实现耕地总量“占补平衡”中强调现有耕地和补充耕地的质量。同时优化农用地使用制度，通过稳定承包制度，完善转包、转让、出租、入股、联营等土地市场手段，激励农民增加对耕地的投入，不断提高耕地利用效益。

3）技术开发

应重视实用技术的开发，特别是应大力开发和推广成本低廉、简单易行的实用技术。对不同的土地污染类型分别采取不同的应对措施，如对粪便、垃圾和生活污水进行无害化处理；对工业废水、废气、废渣进行综合利用；合理使用农药和化肥，积极发展高效、低毒、低残留的农药；积极慎重地推广污水灌溉，对灌溉农田的污水，进行严格的监测和控制；施用化学改良剂，采取生物改良措施等（王永生，2006）。

2. 土壤污染修复技术

近年来，世界各国的环保专家和生物学家提出的土壤污染修复技术有以下几种。

（1）生物修复技术。是通过生物降解或植物吸收净化土壤中的污染物质。与传统的物理、化学手段相比，生物修复技术具有投资和维护成本低、操作简便、不造成二次污染、经济效益明显等优点。

（2）化学修复技术。对于重金属轻度污染的土壤，使用化学改良剂可使重金属转化为难溶性物质，减少植物对它们的吸收。

（3）增施有机肥料。增施有机肥料可增加土壤有机质和养分含量，既能改善土壤理化性质（特别是土壤胶体性质），又能增加土壤容量，提高土壤净化能力。受重金属和农药污染的土壤，增施有机肥料可增加土壤胶体对其的吸附能力，同时土壤腐殖质可络合污染物，显著提高土壤钝化污染物的能力，从而减弱污染物对植物的毒害。购买有机肥料时必须认清商标，严禁用动物粪便、污泥、味精厂和酒厂下脚料等做有机肥料。

6.2.5　法律规定

1. 土壤污染防治的法律法规现状

尽管我国土壤污染问题已经引起社会的广泛关注，但目前并没有关于土壤污染的专项立法，关于土壤污染防治的规定大多散落在各个部门法中。《中华人民共和国环境保护法》（以下简称《环境保护法》）第三十三条规定：“各级人民政府应当加强对农业环境的保护，促进农业环境保护新技术的使用，加强对农业污染源的监测预警，统筹有关部门采取措施，防治土壤污染和土地沙化、盐渍化、贫瘠化、石漠化、地面沉降以及防治植被破坏、水土流失、水体富营养化、水源枯竭、种源灭绝等生态失调现象，推广植物病虫害的综合防治。县级、乡级人民政府应当提高农村环境保护公共服务水平，推动农村环境综合整治。”

《中华人民共和国农业法》第五十八条规定：“农民和农业生产经营组织应当

保养耕地，合理使用化肥、农药、农用薄膜，增加使用有机肥料，采用先进技术，保护和提高地力，防止农用地的污染、破坏和地力衰退”（凌欣，2006)。《中华人民共和国土地管理法》（以下简称《土地管理法》）第三十六条规定：“各级人民政府应当采取措施，引导因地制宜轮作休耕，改良土壤，提高地力，维护排灌工程设施，防止土地荒漠化、盐渍化、水土流失和土壤污染。”《中华人民共和国基本农田保护条例》对土地污染防治作了较多的规定（张百灵等，2007)。

(1) 第十九条：国家提倡和鼓励农业生产者对其经营的基本农田施用有机肥料，合理施用化肥和农药。利用基本农田从事农业生产的单位和个人应当保持和培肥地力。

(2) 第二十二条：县级以上地方各级人民政府农业行政主管部门应当逐步建立基本农田地力与施肥效益长期定位监测网点，定期向本级人民政府提出基本农田地力变化状况报告以及相应的地力保护措施，并为农业生产者提供施肥指导服务。

(3) 第二十三条：县级以上人民政府农业行政主管部门应当会同同级环境保护行政主管部门对基本农田环境污染进行监测和评价，并定期向本级人民政府提出环境质量与发展趋势的报告。

(4) 第二十五条：向基本农田保护区提供肥料和作为肥料的城市垃圾、污泥的，应当符合国家有关标准。

2. 法律对土壤污染治理责任的分配（孙青颖，2017）

1）污染者负担

(1) 污染者负担的概念及提出。

所谓污染者负担，是指在生产和其他活动中造成环境资源污染和破坏的单位与个人，应承担治理污染、恢复生态环境的责任。污染者负担原则是一项环境原则，也是一项经济原则，由经济合作与发展组织提出（何凤鸣等，2005)。该组织在 20 世纪 70 年代初关注到成员国基于环境法律管制产生的污染控制和治理成本对国际贸易中自由竞争的影响，从而率先提出污染者负担原则（柯坚，2010)。这项原则正好契合一些国家的环境政策和法律中的污染者负担的社会公平的要求。此后，污染者负担原则作为一项经济政策在经济合作与发展组织的各成员国中施行，逐步地被环境政策及法律采纳，随后就在国际上推广开来。

(2) 我国法律法规中有关污染者负担的规定。

我国目前还没有专门的土壤污染防治方面的法律，但是从个别法条、地方性法规及部分行政法规中能够提取出有关土壤污染治理责任主体的规定。这些法律法规基本体现了污染者负担原则，明确规定污染者需要承担土壤污染的治理修复责任。我国有关法律将土壤类型区分为建设用地和农业用地，根据污染的对象将土壤污染分为场地污染和农用地污染。2016 年 11 月国务院印发的《“十三五”生态环境保护规划》第四章第三节也提出分类防治土壤环境污染。场地污染又称为建设用地污染，指的是因人为活动影响，土壤及地下水受到重金属、化学品、病菌及其他有害物质污染的企业事业等单位用地（刘小琼，2014）。我国的土壤污染防治相关的法律法规大多针对场地污染。

《中华人民共和国固体废物污染环境防治法》（以下简称《固体废物污染环境防治法》）（2016 年修正）第三十五条规定：“产生工业固体废物的单位需要终止的，应当事先对工业固体废物的贮存、处置的设施、场所采取污染防治措施，并对未处置的工业固体废物作出妥善处置，防止污染环境。

“产生工业固体废物的单位发生变更的，变更后的单位应当按照国家有关环境保护的规定对未处置的工业固体废物及其贮存、处置的设施、场所进行安全处置或者采取措施保证该设施、场所安全运行。变更前当事人对工业固体废物及其贮存、处置的设施、场所的污染防治责任另有约定的，从其约定；但是，不得免除当事人的污染防治义务。

“对本法施行前已经终止的单位未处置的工业固体废物及其贮存、处置的设施、场所进行安全处置的费用，由有关人民政府承担；但是，该单位享有的土地使用权依法转让的，应当由土地使用权受让人承担处置费用。当事人另有约定的，从其约定；但是，不得免除当事人的污染防治义务。”

国家环保总局于 2005 年出台的《废弃危险化学品污染环境防治办法》第十四条规定：“危险化学品的生产、储存、使用单位转产、停产、停业或者解散的，应当按照《危险化学品安全管理条例》有关规定对危险化学品的生产或者储存设备、库存产品及生产原料进行妥善处置，并按照国家有关环境保护标准和规范，对厂区的土壤和地下水进行检测，编制环境风险评估报告，报县级以上环境保护部门备案。

“对场地造成污染的，应当将环境恢复方案报经县级以上环境保护部门同意后，在环境保护部门规定的期限内对污染场地进行环境恢复。对污染场地完成环境恢复后，应当委托环境保护检测机构对恢复后的场地进行检测，并将检测报告报县级以上环境保护部门备案。”该办法明确污染者承担污染场地的修复责任，但没有对企业变更时的情形做出规定。

2016 年 5 月国务院出台的《土壤污染防治行动计划》对土壤污染治理责任主体也有明确的规定："按照'谁污染，谁治理'原则，造成土壤污染的单位或个人要承担治理与修复的主体责任。责任主体发生变更的，由变更后继承其债权、债务的单位或个人承担相关责任；土地使用权依法转让的，由土地使用权受让人或双方约定的责任人承担相关责任。责任主体灭失或责任主体不明确的，由所在地县级人民政府依法承担相关责任。"2016 年 12 月底环境保护部（现为生态环境部）出台的《污染地块土壤环境管理办法（试行）》第十条中也规定："按照'谁污染，谁治理'原则，造成土壤污染的单位或者个人应当承担治理与修复的主体责任。"（李芙蓉，2018）这与上面的法律法规对于土壤污染责任主体的规定基本一致（贾一波等，2007）。

另外，一些地方性法规对此也有规定，而且，相对于国家层面的法律法规，地方性法规显得更为具体。例如，《重庆市人民政府办公厅关于加强我市工业企业原址污染场地治理修复工作的通知》，与《土壤污染防治行动计划》极为相似，但更加具体，也更具可操作性。此外，《沈阳市污染场地环境治理及修复管理方法（试行）》《浙江省固体废物污染环境防治条例》《南京市固体废物污染环境防治条例》等都有规定（刘小琼，2014）。

关于农用地的污染治理责任主体的规定分散于《环境保护法》《土地管理法》等法律中，多数只是倡导性条文，缺乏可操作性，且关于农用地污染治理的规定并不多，主要集中在污染预防方面。

（3）我国污染者负担的实际情况。

我国法律法规把污染者负担作为土壤污染治理的基本归责原则，其基本特点是极具理想化，难以实现。污染者负担在落地过程中最先遇到的就是如何界定"污染者"的问题。最早提出污染者负担原则的经济合作与发展组织初期将污染者简单地概括为"其行为导致污染的人"。表面上看，污染者很容易确定，但现实中，污染者的确定往往不会一帆风顺，尤其是农用地污染的情况。由于污染既是生产经营过程的结果，又是产品和服务消费的结果，加上弥漫性的面源污染的存在，以及污染物在环境中所具有的累积性、滞留性、迁移性和复合性，"污染者"的确定往往较为困难（何坚，2010）。

我国的司法实践印证了这一点。尽管《中华人民共和国侵权责任法》第八章做出对被侵权者有利的举证责任倒置制度，但在环境污染侵权类案件中，被侵权人（受害人）还是要对污染行为与损失之间的初步因果关系进行证明。而处于弱势地位的被侵权人往往缺乏最基本的举证能力。与此同时，污染者多为企业，易以存在多个污染源、真正污染源无法确定等原因推脱责任，为司法机关确定真正的污染者带来诸多困难。

此外土壤污染具有累积性的特点，真正的污染者往往在几经变更后就消失了，最终污染治理只能由政府买单。各国都有这样的情况发生，但在我国这种情况发生得更频繁。这可能与我国的经济体制有关。我国的惯常做法是，政府回收污染土地，组织修复，然后出让。这与法律规定极度不统一，是阻碍我国土壤污染治理责任主体制度发展的障碍之一。

2）政府负担

（1）政府负担的含义。

污染者负担原则是我国土壤治理的基本归责原则，在法律上体现为“谁污染，谁治理”。政府负担土壤污染治理责任在法律法规中常常表现为对污染者负担的补充，在污染行为的主体缺位时，由政府整治污染地块。污染者缺位包括 2 种情况：一是污染者不明确；二是有明确的污染者，且多为企业，但是污染企业已经不存在。

（2）政府负担的理论依据。

政府负担土壤污染治理责任是出于政府的环境责任。政府的环境责任是指政府及其工作人员没有切实履行好其环境保护的职责时所要承担的不利后果。该责任源于道德、政治、法律等因素。就法律因素来看，《中华人民共和国宪法》（以下简称《宪法》）是政府环境责任的最终来源（许继芳，2014）。《宪法》规定国家有义务保障自然资源的合理利用，防治污染及其他公害。而且《宪法》赋予国家环境立法权和对环境的行政管理权，这表明，国家是维护环境安全的责任主体，有治理土壤污染的义务。当然，政府承担的责任是一种兜底性责任。

3）土地关系人负担

（1）土地关系人负担的理由。

作为污染者负担原则的补充，土地关系人一般会在污染者缺位的情况下承担土壤污染的治理责任。有些国家也会直接把类似主体作为与污染者并列的责任人，如美国《超级基金法》中的有关规定。出于污染行为与污染结果之间存在的因果关系，污染者承担土壤污染修复治理责任是一种“行为责任”。土地关系人承担土壤污染修复治理责任则是出于“状态责任”，状态责任是一种对物责任，是一种以物为中心的责任，通常是以排除危险、恢复物的安全状态为内容（胡静，2015）。其含义是，在各类涉及污染防治、危害预防等领域，行为责任的追究不足以达成立法目的时，令对物有事实管领力的主体背负一定责任（吴志光，2017）。

土地关系人往往具有管领土地的权利和义务，状态责任的定义中已经说明，这种权利和义务就是该责任的来源。实践中的土壤污染者的认定过程往往极为困难，但认定土地的关系人比较容易。如果一定要找出污染者再展开治理，可能会导致污染的蔓延和加重。出于治理需求的紧迫性，在污染者难以确定或者缺位的情况下，由土地关系人承担治理责任可以有效提高治理效率。另外，土地关系人往往是土壤污染治理的直接受益人，有开展土壤污染治理的实际需求。根据我国环境污染的受益者负担原则，由土地关系人承担土壤污染治理责任更是其不可推卸的义务。还有，由土地关系人作为污染者土壤污染治理责任的接力者，也大大减轻政府的负担，并且由土地关系人承担土壤污染治理责任也比由与污染行为和污染土地不相关的全体纳税人来承担要公平。

在实践中，土地污染者往往是土地关系人，做出由土地关系人承担土壤污染治理责任的规定，可能只是省略了证明其为污染者的环节，从某种意义上恰好实现了法律价值的实质意义。

（2）我国法律中关于土地关系人负担的规定。

在我国，土地关系人就是指土地使用权人。我国关于土地使用权人承担土壤污染治理责任的规定比较特殊，即土地使用权人只有在土地使用权依法转让时，才可能由土地使用权受让人承担污染治理的相关责任。这一点很好理解，因为我国土地所有人只能是国家或集体，如果土地使用权未发生过转让，则该土地的关系人就不存在单独的使用权人，而直接是土地所有人。例如，《土壤污染防治行动计划》中规定了污染者的治理责任后，紧接着就规定“土地使用权依法转让的，由土地使用权受让人或双方约定的责任人承担相关责任”。2016 年 12 月 31 日出台的《污染地块土壤环境管理办法（试行）》中又添加一个条件，就是土地使用权终止的情况。完整的规定如下：“土地使用权终止的，由原土地使用权人对其使用该地块期间所造成的土壤污染承担相关责任。”当然办法中也有关于土地使用权转让情况的规定，具体内容与《土壤污染防治行动计划》完全相同（葛枫，2018）。另外，《固体废物污染环境防治法》第三十五条也有类似规定。但是，也有例外，如《沈阳市场地污染环境治理及修复管理方法（试行）》第十条和第十一条规定直接由土地使用权人承担土壤污染治理责任。

6.2.6　内蒙古地区土壤污染现状

土壤是一个开放体系，并处在大气圈、水圈和岩石圈的交接地带。因此，大气和水体环境的污染，均可通过各种途径转移到土壤中（杨晓伟，2012）。As 是广泛分布于自然界的一种微量元素，具有一定的金属性质，又称为类金属元素，它的毒性及其在环境中的迁移转化规律与重金属相似，已被列入有害重金属之一。As 同时也是一种致癌元素，可通过呼吸道、消化道和皮肤接触等途径进入人体，随血流分布于肝、肾、肺、肌肉、骨骼等部位，在各器官组织中积累，从而引起慢性 As 中毒，甚至可致畸、致癌、致突变（李功振等，2008），严重危害人体健康。随着工农业生产的发展和含As 化学物质的不断使用，在环境化学污染物中，As 成为常见的、对公众健康危害严重的污染物之一。As 的土壤环境容量相当有限，其在土壤中的主要表现是残留和累积，所以当含 As 污染物由各种途径进入土壤后，较易造成土壤As 污染。污染严重的土壤会导致农作物产量下降，引起农作物减产，甚至死亡，并能在粮食作物中富集，通过食物链进入人体，引起人体的慢性中毒，直接危害人体的健康（杨晓伟，2012）。

我国是矿业大国，砷矿广泛分布在我国中南和西南的湖南、云南、广西、广东等地区，这些地区砷矿的开采或冶炼过程极易造成附近土壤污染。据不完全统计，1956～1984 年曾发生过 30 余起砷污染事件（廖自基，1992）。在我国南方一些地区，采矿和冶炼厂使水稻田的砷污染现象日趋严重。湖南常宁县大面积的水稻曾遭受砷污染，As 含量远远超出土壤的背景值（廖勇等，2003）。煤是环境中 As 的主要来源之一，As 在煤燃烧过程中发生迁移和转化，在环境中容易形成剧毒氧化物 As_2O_3（砒霜）和 As_2O_5，通过土壤—农作物—人直接或间接地对人类健康造成严重影响（方凤满等，2010；田贺忠等，2009；郑刘根等，2006）。在我国新疆、内蒙古、贵州等地区发生过环境As 含量过高导致的地方性砷中毒（蒋玲等，1996）。除了燃煤排放的 As 污染环境外，燃煤产物、煤矸石的堆积也会对环境造成影响。大量的煤矸石堆积在平川、沟谷等地，不仅占用大量耕地，而且对附近的土壤和植被造成严重的影响。

土壤中的As 主要来源于自然因素和人为因素 2 个方面。自然因素主要是成土母质的不同导致各类土壤中As 含量的不同，以及成土过程中地球化学环境异常导致局部地区 As 含量异常。如我国内蒙古—甘肃—新疆线断续分布着东西向的高砷异常带，这可能是源于高As 含量的矿脉和湖沼沉积物，或者利于 As 元素蓄存和富集的地质和水热条件（徐红宁等，1996）。内蒙古的巴丹吉林沙漠、腾格里沙漠、乌兰布和沙漠，新疆的准噶尔盆地、塔里木盆地就位于此异常带上。这些地区的潜水、湖水和矿泉水富含 As，特别是局部承压水可能引起砷中毒，形成水源（型）砷异常区。据报道，内蒙古的局部地区就曾发生水源 As 异常引起砷中毒事件（罗艳丽，2006）。

内蒙古是我国主要的产煤、燃煤大省，煤炭资源探明储量居全国第一位。长期以来，受历史及政策等多种因素的影响，掠夺式开发、粗放式管理导致矿区一系列的环境问题。煤的 As 含量一般较高，燃煤可向大气中排放大量的 As。内蒙古矿区土壤样品中 As 含量高于地壳中 As 的平均含量和世界As平均含量。As含量的分布特点是 0～20cm 土层的砷含量高于 20～40cm 土层。土壤中 As含量随着距矸石山的距离呈递减趋势。

参考文献

董轩萌，2018．土壤污染的修复原理和防治措施研究[J]．河北能源职业技术学院学报，18（2）：68-70.

方凤满，杨丁，王琳琳，等，2010．芜湖燃煤电厂周边土壤中砷汞的分布特征研究[J]．水土保持学报，24（1）：109.

葛枫，2018．我国环境公益诉讼历程及典型案例分析：以“自然之友”环境公益诉讼实践为例[J]．社会治理（2）：51-63.

郭姝姝，阮本清，管孝艳，等，2016．内蒙古河套灌区近 30 年盐碱化时空演变及驱动因素分析[J]．中国农村水利水电（9）：159-162.

何凤鸣，段永清，2005．论环境法的社会权利本位[J]．西部经济管理论坛（1）：28-31.

胡静，2015．污染场地修复的行为责任和状态责仕[J]．北京理工大学学报（社会科学版），17（6）：129-137.

黄玉梅，2008．浅谈土壤污染与可持续农耕的发展[J]．农业考古（6）：348-350.

贾一波，田义文，2008．中国耕地污染防治立法研究[J]．商场现代化（2）：313-315.

蒋玲，鲁生业，张利平，等，1996．地方性砷中毒病区人发中微量元素的研究[J]．环境科学，17（1）：37-43.

柯坚，2010．论污染者负担原则的嬗变[J]．法学评论（6）：82-89.

李芙蓉，2018．我国污染场地修复责任认定制度初探：从常州污染场地案谈起[J]．环境保护科学，44（1）：122-126.

李功振，许爱芹，2008．京杭大运河（徐州段）砷的形态的分步特征研究[J]．环境科学与技术，31（1）：69-71.

廖勇，陈同斌，肖细元，等，2003．污染水稻田中土壤含砷量的空间变异特征[J]．地理研究，22（5）：635-643.

廖自基，1992．微量元素的环境化学及生物效应[M]．北京：中国环境科学出版社.

凌欣，2006．土壤污染防治法律制度研究[C]．中国法学会环境资源法学研究会年会．资源节约型、环境友好型社会建设与环境资源法的热点问题研究——2006 年全国环境资源法学研讨会论文集（四）.

刘小琼，2014．我国污染场地修复的法律制度研究[D]．徐州：中国矿业大学.

吕镁娜，黄健民，邓雄文，等，2014．应用递进分析法对广州金沙洲地区地质灾害的评价分区[J]．中国地质灾害与防治学报，25（4）：89-96.

彭培艺，王璐瑶，何彬，等，2016．河套灌区井渠结合区域分布的确定方法的改进[J]．中国农村水利水电（9）：153-158.

孙青颖，2017．我国土壤污染责任治理主体制度研究[D]．苏州：苏州大学.

田丰月，2016．土壤污染的危害与防治[J]．科技视界（8）：267.

田贺忠，曲益萍，2009．2005 年中国燃煤大气砷排放清单[J]．环境科学，30（4）：956-962.

王婷，2010．浅谈我国土壤污染现状[C]．河北省环境科学学会．河北省土壤污染防治技术研讨会论文集．
王永生，2006. 遏制土地污染　确保生命线安全[J]. 国土资源（12）：30-31.
吴志光，2017. 论财产权的社会义务——以环境法上的状态责任为核心[J]. 海峡法学（3）：22-29.
徐红宁，许嘉琳，1996．我国砷异常区的成因及分布[J]．土壤（2）：80-82．
许继芳，2014．建设环境友好型社会中的政府环境责任研究[D]．苏州：苏州大学．
杨晓伟，2013．内蒙古某矿区土壤 As 污染特征研究[D]．阜新：辽宁工程技术大学．
永生，2007．我国有多少土地被污染怎样防治土地污染[J]．资源与人居环境（12）：16．
宇振荣，王建武，1997．中国土地盐碱化及其防治对策研究[J]．农村生态环境，13（3）：1-5．
张百灵，单晓燕，李希昆，2007．我国土地污染问题及法律对策[J]．绿色中国（9）：55-57．
郑刘根，刘桂建，高连芬，等，2006. 中国煤中砷的含量分布、赋存状态、富集及环境意义[J]. 地球学报，27（4）：355-366.
周发超，2010．饱和—非饱和土壤中溶质的溶解—结晶二相模型初探[D]．武汉：武汉大学．

第7章　蒙古高原生态环境退化治理的根本途径

土地退化是指土地受到人为因素、自然因素和综合因素的干扰、破坏而改变土地原有的结构、理化性状，使土地环境日趋恶劣，逐步减少或失去该土地原有的综合生产潜力的演替过程（吴浪等，2016）。

受自然力或人类不合理开发利用的影响，土地质量日趋下降、生产力逐渐衰退。例如，干旱、洪水、大风、暴雨、海潮等自然力，可导致土地沙化、水土流失、土壤盐碱化等；人类过度开垦、滥伐，不合理的种植和灌溉制度，过量施用农药、化肥等，会引起土地沙化、土壤侵蚀、土壤盐碱化、土壤肥力下降、土壤污染等（吴浪等，2016）。

土地退化的原因可以归结为自然和人类活动。土地退化的重点原因是人类活动，但有时天然退化也是其重要影响因素。土地退化原因可分为直接原因和间接原因两大类。直接原因包括农作物管理不当、森林采伐、天然植被减少、森林火灾、植被过度开采、过度放牧、工业活动或采矿、城市化和基础设施的发展、排放物导致地表水和地下水资源的点源污染、一些活动导致地表水和地下水资源的非点源污染、水文循环被打乱、过度提取水资源（灌溉）、自然灾难（干旱、洪水、暴风雪等）等。间接原因包括人口密度、土地所有制、贫富差距、劳动有效性、投入资金和基础设施、教育（获取知识和提供服务）、战争与冲突、制度管理等。

土地退化的主要自然制约因子有3个：第一，地貌及其物质的不稳定性。山西、陕西、内蒙古区域处在中国地势第二级阶梯东部，有一半以上区域为山地丘陵，地面斜坡不稳定。山西、陕西、内蒙古区域有大面积的第四纪松散沉积物覆盖，特别是风成沙和黄土的连续、大片覆盖，使地表物质极不稳定。此外，盐碱土分布广泛。第二，外营力多变，降水量不稳定。山西、陕西、内蒙古区域处在东部季风区向西北干旱区过渡、亚热带向寒温带过渡的位置。一方面，外营力表现出西北部风力侵蚀、东南部水力侵蚀、北部冻融侵蚀的地域差异；另一方面，外营力受季风强弱的影响，表现出水力侵蚀强度和范围的多变性，以及由此产生的水力-风力复合侵蚀、水力-冻融复合侵蚀的叠加与变化。第三，气候变干、变暖。北方器测时期降水量变化研究表明，内蒙古自治区整体呈现干旱化趋势是本区草原整体退化趋势的主要自然原因。气候变暖，不仅加速土壤水分蒸发，还会改变局地大气环流，影响降水量变化的区域分布，加剧区域干旱化，进而加速草地退化和风蚀沙化。由上可知，风力作用主区域具有风成沙和沙质土的地段是沙漠化发生的敏感区；水力作用主区域具有斜坡（山地丘陵）的地段是水土流失发生的敏感区，其中黄土覆盖的丘陵最为敏感；盐碱土分布区是盐渍化发生的敏感区；受气候变化影响，草地最为敏感；外营力过渡的地带与地貌斜坡不稳、物质不稳相交错的地带在空间上是吻合的，也正是季风的尾闾区域，是土地退化发生最敏感的地带。

山西、陕西、内蒙古区域土地退化的主要人为因子有以下 3 个：第一，人们在农业化的进程中改变了土地的自然覆盖，使地表反照率发生变化。最为典型的是黄土高原的森林草原覆盖几乎全部被剥掉，变成农耕坡地及撂荒地覆盖，地表抗蚀性大大减弱。此外，森林减少亦十分突出。第二，不合理利用土地。例如，过度开垦、过度放牧、乱伐树木、乱挖药材及粗放经营等，都会破坏植被，使第一性生产力下降，或地表抗蚀性减弱，导致土地退化加剧。第三，人口的素质是土地退化的社会原因。山西、陕西、内蒙古地区是中国老少边穷典型的地区，经济比较落后，人们的文化素质普遍不高，许多农牧民认为土地资源的退化仅仅是局部问题，他们不断搬迁到草场条件较好的地方，或新开土地，以此作为解决问题的长期对策。此外实行联产承包责任制后，牲畜归牧民个人所有，市场经济刺激牧民的养畜积极性，牲畜头数大增，促使土地退化加速。中国人口东稠西疏的区域分界线，即胡焕庸线在山西、陕西、内蒙古地区斜穿，大体位置在农牧交错地带。此线以西为牧区，人口密度小；以东为农牧交错区和农区，人口密度较大。它实际上区分了人类作用于土地的程度和对土地退化敏感区的扰动方式。农牧交错地带是土地利用最不稳定的地带，其与农区相比土地经营更为粗放，与牧区相比，农耕地开垦更多，而且撂荒地多，牲畜密度大。

土地退化是一个复杂的自然与人文过程。对黄河皇甫川流域土壤侵蚀研究表明，从 20 世纪 60～80 年代，土壤平均侵蚀模数为 16 224t/（$km^2 \cdot a$），其中人为加速的侵蚀占 45.09%，自然侵蚀占 54.91%，土壤侵蚀临界值为 7 200t/（$km^2 \cdot a$）。对鄂尔多斯草原的自然和人为扰动分析可知，在荒漠草原和典型草原，自然因子对草场退化的贡献率分别为 18.8%和 14.9%，而人为因素的贡献率为 81.2%和 85.1%。

7.1　科学制定荒漠化战略规划

王文彪等（2011）声称：我国沙漠治理的技术与模式日渐成熟，已经具备大范围推广应用的条件。内蒙古库布其沙漠，经过 20 多年治理，成功修复和改善了该地区生态环境，降雨量增长 6 倍，由不足 70mm 增加到 400mm；沙尘天气次数减少 95%，由每年 80 多场减至 2～3 场；生物种类增长 10 倍多，由十几种增至 100 多种。据研究，如果修复全球 5 亿公顷退化的耕地，就能吸收全球由于化石能源燃烧产生的碳排放总量的 1/3。土地荒漠化现已导致“一带一路”沿线很多地区经济发展落后、贫困人口集聚。“一带一路”倡议的提出，一方面使沙漠治理问题的紧迫性凸显出来，另一方面也为沙漠治理提供了千载难逢的历史机遇。要顺利推进“一带一路”建设，必须正视土地荒漠化问题。如果能将沙漠治理纳入“一带一路”建设，将起到改善生态环境、缓解我国耕地压力，实现生态、经济与民生的平衡发展等多重积极效果。将沙漠治理纳入“一带一路”建设，还可以打造丝绸之路经济带国际合作新亮点。我国荒漠化治理的经验和成果已经得到联合国有关机构和国际社会的普遍关注与高度认可。可以考虑和丝绸之路经济带沿线国家建立丝绸之路经济带生态修复合作机制，利用该机制为沿线地区沙漠治理提供技术援助。

7.1.1　健全政策法律保障

1. 充分依托现有国际公约，加快区域立法

国际社会早对土地荒漠化这一全球问题采取广泛关注。国外存在土地荒漠化问题的国家，如美国、伊朗、以色列，以及地中海国家和广大非洲国家等，基本都将制定、完善专门的土地荒漠化防治方面的法律和政策作为治理土地荒漠化的基本措施。在欧洲国家，西班牙开展“向地中海区荒漠化开战”的运动；意大利启动土地保护项目；葡萄牙组织召开恢复退化森林生态系统国际专家咨询会，确认作为生存环境保障的旱地森林资源的综合保护、开发和可持续管理的重要性。国外防治土地荒漠化的经验教训说明，法律可以有效处理土地荒漠化治理过程中各种复杂的社会、经济和生态关系，也是土地荒漠化防治工作的目标、任务、计划顺利实现的有效保障（刘志，2009）。

由于长期对荒漠化治理缺乏有效的法律调控，人们曾试图使用《联合国人类

环境会议的宣言》(《斯德哥尔摩宣言》)关于跨界污染的国家责任的第 22 条原则,这只涉及荒漠化防治中非常微小的一部分。直到 1994 年 6 月 17 日,在巴黎签署《联合国关于在发生严重干旱和/或荒漠化的国家特别是在非洲防治荒漠化的公约》(简称《防治荒漠化公约》),才产生了解决荒漠化问题真正的法律工具,这是国际社会防治土地荒漠化的里程碑(刘志,2009)。

国际上也形成一系列与土地荒漠化治理相关的具有法律效力的国际公约和条约,如《养护自然和自然资源非洲公约》《世界土壤宪章》《21世纪议程》《联合国防治荒漠化公约》《我们希望的未来》《全球荒漠化治理库布其行动计划(2015—2025)》等(刘志,2009)。就蒙古高原而言,土地荒漠化已经成为该区域最严重的生态环境问题,也是制约该地区大开发、大发展的主要瓶颈之一。面对蒙古高原地区土地荒漠化的现状,吸取区域周边相关法律措施,我国提出在资源管理和决策上建立部门交叉合作的协调机制,不断完善蒙古高原区域内《中华人民共和国防沙治沙法》《土地管理法》《草原法》《水土保持法》等法律法规。

2. 建立严格的法律制度,综合防治荒漠化土地

对自然资源的开发者,要依法限制其可能造成的生态环境破坏,并规定其在自然资源开发后的治理责任,对开发自然资源后造成环境和生态平衡破坏的违法者应给予罚款或行政、民事处罚,造成严重生态环境破坏和荒漠化危害后果者还应追究其刑事责任。要坚持“谁治理、谁管护、谁受益”的政策,积极推行承包造林种草和生态治理,将规划任务和管护责任承包到户、到人,将责、权、利紧密结合,调动农民群众参与荒漠化土地防治的积极性。一方面,实行土地所有权、使用权和经营权分离,推行“四荒”拍卖,延长沙化和荒漠化土地承包和租赁期;另一方面,制定税收优惠政策,积极鼓励农村集体、企事业单位等主体投入荒漠化土地防治,允许投资者跨所有制、跨行业、跨地区到荒漠化地区进行治理,形成多元投资主体参与荒漠化土地防治的新局面(刘志,2009)。

3. 加强法制宣传,实现法律理念深入人心

在普法教育中必须具有防治荒漠化和保护环境的内容。首先,要进一步加大荒漠化治理工程重要性的宣传力度,大力宣传荒漠化地区林业生态建设在改善生态、防灾减灾、促进经济社会发展等方面的巨大作用。大力宣传荒漠化土地治理的紧迫性,引导各地正确处理生态建设与经济发展的关系,形成社会关心、支持、参与治理的良好社会氛围。其次,加强普法宣传,形成强大的宣传声势和舆论氛

围，引起全社会对荒漠化地区生态建设的广泛关注。最后，在广大干部群众中开展普法教育时，要使保护生态平衡和保护人类生存环境的法律理念深入人心，形成自觉保护生态环境的意识，使全社会加入保护自然环境、防治土地荒漠化的活动中（刘志，2009）。

7.1.2　加快人才培养

通过走出去和引进来的方式，为荒漠化治理培养高素质人才，并提高各层次人员的综合素质，及时把荒漠化治理的科技创新成果推广到实际中。政府和科研机构要积极探索荒漠化防治及沙产业科技研发的特点和方法，科研与开发要理论联系实际，突出针对性，力求解决荒漠化治理难、任务重、时间紧迫的实际问题。追求科研成果转化，形成理论指导技术、技术创新促进理论发展的良性循环（王占军等，2014）。

7.1.3　加快产业结构调整

为了减轻广大牧区人口压力和减少草地严重超载过牧现象，在牧区严格实施草畜平衡制度，通过实行禁牧、休牧、划区轮牧的办法实现草地资源的可持续利用。具体做法是：各级政府和相关部门带动广大农牧民抓住产业结构调整主题，充分利用荒漠区沙产业、草产业、旅游业、天然绿色食品资源、中药材资源和矿产资源十分丰富的有利条件，根据市场走势和地方资源特点，开发一批具有地方特色并具有市场竞争力的新兴产业和产品投入市场，安排农牧区大批劳动力就业，发展地区经济和小城镇经济，提高人民的生活水平，减轻广大牧区的人畜压力，从而达到荒漠化治理的预期目的（爱东等，2005）。

蒙古高原光热资源较为丰富，可利用本地光照强、温差大、积温高、水资源有保障的有利条件，大力发展温室、塑料大棚等高效产业。大力发展葡萄、枸杞、红枣等林果业和花卉产业。深度开发沙漠公园，建设生态旅游。采用滴灌技术，减少蒸发和渗漏，提高水肥利用率，广泛应用节水、生物工程、有机栽培、无公害生产等技术，切实提高林果产品的质量，生产出口创汇产品，建立“生态修复、生态牧业、生态健康、生态旅游、生态光伏、生态工业”六位一体的产业体系，发展第一、第二、第三产业融合互补的荒漠生态循环经济，及生态与致富相结合的产业模式，不仅绿化荒漠、修复土地，还带动农牧民脱贫致富（王占军等，2014），提高荒漠的生态效益，促进社会产业结构调整。

7.1.4 加强国际交流与合作

1. 加强国际交流

随着“一带一路”沿线各国合作的不断加深，蒙古高原要积极开展国际论坛、会议、沙龙等形式的交流，针对荒漠化治理、沙漠生态科技创新、沙漠治理与消除贫困等国际社会高度关注的问题，展开深入研讨和对话。从全体会议到分议题讨论，从现场观摩到学术报告，各国在不断交流、碰撞中凝聚共识。

2. 深化全球合作

目前全球约有 1/4 的土地、110 多个国家遭受荒漠化的威胁。荒漠化是生态领域的难点问题，更严重影响全世界贫困消除、经济社会稳定和可持续发展。寻求荒漠化治理全球合作，成为各国的共同愿望。波兰前总统科莫罗夫斯基表示，环保必将成为波兰与中国合作的新天地，希望在培育树苗方法等科技领域与中国开展合作。联合国防治荒漠化公约秘书处特别代表普拉迪普·梦噶指出，联合国土地荒漠化公约呼吁可持续管理土地，减少干旱，改善退化土地，要在技术创新和合作基础上，加大绿色金融创新力度，并且和政策整合在一起，把点连成线，形成应对荒漠化的合力。各国同心同向、深化合作，必将携手开创绿色发展的新时代。

7.1.5 科技先行

科技是第一生产力。蒙古高原及其周边国家要高度重视科技对生产的带动和支撑作用，科研工作要与生产实践紧密结合，科研成果要在生产实践中推广和应用。应学习和借鉴其他区域的经验，建设具有蒙古高原区域独特的荒漠化治理推广体系，充分发挥各级政府的导向作用，加快政府资源与企业、社会资源的有机融合，逐步建立国家扶持与市场引导相结合、公益性服务与经营性服务相结合、政府组织与民间机构协同的新型农业技术推广体系。引导高等院校、科研机构和企业自主开展荒漠化推广服务。同时加强与具有荒漠化治理先进经验的国家进行技术合作（王占军等，2014）。

7.1.6 树立环保观念

长期以来，人们对土壤肥力的保护意识薄弱。现阶段农业正处于传统农业向现代农业过渡阶段，新品种、新种植模式，以及化肥、农药及其他化学物资不断用于农业种植，在增加产量的同时也不同程度地给土地造成污染，加上“重用地，轻养地；重产出，轻投入；重化肥，轻农肥；忽视微肥，不用菌肥”的不良习惯，土地质量不断下降（张艳华等，2014）。

习近平总书记谈到环境保护问题时指出：我们既要绿水青山，也要金山银山。宁要绿水青山，不要金山银山，而且绿水青山就是金山银山。党的十九大报告也指出，建设美丽中国，为人民创造良好生产生活环境，为全球生态安全作出贡献，并强调必须树立和践行绿水青山就是金山银山的理念。

我们每一个人必须清醒认识到保护生态环境、治理环境污染的紧迫性和艰巨性，认识到加强生态文明建设的重要性和必要性。保护和改善生态环境，推动循环发展、低碳发展，既注重末端治理，又强调源头预防。自觉树立环保意识，推动可持续绿色发展。

7.2 风蚀荒漠化土地治理的技术措施

风蚀荒漠化是荒漠化的主要类型，其实质就是土地的风蚀退化过程。风蚀的产生需要两个条件：一是有强大的风；二是裸露、松散、干燥的沙质地表或者易风化的基岩。根据风蚀产生的条件和风沙流结构特征及防治的目的，风蚀荒漠化土地防治的措施多种多样，但作用原理及应用性质可概括为封固、阻滞、输导几个方面。

（1）封固。就是在荒漠化土地表面设置切断层或隔断层，把气流（或风沙流）与松散的荒漠化土地表面隔开，使它们之间不发生直接接触。这样就不会起沙，不会发生风蚀、风沙流及风沙危害。

（2）阻滞。阻滞的作用原理主要是增大风沙流的运动阻力，阻滞消能，使风沙流减速，进而促使沙土颗粒沉积。

（3）输导。输导的力学作用原理简而言之就是减少风沙运动阻力，阻止气相物质和固相物质分离的发生，促进与加速风沙流体顺利通过保护区。

实际应用中往往是封固、阻滞、输导等措施结合起来，相互配合，取长补短，充分发挥各种措施的效能，建立一个完整的防护体系，以取得最好的防治效果。

（4）改向。迫使风沙流动改变运动方向，增大迎面阻力，迫使其侧向绕流。

（5）消散。变沙丘整体推移为风沙流分散输移，减少沙丘形状阻力，增大输沙强度。

依据技术措施的材料及措施性质，风蚀荒漠化土地防治措施通常被分为三大类，即生物措施、机械（工程）措施和化学措施。

7.2.1 生物措施

生物措施指的是根据植物对荒漠化区域的适应与功能，通过建立人工植被、保护和恢复天然植被，最终达到防治风沙危害、治理和开发利用荒漠化土地的目的。生物措施被认为是改造荒漠化地区面貌的根本措施和最佳措施。在各项措施中，生物措施的应用最为普遍，其应用的核心内容是生物的适应性及成活率问题（冯改霞等，2003）。一般不同风蚀荒漠化区域采取不同的措施，目前应用的主要技术手段有以下几种。

1. 封沙育林、育草，恢复天然植被

在原有植被遭到破坏或有条件生长植被的风蚀荒漠化地区，要实行一定的保护措施（如设置围栏），建立必要的保护组织（护林站），把一定面积区域封禁起来，以防止人畜破坏，给植物繁衍生息的时间，逐步恢复（图 7-1）。

图 7-1　封育措施

2. 飞机播种，造林种草

飞机播种（以下简称飞播）造林种草是治理风蚀荒漠化土地的重要措施，也是绿化荒山荒坡的有效手段（图 7-2）。其特点是作业速度快、用工少、效果好，尤其是对地广人稀、交通不便的偏远荒沙、荒山地区的植被恢复意义更大。中国自 1985 年在北方地区推广飞播技术以来，陕西榆林地区，内蒙古鄂尔多斯地区、赤峰地区、阿拉善地区，河北，新疆及黄土高原均大面积推广飞播、造林种草治沙技术，以保持水土、建设草场（李庚堂等，2011）。

图 7-2　飞播作业

飞播受自然影响的程度很大，因此必须掌握飞播规律，解决相关技术问题，才能取得成功。飞播主要涉及以下几种影响因素。

1）流沙飞播植物种选择

因流动沙丘迎风坡风蚀一般很强烈，背风坡沙埋较严重，故要求飞播植物种子易发芽、生长快、扎根深。植物地上部分有一定的生长高度及冠幅，在一定密度条件下，形成有抗风蚀能力的群体。同时还要求植物种子、幼苗适应流沙环境，能忍耐流沙表面高温。经过大量试验，在草原带飞播成功率较高的植物有花棒、杨柴、籽蒿、沙打旺，在荒漠草原有花棒、蒙古沙拐枣、籽蒿等（李庚堂等，2011）。其他植物种，或不能发芽，或不能保苗，或固沙能力差等，难以在流沙上飞播。

2）沙地飞播种子的发芽条件及种子处理

飞播在流沙表面种子的发芽与地表性质、粗糙度、小气候及种子大小、形状等有关。就种子本身而言，扁平种子易覆沙，大粒、轻而圆的种子覆沙较差。当然沙丘不同部位因受风力作用不同覆沙也有明显差别。就种子的发芽条件来看，需要有一定的温度、水分条件和氧气。一般飞播时，温度已不是问题，氧气在一般情况下也不是问题，但是在选择某些材料进行种子处理时需要注意其透气性（李庚堂等，2011）。

在流动沙丘，为防止某些体积大、质量轻的种子（如花棒）发生风移，可将种子进行大粒化处理，即在种子外面包上一层黏土、骨胶和沙子等，制成种子丸。这种处理不影响种子发芽，但能够大大提高种子抗风能力，防止位移，提高飞播成功率。

3）飞播期选择

飞播期在选择时要保证种子发芽所必需的水分和温度条件，保证苗木足够的生长期，使种子能迅速发芽从而减少鼠害、虫害，使苗木充分木质化以提高越冬率，使苗木能生长一定的高度和冠幅，满足防风蚀的需要。飞播期的选择还要考虑种子发芽后能避开害虫活动盛期，减少幼苗损失。为保证飞播后降雨，必须研究当地气候，明确播期，保证降雨率（李庚堂等，2011）。

4）飞播量的确定

飞播量大小影响造林密度、郁闭时期、林分质量、防护效益，在一定程度上决定着飞播成败。对流沙飞播来说，第一年幼苗密度的大小影响着能否削弱风力、减轻风蚀，最终影响飞播的成败。每种飞播植物在当年生长季末都要达到一定的高度和冠幅，苗木要有一定密度，要使沙丘由风蚀转变为沙埋（李庚堂等，2011）。

5）飞播区立地条件选择

实践证明，飞播区立地条件也是影响飞播成功率的重要因素。在进行飞播前要了解区域内立地条件类型，选择有利于植物生长的区域进行重点飞播。

6）兔鼠虫病害的防治

不同类型植物飞播可能受不同种类的病虫害，如花棒等豆科植物种子受鼠虫害较严重；花棒、杨柴发芽后受大皱鳃金龟子危害严重，该虫活动高峰正值种子发芽期，其幼虫在地下危害根系；兔子在播种当年结冻前及次年解冻后，可成片咬断受风蚀的花棒幼株。因此对兔鼠虫害必须防治（李庚堂等，2011）。鼠害防治可采取化学、机械、生物捕杀措施。金龟子防治可用“666 粉”喷洒地面，也可人工捕杀，或放鸡捕食，也可营造紫穗槐隔离带进行诱杀。兔害防治可狩猎捕杀、设套捕杀。花棒幼苗发生立枯病，应采用化学药剂防治。

7）飞播区的封禁管护

飞播后数年，播区要封禁保护，防止人畜破坏。只有把播区封禁起来，幼苗才能顺利成长，最终恢复播区植被。管护工作除保护播区防止人畜破坏，还可移密补疏，以及可在播区条件好的地方，栽植容器苗。播区管护需要形成专门的管护站，组织形成保护网络，有专人负责，也需要对群众进行广泛深入的宣传，提高群众的认识，把护林变成群众的自觉行动（李庚堂等，2011）。

3. 植物固沙技术措施

在荒漠化地区，植物播种、扦插、植苗、造林、种草是固定流沙最基本的措施。流沙治理的重点在沙丘迎风坡。这个部位风蚀严重，条件差，占地多，难固定。解决了迎风坡的固定，整个沙丘就基本固定。具体措施包括以下几种。

1）直播固沙

直播是用种子作材料，直接播于荒漠化地区建立植被的方法。直播在干旱风沙区有更多的困难，成功率更低（张彩霞等，2006）。在草原带沙区直播花棒、杨柴、锦鸡儿、沙蒿，在半荒漠地区直播沙拐枣、梭梭，成功的事例不少。直播有许多优点，如施工远比栽植过程简单，有利于大面积植被建设；省去烦琐的育苗环节，大大降低了成本；直播苗根系未受损伤，发芽生长在沙地上，不存在缓苗期，适应性强。尤其在自然条件较优越的沙地，直播建设植被是一项成本低、收效大的技术。

对直播技术，选择适宜的植物种、播期、播量、播种方式、覆土厚度，采取有效的配合措施都可以提高播种成功率。播种方式分为条播、穴播、撒播 3 种。条播按一定方向和距离开沟播种，然后覆土。穴播是按设计的播种点（或行距穴距）挖穴播种覆土。撒播是将种子均匀撒在沙地表面，不覆土（但需自然覆沙）。条播、穴播容易控制密度，因播后覆土，种子稳定，不会位移，但种子应播在湿沙层中，以利于成活。条播播量大于穴播，苗木抗风蚀作用也强（张彩霞等，2006）。

播种深度即覆土厚度，是非常重要的因素，很多种子常因覆土不当，导致造林种草失败。一般根据种子大小决定覆土厚度。沙地上播小粒种子应覆土 1～2cm，播大粒种子应覆土 3～5cm。对于出苗慢的草种、树种，在沙地上播种实际上是不适宜的。

2）植苗固沙

植苗（即栽植）是以苗木为材料进行植被建设的方法（图 7-3）。因苗木种类及作业条件不同，植苗可分为一般苗木、容器苗、大苗深栽 3 种方法。一般苗木多采用由苗圃培育的播种苗和营养繁殖苗，有时也会采用野生苗。苗木具有完整的根系，有健壮的地上部分，因此适应性和抗性均较强，是沙地植被建设应用广泛的方法。但一般苗木从播种育苗、起苗、假植、运输到栽植，工序较多，苗根容易受到损伤或劈裂，风吹日晒也容易使苗木特别是根系失水，栽植后需较长的缓苗期。各道工序质量不易控制，对大面积造林影响更为严重，常常影响苗木的成活率、保存率和生长量。因此，要十分重视植苗固沙造林的技术要求，包括苗木质量、苗木保护、苗木定植。

图 7-3 植苗

3）扦插造林固沙

很多植物具有营养繁殖能力，可利用营养器官（根、茎、枝等）繁殖新个体，如插条、插干、埋干、分根、分蘖、地下茎等。应用较广、效果较大的是插条、插干造林，简称扦插造林。扦插的优点包括：方法简单，便于推广；生长迅速，固沙作用大；就地取条、扦插，不必培育苗木。

适于扦插造林的植物是营养繁殖力强的植物，沙区主要是杨、柳（黄柳、沙柳、柽柳）花棒、杨柴等。尽管植物种类不多，但在植被建设中作用很大。沙区大面积黄柳、沙柳造林都是由扦插发展起来的。扦插技术涉及选插条（穗）、插条（穗）处理、扦插季节选择和扦插方法选择。

7.2.2 机械（工程）措施

机械（工程）措施是采用各种机械手段、防治风沙危害的技术体系，其主体是机械沙障。机械沙障是采用柴、草、树枝、黏土、卵石、板条等材料，在沙面上设置各种形式的障碍物，以此控制风沙流动的方向、速度、结构，改变蚀积状况，达到防风阻沙、改变风的作用力及改善地貌状况等目的，统称机械沙障（刘畅，2011）。

机械沙障在荒漠化防治中具有极其重要的地位和作用，是生物措施无法替代的。在自然条件恶劣地区，机械沙障是治沙的主要措施；在自然条件较好的地区，机械沙障是生物治沙的前提和必要条件。设置机械沙障的材料形形色色、机械沙障设计指标较多、防护的目的和功能多种多样，从而形成了复杂多样的机械沙障分类（图 7-4）。

（a）沙柳机械沙障

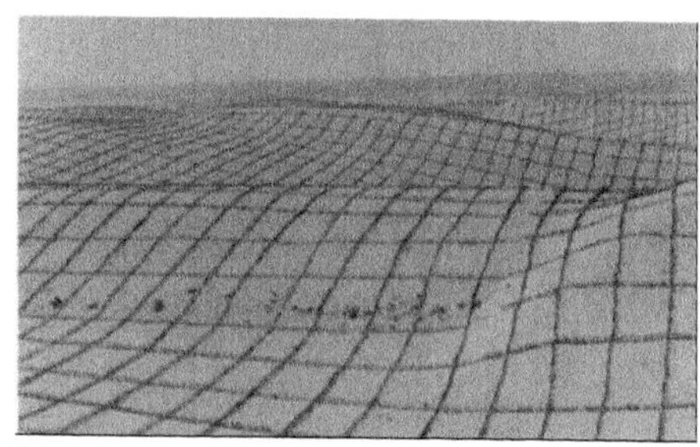
（b）麦草机械沙障

（c）尼龙网机械沙障

（d）PLA 机械沙障

图 7-4　部分机械沙障类型

1. 机械沙障的类型和作用原理

1）机械沙障的类型

机械沙障按防沙原理和设置方法的不同分为两大类：平铺式沙障和直立式沙障。平铺式沙障按设置方法不同又分为带状铺设式沙障和全面铺设式沙障。直立式沙障按高矮不同又分为高立式沙障（高出沙面 50～100cm）、低立式沙障（高出沙面 20～50cm，此类也称为半隐蔽式沙障）、隐蔽式沙障（几乎全部埋入，与沙面平，或稍露障顶）。直立式沙障按透风度不同可分为透风及不透风两种结构型。

2）机械沙障的作用原理

（1）平铺式沙障的作用原理。平铺式沙障属固沙型沙障，利用柴、草、卵石、黏土或沥青乳剂、聚丙烯酰胺等材料物质铺盖或喷洒在沙面上，以此隔绝风与松散沙层的接触，使风沙流经过沙面时，达不到风蚀作用，不增加风沙流中的含沙量，实现风虽过而沙不起，就地固定流沙的作用。该沙障对过境风沙流中的沙粒截阻作用不大（林为淦等，2012）。

（2）直立式沙障的作用原理。直立式沙障大多是积沙型沙障。风沙流所通过的路线上，无论碰到任何障碍物的阻挡，风速都会受到影响而降低，挟带沙子的一部分就会沉积在障碍物的周围，以此来减少风沙流的输沙量，从而起到防治风沙的作用（林为淦等，2012）。

（3）透风结构沙障的作用原理。当风沙流经过透风沙障时，一部分分散为许多紊流穿过沙障间隙，摩擦阻力加大，产生许多涡旋，互相碰撞，消耗了动能，使风速减弱、风沙流的挟沙能力降低，在沙障前后形成积沙。在沙障前的积沙量小，沙障不易被沙埋，而在沙障后的积沙量不断增加，沙堆平缓地向纵的方向伸展，积沙范围延伸较远，因而拦蓄沙粒的时间长，积沙量大（林为淦等，2012）（图 7-5）。

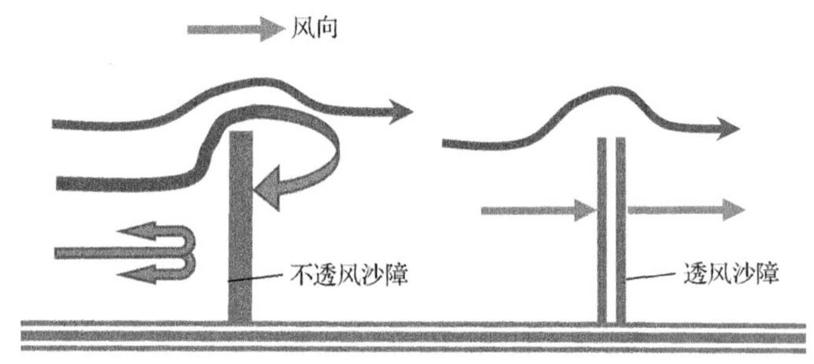

图 7-5 透风与不透风沙障对气流影响示意图

（4）不透风或紧密结构沙障的作用原理。当风沙流经过沙障时，在沙障前被迫上升，而越过沙障后又急剧下降，在沙障前后产生强烈的涡动，由于相互阻碰和涡动的影响，消耗了风速动能，减弱了气流挟沙能力，于是会在沙障前后形成沙粒的堆积（林为淦等，2012）（图 7-5）。

（5）隐蔽式沙障的作用原理。该沙障是埋在沙层中的立式沙障，障顶与沙面平或稍露出沙面，因此对地上部分的风沙流影响不大。它的主要作用是制止地表沙粒沙纹式移动。隐蔽式沙障起到一个控制风蚀基准面的作用，设置沙障后沙粒仍在动，但总的地形并不发生明显变化。因为有隐蔽式沙障的存在，虽有一定的风蚀，但风蚀到一定程度后即不再继续风蚀，保持一定的水平，所以不会使地形发生变化（林为淦等，2012）。

2. 机械沙障设计的技术指标

机械沙障设计技术主要是解决技术指标的运用问题，了解每项技术指标在荒漠化防治中所起的作用。只有这样设计的各种沙障才能符合当地自然条件的客观规律，发挥沙障在治沙工作中的最大效能。沙障设计的技术指标如下。

1）沙障孔隙度

通常把沙障孔隙面积与沙障总面积之比，称为沙障孔隙度。沙障孔隙度通常用作衡量沙障透风性能的指标。一般沙障孔隙度在 25%时，沙障前积沙范围约为沙障高的 2 倍，沙障后积沙范围为沙障高的 7～8 倍。当沙障孔隙度达到 50%时，沙障前基本没有积沙，沙障后的积沙范围为沙障高的 12～13 倍（林为淦等，2012）。沙障孔隙度越小，沙障越紧密，积沙范围越窄，沙障会很快被积沙埋没，失去继续拦沙的作用。反之，沙障孔隙度越大，积沙范围延伸得越远，积沙作用也大，防护时间也长。为了发挥沙障较大的防护效能，在沙障间距离和沙障高度一定的情况下，沙障孔隙度的大小应根据各地风力及沙源情况确定。一般采用 25%～50%的沙障孔隙度。风力大而沙源少的地区沙障孔隙度应小，沙源充足时，沙障孔隙度应大（刘畅，2011）。

2）沙障高度

一般在沙地部位和沙障孔隙度相同的情况下，积沙量与沙障高度的平方成正比。沙障高度一般设为 30～40cm，最高设 1m（图 7-6）。

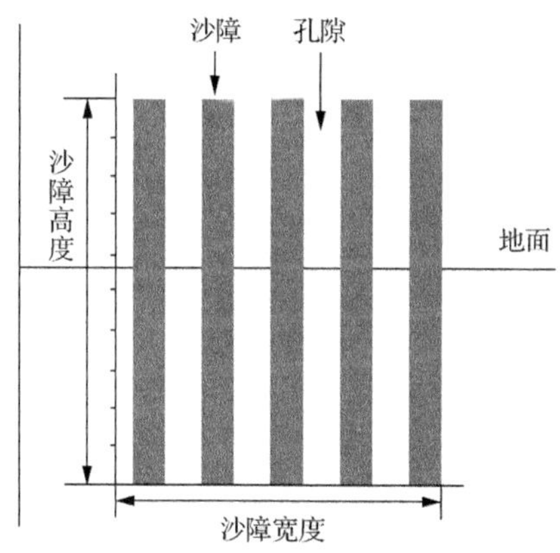

图 7-6　沙障孔隙度及高度示意图

3）沙障的方向

沙障的设置走向应与主风方向垂直，通常在沙丘迎风坡设置。设置时先顺主风方向在沙丘中部划一道轴线作为基准，沙丘中部的风较两侧强，因此沙障与轴线的夹角要大于 90°而不超过 100°，这样就可使沙丘中部的风向两侧吹去。若沙障与主风方向的夹角小于 90°，气流易趋中部而使沙障被掏蚀或沙埋（赵进友，2011）。

4）沙障的配置形式

沙障的一般配置形式有带状、格状、人字形、雁翅形、鱼刺形等，其中带式和格状为大面积使用的配置形式。

（1）带状沙障配置。带状沙障多用于单向起沙风为主的地区。在新月形沙丘迎风坡设障时，丘顶要留空一段，并首先在沙丘上部按新月形划出一道设沙障的上范围线，然后在迎风坡正面的中部，自上范围线起，按所需间距向两翼划出设置沙障的线道，该沙障线微呈弧形。在新月形沙丘链上设障时，可参照新月形沙丘进行。但在两沙丘衔接链口处，因两侧沙丘坡面隆起，形成集风区，吹蚀力强，输沙量多，沙障间距应适当缩小。在链身上有起伏弯曲的转折面出现处，气流转向，风向很不稳定，可在此处根据坡面转折情况，加设横档，以防侧向风掏蚀。

（2）格状沙障配置。格状沙障在风向不稳定、除主风外尚有较强侧向风的荒漠化地区采用。根据多向风差异情况，采用正方形格或长方形格。

5）沙障间距

沙障间距是指相邻 2 条沙障之间的距离。该距离过大，沙障容易被风掏蚀损坏，距离过小则浪费材料。因此，在设置沙障前必须确定沙障的行列间距离（刘畅，2011）。

沙障间距与沙障高度、沙面坡度、风力状况及沙障材料等均有关系。沙障高度大，沙障间距应大，反之亦然。沙面坡度大，沙障间距应小，反之，沙面坡度小，沙障间距应大。一般在坡度小于 4° 的平缓沙地上，沙障间距应为沙障高度的 15～20 倍；而在地势不平坦的沙丘坡面上，沙障间距的确定要根据沙障高度和沙面坡度进行计算。公式为

$$D = H\cos\alpha \tag{7-1}$$

式中，D 为沙障间距；H 为沙障高度；α 为沙面坡度。

风力弱时，沙障间距可大，风力强时，沙障间距就要缩小。沙障材料属性也是沙障设置时需要考虑的因素，孔隙度大的沙障材料，沙障间距可大，孔隙度小的沙障材料，沙障间距则需要缩小。

6）沙障类型及沙障材料的选用

不同类型的沙障有不同的作用，因此，在选用沙障类型时，应根据防护目的因地制宜灵活确定。若以防风蚀为主，则应选用半隐蔽式沙障；若以载持风沙流为主，则应选用透风结构的高立式沙障（刘畅，2011）。

选用沙障材料时，则主要考虑取材容易、价钱低廉、固沙效果良好、副作用小的材料（刘畅，2011）。以往多采用麦草、板条、砾石和黏土等较易取得的材料，

近年来经济环保的人工材料开始在许多荒漠化地区推广应用，如生物可降解聚乳酸纤维（PLA）等。

3. 沙障设置方法应用举例

1）高立式沙障

制作材料：芨芨草、芦苇、板条和高秆作物等。

设置方法：把材料做成 70～130cm 的高度，在沙丘上划好线，沿线开沟 20～30cm 深。将材料基部插入沟底，下部加一些比较短的梢头，两侧培沙，扶正踩实，培沙要高出沙面 10cm。最好在降雨后设置（张奎壁等，1990）。

2）活动的高立式沙障

制作材料：木板和铁钉。

设置方法：用木板做成不透风的沙障；以行列式的沙障为主；高度与高立式沙障相近；可以随风向的变化而随时移动位置（张奎壁等，1990）。

3）半隐蔽式草沙障

制作材料：麦秆、稻草、软秆杂草等。

设置方法：在沙丘上划线，将材料（麦秆、稻草）均匀横铺在线道上，用平头锹沿划线方向压在平铺草条的中段用力下踩至沙层 10～15cm，然后从两侧培沙踩实（张奎壁等，1990）。

4）低立式黏土沙障

制作材料：黏土。

设置方法：根据风沙流情况设计沙障规格，划线，然后沿线按程序设计堆放黏土，形成高 15～20cm 的土埂，断面呈三角形。切忌出现缺口现象，以防掏蚀（张奎壁等，1990）。

5）平铺式沙障

制作材料：PLA。

设置方法：装沙工具可选用常见的 PVC 管，直径略大于 PLA 纤维织物，切割成 60cm 左右的长度，使施工人员坐在地上时都能将其提起。分割好以后将管的两头用砂纸打平，避免将 PLA 纤维织物挂套抽丝。PVC 管装沙操作（或 PLA 沙障作业）在具体施工时还需要一把剪刀。过程如下：①PVC 管[图 7-7（a）中 1]准备好以后，将 PLA 纤维织物[图 7-7（a）中 2]剪成适当的长度，一般十几米，一头打上结[图 7-7（a）中 3]以防止漏沙，另一头套在 PVC 管上，除在打结一头留出 50cm 左右用来盛沙外，其余部分全部堆套在 PVC 管上。②按照画好的沙障格线放好，并沿格线方向，将两侧沙土[图 7-7（b）中 4]装入 PVC 管，沙子会顺管流至管下预留的 PLA 织物内，稍加抖动即可将此处装满[图 7-7（c）]。这部分障体形成以后摆放在沙障格线上，然后将堆放在 PVC 管上的织物向下推出 50cm 左右的空间，再装沙，并随着沙袋障体的延长，PVC 管不断向前移动（图 7-8）。③如此反复，在移动过程中根据需要将沙袋障体由 PVC 管引导进行编织（周丹丹，2009）。

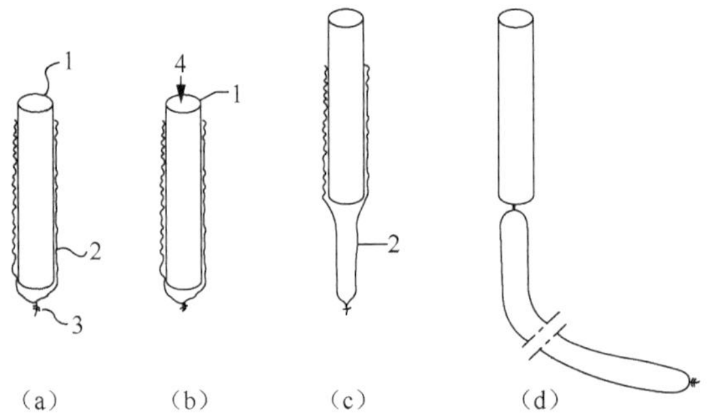

图 7-7　PLA 沙障作业过程示意图

图 7-8　PLA 沙障作业

4. 各类沙障效果的评价

1）高立式沙障

高立式沙障的防沙效果较好，适合在沙源距被保护区较远、沙丘高大、沙量较多的地段使用。该沙障易造成流沙堆积，使被保护区仍有受沙害威胁的现象存在，因此在被保护区附近不宜采用此类沙障。而且该沙障设置后需要经常维修，耗费工料。

2）半隐蔽式沙障（低立式沙障）

（1）格状草沙障。其特点是取材方便；施工方法简便易行；成本相对较低；显著增大地表粗糙度，削减沙表面风速；固沙效果较好。

（2）黏土沙障。其特点为成本低，可以就地取材；有较强的保水能力；对植物治沙有利；但受地区的限制较大。

7.2.3 化学措施

严格来说，化学治沙措施也属于工程措施，其作用和机械沙障一样属于治标措施，是植物治沙的辅助、过渡和补充措施。其主要是利用具有一定胶结性的稀释化学物质喷洒于松散的流沙地表面，水分迅速渗入沙层以下，而那些化学胶结物质滞留于一定厚度的沙层间隙，将单粒的沙子胶结成一层保护壳，以此来隔开气流与松散沙面的直接接触，从而起到防止风蚀的作用。这种作用是属于固沙型的，只能使沙子就地固定不动，对过境风沙流中所携带的沙粒没有防治效能（赵正华，2006）。

1. 化学治沙作用原理

化学治沙作用原理比较复杂，不仅与沙粒的性质（化学成分、机械组成等）有关，而且与化学治沙液本身的理化性质（分子结构、分子大小、黏度、吸附力等）有很大关系。根据使用材料与沙粒之间的作用特征，化学治沙作用原理可分为以下几种。

1）表层覆盖

将治沙材料（如沥青等石油产品及其乳液）喷于沙面后，由于受沙粒的强烈吸附和电性作用，绝大部分治沙材料被阻挡在沙面，形成极薄且强度很弱的封闭层。

2）黏结作用

几乎所有治沙材料均具有黏结作用。化学治沙液充满沙粒孔隙后能增加沙粒间的相互作用，使沙粒很好黏结，形成固结层。

3）水化作用

治沙材料（如水泥）与沙粒作用，形成强而脆的固结层。

4）沉淀作用

使用某些治沙材料如水玻璃与增强剂治沙时，水玻璃渗透并填充到沙粒间隙，与增强剂发生沉淀作用，形成强而脆的保护结构。

5）聚合作用

使用聚合物和胶乳治沙，结果是沙粒被高黏结性的坚韧聚合物链封闭，形成强度高且具有弱性和刚性的固结结构。

2. 化学治沙材料的分类

化学治沙材料按其来源、性质、成分、形成保护层的性质和对水作用性能的不同，分类情况如下（周丹丹，2009）。

1）按原料来源分类

（1）天然化学治沙材料，是天然物质和已有化工产品，无须加工即可直接治沙，如泥炭、黏土、水泥、高炉矿渣、原油、渣油、沥青、纸浆废液等。

（2）人工配制化学治沙材料，需进行一般化学处理或乳化而成，如硅酸盐乳液、乳化石油产品等。

（3）合成化学治沙材料，利用现代合成化工技术将某种或几种材料单体聚合或缩合而成，如聚酯树脂、合成橡胶乳液等（周丹丹，2009）。

2）按原料性质分类

（1）无机胶凝治沙材料，又可分为水硬性胶凝材料（如水泥、高炉矿渣）和气硬性胶凝材料（如泥炭、黏土、水玻璃等）。

（2）有机胶凝治沙材料，属于石油产品类的有原油、重油、渣油、沥青及其乳液等；属于高分子聚合物类的有橡胶乳液等（周丹丹，2009）。

3）按成分分类

化学治沙材料按成分可分为 7 类：硅酸盐类、硅铝酸盐类、木质素类、石油馏分类、树脂类、橡胶乳类及植物油类（周丹丹，2009）。

4）按形成保护层性质分类

化学治沙材料按形成保护层性质可分为刚性结构材料（如水泥、水玻璃、聚酯树脂等）、塑性结构材料（如石油产品及其乳液）、弹性结构材料（如橡胶乳液）3 类（周丹丹，2009）。

5）按与水作用的性能分类

化学治沙材料按与水作用的性能主要分为亲水性材料（如聚乙烯醇、水解聚丙烯腈、聚醋酸乙烯乳液等）和疏水性材料（如石油产品、聚酯树脂等）2 类。

3. 化学治沙材料的选择与化学固沙物质的种类、组成

1）选择标准

化学治沙材料的选择标准如下：①材料本身无毒，不污染环境；②材料对气候环境具有适应性、高效性；③成本低廉，作用持久，治沙效果好；④能提供植物赖以生存的基本要素——水、土，对植物发芽和生长没有副作用；⑤使用简便，不需要特殊设备（杨凤娟，2009）。

2）化学固沙物质的种类和组成

（1）沥青乳液组成为石油沥青、乳化剂（用硫酸处理过的造纸废液或油酸钠）、水。

（2）沥青化合物组成为 30%～50%的沥青或黏油、30%～50%的矿石粉、30%～35%的水。

（3）涅罗森组成为含氮物质 0.3%，石炭酸 0.3%，酚类化合物 21.4%，沥青质酸 0.7%，中性沥青质 13.3%，中性油、烃和中性氧化物 64%。

（4）油-胶乳组成为橡胶乳。

（5）沙粒结块固沙，在沙中加黏结剂，增加沙粒团聚成分，同时栽植固沙植物，以此来达到固定流沙的目的。

4. 化学治沙效果评价

1）抗风蚀

化学治沙材料一般可使用 4～5 年，如喷洒质量好、未遭人畜破坏，可使用 10 年以上。

2）透气性

喷洒沥青乳液后，对沙粒的透气性影响不大。喷与未喷沙层中的二氧化碳及氧气的量基本相同。

3）保水性与透水性

保水性：喷洒乳液后沙层中的含水量比天然条件下沙层中的含水量高，说明其保水性好。透水性：说法不一，需进一步研究。一般喷洒量大基本不透水，喷洒量小时则透水性较好。

4）蒸发量

蒸发量大时，喷洒量明显影响蒸发量。

5）温度

沙面铺沥青后，对土壤温度影响有季节变化。在夏季，高出地面 3cm 处和地

表以下 5cm 处，铺沥青沙面的温度均低于未铺沥青沙面，5cm 以下温度差别不大，一般在 1～1.5℃。在春、秋两季，温度出现相反的变化。有沥青防护层沙面的沙层温度均有提高。在 25～100cm，提高 0.5～0.8℃，200cm 深处提高 1.3～3.0℃。

6）对植物生长的影响

（1）使植物免受风蚀、沙埋、沙打、沙割的危害。

（2）改善沙地土壤的水温条件，有利于植物的生长。

（3）春秋两季沥青防护层下沙地土壤温度较高，延长了植物的生长期。

（4）夏季铺沥青沙层温度低于未铺沙层，免遭日灼的危害。在有沥青保护层的地段，种子发芽可提早 4～6d，生长速度可以增加 1.3～2 倍，死亡率可减少 50%。

（5）沥青中的微量放射性物质对植物有一定的刺激作用，使植物生长效果较好。

目前，在我国化学措施不如机械（工程）措施应用得那么普遍，主要在于制造乳化沥青的全套设备购置及制作技术等尚有一定的困难，限制了这一措施的推广应用（张奎壁等，1990）。

7.3　水蚀荒漠化土地治理的技术措施

水蚀分布广泛，在山区、丘陵区和一切有坡度的地面发生暴雨时都会产生水蚀。水蚀的特点是以地面的水为动力冲走土壤。水土保持措施可分为 3 类（刘宝元等，2013），即生物措施、工程措施和耕作措施。凡是种植和培育生物以增加地表覆盖的措施都称为生物措施，如植树、种草、封育、生物结皮、植物护路、防护林带、植物篱等。在耕作过程中，必须用推土机、挖掘机或人工修筑建造，而无法用一般耕作工具完成的措施称为工程措施，如梯田、谷坊等。在耕作过程中，凡是用犁地、中耕等耕作工具完成的措施称为耕作措施，如横坡耕作、免耕等措施（刘宝元等，2013）。

7.3.1　生物措施

生物措施，又称为水土保持林草措施，是指在山地丘陵区以控制水土流失、保护和合理利用水土资源、改良土壤、维持和提高土地生产潜力为主要目的所采取的造林种草措施。生物措施根据地形（或小地貌）+防护性能+生产性能，或地形（或小地貌）+防护性能（或生产性能）可以分为以下几类：①山顶防护林，位于山顶，保持水土，涵养水源，获取木材；②护坡薪炭林，位于较缓坡，防止各类坡面侵蚀，以薪材为主；③坡面水土保持林，位于陡坡，防止各类坡面侵蚀；④沟头防护林，位于沟头，防止水蚀和重力侵蚀（张奎壁等，1990）。

在小流域范围内，水土保持林体系的合理配置，要体现各个林种的生物学的稳定性，显示其最佳的生态经济效益，从而达到流域治理持续、稳定、高效的人工生态系统建设目标（李旋，2012）。水土保持林体系配置的组成和内涵，主要基础是做好各个林种在流域内的水平配置和立体配置（李旋，2012）。水平配置是指水土保持林体系内各个林种在流域范围内的平面布局和合理规划。在规划中要贯彻“因害设防，因地制宜”“生物措施和工程措施相结合”的原则；在林种配置的形式上，兼顾流域水系的上游、中游、下游，流域山系的坡、沟、川，左岸、右岸之间的相互关系；同时，应考虑林种占地面积在流域范围内的均匀分布和达到一定林地覆盖率等问题（李旋，2012）。立体配置是指某一林种组成的树种或植物种的选择，和林分立体结构的配合。根据林种的经营目的，立体配置要确定林种内树种、其他植物种及其混交搭配，形成林分合理结构，以加强林分生物学稳定性和形成开发、利用其短期、中期、长期经济效益的条件（李旋，2012）。要注意当地适生植物种的多样性及其经济价值。还应注意在水土保持与农牧用地，河川、道路、庭院，水利设施等结合中的植物种的立体搭配（张奎壁，1990）。总体上，林种立体配置应强调以下几点：①针对防灾需要和所处立地条件而合理选择树种或植物种；②对选定的树种或植物种，依其生物学特性、生态学特性处理好植物种间的关系；③林分密度的确定，除应考虑一般确定林分密度的原则之外，还要注意林分防护灾害的需要及所用树种和植物种的特性（张奎壁等，1990）。

通过林种的水平配置与立体配置可达到：①使林农、林牧、林草、林药合理结合形成多功能、多效益的农林复合生态系统；②林中有农、林中有牧，利用植物共生、时间生态位重叠，充分发挥土、水、肥、光、热等资源的生产潜力，不断培肥地力，以达到最高的土地利用率和土地生产力（张奎壁等，1990）。

在山区和丘陵区，不论从水土保持林占地面积和空间，从控制水土流失、调节河川径流功能，还是开发山区、发展多种经营、形成林业产业等方面，水土保持林体系都占有极其重要的地位。

1）山丘区水土保持林体系

水土保持林体系同单一的防护林种不同，它是根据区域的历史条件和防灾、生态建设的需要，将多功能、多效益的各个林种结合在一起，形成一个地域性、多树种、高效益的有机结合的防护整体。这种水土保持林体系的营造和形成，往往构成地域生态建设的主体和骨架，发挥主导的生态功能与作用。

这些水土保持林林种及其形成的体系，实际上还包括流域内所有木本植物群体、天然林、人工乔灌木林和经济林等。这些林业生产用地反映各自的经营目的，但均发挥水土保持、水源涵养和改善区域生态环境的功能与效益。这是因为它们在流域范围内既覆盖一定面积，又占据一定空间，同样发挥改善生态环境和保持水土的作用。在流域范围内的水土保持林体系应由所有以木本植物为主的植物群体组成。

2）坡面水土保持林体系（周春来，2013）

（1）坡面水土保持（或水源涵养）用材林。

坡面水土保持（或水源涵养）用材林的配置目的：①过度放牧、开采等使原有植被遭到严重破坏、覆盖度很低、引起严重水土流失的山地坡面，需要人工营造水土保持林以防止坡面进一步侵蚀，并在增加坡面稳定性的同时，争取获得一些小径用材。②在小流域的高坡山的水源地区，山地坡面由于不合理的利用，植被状况恶化，引起坡面水土流失和水文状况恶化。这样的山地坡面，依托残存的次生林或草灌植物等，通过封山育林，逐步恢复植被，形成树种占优势的林分结构，以发挥较好的调节坡面径流、防止土壤侵蚀、增强涵养水源和提高木材蓄积量的作用。

坡面水土保持（或水源涵养）用材林配置的特点：①人工营造坡面水土保持用材林。以培育小径材为主要目的的护坡用材林，应通过树种选择、混交配置或其他经营技术措施来达到经营目的。一方面，要保障和增加目的树种的生长速度和生长量；另一方面，要力求长短结合，及早获得其他经济收益。②水源地区水源涵养用材林封山育林。水源地区水源涵养山地依托残存的次生林或草、灌等植物，采用封山育林可恢复水源涵养林并形成稳定林分。封山育林基本模仿自然植被形成和发展的过程。该地区用材具备适于多种植物生长的生态环境条件，恢复和培育森林，可遵循生态原理，形成多树种、多层次、异龄化的林分结构，可利用乔、灌、草、针叶、阔叶树种，深根和浅根植物，耐阴和喜光树种，速生和慢生树种，改善土壤肥力强弱不等的树种，经济价值高低不同的树种等组合形成不同林分结构。这种以木本植物为主的自然生态群落具有很强的稳定性和内部自我调节能力，表现出较强的涵养水源的生态功能。这种人工林干预下的森林自然恢复过程可有目的地突出林分结构中经济价值较高的树种占据林分组成中的优势，从而保证林分具有较高的生态经济价值。

（2）护坡薪炭林。

护坡薪炭林的配置目的：解决农村生活用能源；防止水土流失。发展薪炭林解决农村生活用能源比其他常规能源有其独特的特点，如薪炭林营造投资少，见效快，生产周期短；薪炭林作为燃料不污染环境；良好的薪炭林，其水土保持作用及其他综合经济效益也不容忽视。

护坡薪炭林的配置特点：土地利用规划中，可选择水土流失严重的坡地作为人工营造护坡薪炭林的土地。树种一般应选择适应干旱、瘠薄土地，耐平茬，生物产量高，并且有较高价值的乔、灌木树种。

（3）复合林牧护坡林。

复合林牧护坡林的配置目的：山地斜坡的利用方向如为牧业用地，复合林牧护坡林的任务在于恢复植被并提高牧草产量，或为人工培育牧草创造必要的条件，利用林业本身的特点为牧畜直接提供饲料，并保障护坡或草场免于水土流失和牧畜免受大风、寒冻之害。北方山区有些地方是我国的畜牧业基地，但是，受自然、历史条件等的影响，山区草牧场无节制放牧结果使草场载畜量低、牧草覆盖度小、可食性牧草种类日渐减少，不仅严重地限制畜牧业（多为牛、羊）的发展，还加剧水土流失和林牧矛盾。正因为如此，畜牧业可提供给农业的有机肥料、牧草的数量和质量远远不能满足需要，从而影响山区经济的发展。因此，有计划地恢复和改善天然草场，积极发展和培育人工草场，改善牧场管理，充分满足饲草的需要，成为发展畜牧业的关键。

复合林牧护坡林的配置特点：配置山地放牧林时，可根据地形条件沿等高线布设短带，每带长 10～20m，每带由 2～3 行灌木组成，带间距 4～6m，水平相邻的带与带间留出缺口，以便牲畜通过。选用的树种，除了灌木外，也可用乔木树种。不论应用何种配置形式，均应使灌木丛（或乔木树丛）有条件形成大量嫩叶，以便于牧畜直接采食。

7.3.2　工程措施

工程措施是水土保持综合治理措施的重要组成部分，是指通过改变一定范围内（有限尺度）小地形（如坡改梯等平整土地的措施），拦蓄地表径流，增加土壤降雨入渗，改善农业生产条件，充分利用光、温、水土资源，建立良性生态环境，减少或防止土壤侵蚀，合理开发、利用水土资源而采取的措施。根据兴修目的及其应用条件，我国水土保持工程可以分为以下 4 种类型：①山坡防护工程；②山沟治理工程；③山洪排导工程；④小型蓄水用水工程（曹国军，2009）。

1. 山坡防护工程

山坡防护工程包括：梯田、拦水沟埂、水平沟、水平阶、水簸箕、鱼鳞坑、山坡截流沟、水窖（旱井）及稳定斜坡下部的挡土墙等（曹国军，2009）。

（1）梯田。梯田是指在丘陵山坡地上沿等高线方向修筑的条状阶台式或波浪式断面的田地，是治理坡耕地水土流失的有效措施，蓄水、保土、增产作用十分显著。梯田的通风透光条件较好，有利于作物生长和营养物质的积累。按田面坡度不同梯田有水平梯田、坡式梯田、复式梯田等不同类型。梯田的宽度根据地面坡度大小、土层厚薄、耕作方式、劳力多少和经济条件而定，并与灌排系统、交通道路统一规划。修筑梯田时宜保留表土，梯田修成后，配合深翻、增施有机肥料、种植先锋作物等农业耕作措施，加速土壤熟化，提高土壤肥力（刘文学，2015）。

（2）拦水沟埂。拦水沟埂是一种蓄水式沟头防护工程，以蓄为主，用改变小地形的方法防止坡地水土流失，将雨水及融雪水就地拦蓄，使其渗入农地、草地或林地，减少或防止形成坡面径流，增加农作物、牧草及林木可利用的土壤水分。同时，将未能就地拦蓄的坡地径流引入小型蓄水工程。在有重力侵蚀危险的坡地上，可以修筑拦水沟埂，防止滑坡作用（刘宇峰，2013）。

（3）水平沟。水平沟是在坡地上沿等高线开沟截水和植树种草，以防水土流失的措施，是指在山坡上沿等高线每隔一定距离修建的截流、蓄水沟（槽）。沟（槽）内间隔一定距离设置一个土挡以间断水流。在坡面不平、覆盖土层较厚、坡度较大的丘陵坡地，沿等高线修筑用来横向拦截坡面径流、防止冲刷、蓄水保土的土挡，也被视为水平沟。设计和修筑水平沟需要依据坡面坡度、土层厚度、土质和雨量而定（方少文等，2012）。

水平沟的间距和断面大小，应以保证暴雨不至于引起坡面水土流失为设计原则。坡陡、土层薄、雨量大的区域，沟距应适当减小，相反，沟距应加大。水平沟在缓坡修筑时应浅而宽，在陡坡时应深而窄。一般沟距为 3.0～5.0m，沟口宽为 0.7～1.0m，沟深为 0.5～1.0m。

（4）水平阶。水平阶是指山区沿等高线自上而下内切外垫，修成一个外高里低的台面。在土石山区，坡度大（10°～25°）坡面上采用水平阶具有蓄水保土的功能。水平阶的设计类同梯田，实际相当于窄式梯田，阶面面积与坡面面积之比为 1∶（1～4）（刘松林，1990）。

（5）水簸箕。我国西北黄土高原地区为防止水土流失，在坡地宽而浅的沟中，修筑一道或数道平顶土埂，形似簸箕（刘松林，1990），故而得名水簸箕。

（6）鱼鳞坑。是在较陡的梁峁坡面和支离破碎的沟坡上沿等高线自上而下挖的半月形坑，呈品字形排列，形如鱼鳞，故称鱼鳞坑。鱼鳞坑具有一定蓄水能力，在坑内栽树，可保土、保水、保肥（刘松林，1990）。

（7）水窖（旱井）。土质地区的水窖多为圆形断面，可分为圆柱形、瓶形、烧杯形、坛形等，其防渗材料可采用水泥砂浆、黏土或现浇混凝土；岩石地区的水窖一般为矩形宽浅式，多采用浆砌石砌筑。根据形状和防渗材料，水窖形式可分为黏土水窖、水泥砂浆薄壁水窖、混凝土盖碗水窖、砌砖拱顶薄壁水泥砂浆水窖等（赵学远，2012）。

（8）挡土墙。挡土墙是指支承路基填土或山坡土体、防止填土或土体变形失稳的构造物。在挡土墙横断面中，与被支承土体直接接触的部位称为墙背；与墙背相对的、临空的部位称为墙面；与地基直接接触的部位称为基底；与基底相对的、墙的顶面称为墙顶；基底的前端称为墙趾；基底的后端称为墙踵（李文等，2011）。

2. 山沟治理工程

山沟治理工程的目的在于防止沟头前进、沟床下切、沟岸扩张，减缓沟床纵坡，调节山洪、洪峰流量，减少山洪或泥石流的固体物质含量，使山洪安全排泄，对沟口冲积锥不造成灾害。山沟治理工程有沟头防护工程，谷坊工程，以拦蓄泥沙为主要目的的各种拦沙坝，以拦泥淤地、建设基本农田为目的的淤地坝及沟道、防道、防岸工程等（王玉平，2013）。

（1）沟头防护工程。修建沟头防护工程的重点位置应为，沟头以上天然集流槽，暴雨中坡面径流由此集中泄入沟头，引起沟头前进和扩张（王玉平，2013）。沟头防护工程的主要任务应为，制止和促使坡面暴雨径流由坡面进入沟道或有控制地进入沟道，减少溯源侵蚀，保护地面不被沟壑切割破坏（隋学群等，2006）。沟头防护工程的防御标准是，能够防御十年一遇的 3～6h 的大暴雨。可根据各地不同降雨情况，分别采取当地产生严重水土流失的短历时、高强度暴雨。沟头防护工程主要包括蓄水型和排水型 2 种工程布局（赵婷等，2011）。

（2）谷坊工程。谷坊是在易受侵蚀的沟道中，为了固定沟床而修筑的土、石建筑物。谷坊横卧在沟道中，高度一般为 1～3m，最高 5m。谷坊工程有以下作用：①抬高沟底侵蚀基点，防止沟底下切和沟岸扩张，并使沟道坡度变缓；②拦蓄泥沙，减少输入河川的径流量；③减缓沟道水流速度，减轻下游山洪危害；④坚固的永久性谷坊群有防治泥石流的作用；⑤使沟道逐段淤平，形成可利用的坝阶地

（关丽梅，2012）。

（3）拦沙坝。拦沙坝是在沟道中以拦蓄山洪及泥石流中固体物质为主要目的的拦挡建筑物。它是荒溪治理的主要工程措施，坝高一般为 3～15m。拦沙坝有以下作用：①拦蓄山洪或泥石流中的泥沙（包括块石），减轻对下游的危害；②抬高坝址处的侵蚀基准，减缓坝上游沟床坡降，加宽沟底，减小水深、流速及其冲刷力。

（4）淤地坝。淤地坝是指在水土流失地区各级沟道中，以拦泥淤为目的而修建的坝工建筑物，其拦泥淤成的地叫坝地。在流域沟道中，用于淤地生产的坝称为淤地坝或生产坝。一条沟内修建多个淤地坝是中国黄土高原水土流失严重地区重要而独特的治沟工程体系。其主要目的是滞洪、拦泥，淤地、蓄水，建设农田，发展农业生产，减轻黄河泥沙（关丽梅，2012）。

3. 山洪排导工程

山洪排导工程的作用在于防止山洪或泥石流危害沟口冲积锥上的房屋、工矿企业、道路及农田等具有重大经济意义及社会意义的防护对象。山洪排导工程有排洪沟、导流堤等（王玉平，2013）。

（1）排洪沟。排洪沟是为了预防洪水灾害而修筑的沟渠，在遇到洪水灾害时能够起到泄洪作用。排洪沟一般多用于矿山企业生产现场，也可用于保护某些建筑物或者工程项目的安全。目前按照使用功能，主要分为城市防洪和水利防洪。

（2）导流堤。导流堤也称导水堤或引水坝，是一种用以平顺引导水流或约束水流的建筑物。导流堤有平行线形、扩散形及弯曲形，用土石料或砌石等筑成。在不稳定河道上，为保证灌溉取水，常采用导流堤式渠首，在引水口下端筑堤，并向河道上游主流方向延伸，能集中、束缩、平顺引导水流进入进水闸。如河流不稳定而又多泥沙时，用导流堤形成稳定的引水弯道式取水渠首，造成人工环流，将表层水导入进水闸，而将含沙量较大的底流导入冲沙闸，起引水防沙作用。导流堤设置在泄水、冲沙或其他过水建筑物的进口或出口处，可以分隔、约束水流，平顺引导水流进出，避免干扰、淤积，保护岸坡或其他建筑物不受冲刷。导流堤在水利工程中应用较广。

4. 小型蓄水用水工程

小型蓄水用水工程的作用在于将坡地径流及地下潜流拦蓄起来，减少水土流失危害，灌溉农田，提高作物产量。小型蓄水用水工程包括小水库、蓄水塘坝、引洪漫地等（王玉平，2013）。

（1）小水库。小水库是指库容在 10 万～1 000 万 m^3 的水库。其中，库容在 100 万～1 000 万 m^3 的为小Ⅰ型水库，库容在 10 万～100 万 m^3 的为小Ⅱ型水库（关丽梅，2012）。

（2）蓄水塘坝。蓄水塘坝是在山区或丘陵地区修筑的一种小型蓄水工程，拦截和贮存当地地表径流的蓄水量不足 10 万 m^3 的蓄水设施。蓄水塘坝可用来积聚附近的雨水、泉水，灌溉农田。

（3）引洪漫地。引洪漫地是应用导流设施把洪水引入耕地或低洼地、河滩地以改善土壤水分、养分条件的措施。

7.3.3　耕作措施

耕作措施是指在遭受水蚀和风蚀的农田中，采用改变微地形、增加地面覆盖和土壤抗蚀力的方法，实现保水、保土、保肥、改良土壤、提高农作物产量的系列农业耕作方法，对防治水土流失、促进农业增产具有十分重要的作用。它同生物措施、工程措施并称为水土保持的三大措施。根据所起的作用，耕作措施可分为 3 大类：①以改变微地形为主的措施，如等高耕作、等高带状间作、等高沟垄种植等；②以增加地面覆盖为主的措施，如秸秆覆盖、留茬、密植等；③以增加土壤入渗为主的措施，如深松耕、免耕等。

各地耕作措施都有显著减少径流冲刷、改良土壤、增加产量的效果。近年来，将传统农业耕作技术与新的科学技术结合起来，耕作措施已发展到较高水平，成为坡耕地水土流失治理的重要手段。这对世界上大多数国家的农业生产具有重要的现实意义。

1. 耕作措施的一般方法

1）松碎土壤

作物种植过程中，由于各方面的作用，土壤逐渐下沉、耕层变紧、总孔隙减少，特别是大孔隙所占比例降低、土壤容重加大，影响好气微生物活动、养分的分解和作物根系下扎。松碎土壤可以减缓土壤下沉、增大孔隙度、减小土壤容重。

2）翻转耕层

将耕作层土壤上下翻转，可以改变土层位置，改善耕层理化及生物学性状；翻埋肥料、残茬、秸秆和绿肥，可以调整耕层养分的垂直分布，培肥地力，同时可消灭杂草和病虫害，消除土壤有毒物质。

3）混拌土壤

采用有壁犁和旋耕犁耕地，使用圆盘耙或齿耙耙地，可以混拌土壤，将肥料均匀地分布在耕层中，使土肥相融，成为一体，改善土壤的养分状况，并可使肥土与瘦土混合，使耕层形成均匀一致的营养环境。

4）平整地面

平整地面的作用：首先，减少耕层表面积，减少土壤与外界环境的接触面，减少土壤水分的蒸发，有利于保墒。其次，便于播种机作业，提高播种质量，使播种深浅一致，下种量均匀，从而使种子发芽、出苗整齐，达到苗壮效果，为作物生长发育打下良好的基础。最后，对盐碱地可减轻返盐，有利于播种保苗，同时也可以提高盐碱地洗盐效果。

5）压紧土壤

在某些生产条件下，土壤经过耕作，造成土壤过于疏松，甚至垡块架空，耕层中出现大孔洞。在土壤过松的情况下，就要采取镇压的措施。

6）开沟培垄、打埂做畦

开沟培垄、打埂做畦也是土壤耕作措施。在高纬度和高海拔地区开沟培垄、打埂做畦，可提高地温。在多雨高温地区开沟培垄、做高畦，目的主要是为了排水。在种植块根、块茎类作物的地上开沟培垄，可以使耕层土壤相对加厚。在水浇地上打埂做畦，便于平整地面，有利于浇水。在风沙严重地区挖沟做垄，可以减轻风蚀。

2. 典型耕作措施

1）等高沟垄种植

等高沟垄种植也称为等高沟垄耕作，即横坡起垄，在坡面上沿等高线开犁，形成沟和垄，在沟内或垄上种植作物。这种措施通常与地埂植物带、深耕、间作套种等其他措施相互结合使用（赵梅等，2014）。

等高沟垄种植的目的是拦蓄降水，减少地表径流及其携带的泥沙，增加土壤水分入渗。等高沟垄种植适用于坡度小于5°的缓坡耕地。在东北地区的传统耕作中，常采用顺坡起垄耕作方式。当降雨来临时，雨水顺坡而下，容易携带大量泥沙，造成土壤侵蚀。长期的顺坡耕地，坡长逐渐缩短，坡度逐渐增大，坡中处的肥沃黑土容易被径流带走，露出黄颜色的成土母质。有些侵蚀严重的地方甚至露出石层，只好弃耕，造成大面积耕地的浪费。因此，在这些地区应采取横坡起垄耕作的方式，即等高沟垄种植。与顺坡耕作相比，这种方法能有效减少水土流失。首先，沿等高线方向的每条垄相当于一条小坝，它不仅能就地拦蓄雨水，当降雨量大于入渗量的时候，垄沟还能暂存未入渗的雨水，防止垄沟内产生的径流顺坡下泻，减少了雨水对坡面的冲刷，增加了土壤含水率，保持了土壤养分。其次，等高沟垄种植降低种植方向的坡度，有些地方可以减少到 0°，达到水平，可大大减少耕作侵蚀的发生，降低侵蚀速率（赵梅等，2014）。

等高沟垄种植，每年春季或者秋季起垄。首先，应根据不同地形、土壤质地、坡度等条件，按“大弯就势、小弯取直”的原则定线。同时兼顾农耕具的播幅和耕幅，适时调整垄向。在风蚀地区，还应兼顾耕作方向与主风方向正交或呈大于 45° 角的方向调整垄向（赵梅等，2014）。

2）垄向区田

垄向区田也称为垄作区田，是指在坡耕地的垄沟中按一定距离修筑的高度略低于垄高的土坎，土坎把垄沟分成许多小浅穴，土挡拦截降雨，小浅穴贮存雨水，垄上种植作物，起保水、保土、保肥的作用（赵梅等，2014）。

早在 20 世纪 40 年代，在黄土高原和北方干旱区域已有垄向区田。到 60 年代，水土保持强调人造平原，大搞梯田建设，导致黄土高原地区放弃垄向区田的推广和研究。我国东北地区垄向区田的研究和推广始于 20 世纪 90 年代，美国和非洲在 20 世纪 30～50 年代也有过类似研究（赵梅等，2014）。

垄向区田能够缩短坡长、降低坡度，每个浅穴底部近似平地，就地贮存降雨，直到浅穴中的雨水全部渗入土壤，成为土壤水。这样，垄上的作物不干旱、不缺水，垄沟间不积水，低地不涝，避免了径流冲刷土壤，保持了土壤结构，保证了土壤肥力的有效性，改善了作物的生长发育状况，使土壤环境趋于稳定，大大提高了作物产量（赵梅等，2014）。

垄向区田适用于水土流失严重、坡度小于 6° 的坡耕地，尤其适合干旱半干旱地区，雨量分明的湿润地区。无论是横坡垄还是顺坡垄，均可用此措施。在顺坡垄上，土挡拦蓄大雨，就地贮存降雨和冲刷的土壤；在横坡垄上，垄台和土挡共同拦蓄大雨和流失的土壤，防止坡耕地强降雨导致的水土流失。在已采取水土流失治理措施的坡耕地（如水平梯田、坡式梯田、生物带或截流沟）中运用该措施，效果更好（赵梅等，2014）。

垄向区田的建设方法：修筑垄向区田一般应在中耕后，雨季前期，6 月中下旬修建。垄向区田修筑技术的关键是根据垄的方向和坡度，确定 2 个土坎之间的最佳距离。在平川地上，通常 2 个土坎之间的距离越长，拦蓄降雨越多；但在坡耕地上，同样的挡距，坡度越大，2 个土挡之间的距离越小，拦蓄降雨越少。2 个土坎的距离过大时，会造成受雨面过大，坎内产生的径流和雨水集中到浅穴的下段，浪费容积，而且土坎容易被冲毁，不利于水分渗透；距离过小时，土坎占据可存蓄水的面积，拦水量减少。因此，沈昌蒲等（1997）定义最大土挡间距和最佳土挡间距，即当上一个土挡的底与下一个土挡的顶平齐时，单个浅穴的容积最大，此时的土挡间距称为最大土挡间距。但是，此时单位面积的总容水量并不是最大值。单位面积的总容水量最大时所对应的土挡间距称为最佳土挡间距，即最佳挡距，目标是使单位面积区间所形成的浅穴总容积最大，以最大限度地拦蓄降雨。土坎的高度一般低于垄台高度 2～3cm，宜为 12～14cm（王伟东等，2004）。

3）地埂植物带

地埂植物带分为单埂植物带和双埂植物带 2 种。通常所说的地埂植物带指单埂植物带，即在坡耕地上沿等高线方向等距离培修土埂，在土埂上种植灌木或多年生草本植物。双埂植物带也称为复合植物带，即在单埂植物带的上方或下方再修筑一条土埂，在 2 条土埂之间修筑蓄水排水工程。它是截流沟（竹节壕）和地埂植物带的结合体，比单埂植物带有更强的调蓄径流、拦蓄泥沙能力（赵梅等，2014）。

地埂植物带和复合植物带的目的均是截短坡长，调蓄径流，贮存水分，增加入渗，拦截泥沙，防止坡耕地水土流失。地埂植物带于 20 世纪 60 年代出现在黑龙江一带，现已在东北黑土区得到广泛应用。这种耕作措施适用于土层较薄、土石质较多、土壤条件不好的大面积坡耕地治理地区，埂上种植根系发达的草本或灌木。该措施具有“费省效宏”的特点，即施工简便、造价低、见效快、水土保持效果好、易于推广应用。随着植物带拦截泥沙量的增加，土埂内侧和原坡面之间的夹角会逐渐被植物带拦截的泥沙填平，因此，应逐年加高土埂。随着被填平面积的增大，坡面逐渐形成坡式梯田，多年后可发展成为水平梯田。复合植物带一般修筑在降雨量丰富（＞600mm）、坡耕地面积较大，且坡度较大（5°～10°）的区域，这些区域坡面通常易发生产流，土层较薄，不适宜修筑水平梯田。复合植物带集工程措施和生物措施于一身。就工程措施而言，它的两道埂及其之间的蓄水排水工程（通常为竹节壕）是一个统一的有机整体，与单埂植物带相比，具有更强的拦蓄水势、调蓄径流、拦蓄泥沙的能力；就生物措施而言，它增加林草覆盖率，改善坡面小气候环境。同单埂植物带一样，随着拦截泥沙量的增加，复合植物带坡面也会逐渐形成坡式梯田，最终发展为水平梯田。地埂植物带和复合植物带措施能够有效地解决漫垄面蚀和断垄出沟的问题，初步控制水土流失（赵梅等，2014）。

4）池田

池田在我国东北被称为台田（沈波，2001；李玉林，2003；冯孝严，2009），即在坡地上先修梯田，在梯田的田面上挖果树坑，并修筑土埂，土埂将田面分割成一个个方形小田块，每个小田块形似方形的池子，蓄水保土，起保水保土和促进作物生长的作用（赵梅等，2014）。

池田是小流域治理从单纯减水、减沙的“防护型治理”转向提高生态经济效益的“开发型治理”过程中总结出来的一种保水措施。目前在低山丘陵、漫川漫岗区土层较薄、地形复杂、降雨较少的坡地上得到广泛应用。池田主要通过每个小田面就地拦蓄降雨，蓄水保土；每个小田面又彼此相连成网状，覆盖在整个坡面上，大大提高水土保持效益；在田面内种植的果树容易成活，不仅提高经济效益，而且增加了荒山的林草覆盖度，提高生态效益。因此，池田对东北黑土区的“生态经济型”小流域治理模式、改善生态环境、促进社会经济可持续发展起到重要的推动作用（赵梅等，2014）。

5）竹节壕

在坡耕地上，沿等高线间断挖沟，用生土筑槽埂、熟土回填坑内而筑成的土槽，土槽一个一个排开，远远望去像竹节，故称竹节壕，也叫水平槽、水平沟、截流沟（赵梅等，2014）。

竹节壕是一种以蓄为主、全拦全蓄的治坡工程形式，适用于干旱半干旱地区，尤其是土壤瘠薄的低山丘陵区及土石山区。

竹节壕能够截短坡长，降低坡度，拦截径流，并将径流贮存在沟槽内，通过增大土壤入渗速率和延长入渗时间，蓄积更多的水分；在截获径流的同时，也使径流携带的泥沙、枯枝落叶或其他有机、无机物质沉积在槽内，不仅削弱土壤的侵蚀速度，而且这些富含营养元素的有机质沉淀物会促进土壤发育。

竹节壕换土沟内土壤比较疏松，在施工时破坏了土壤毛管孔隙，阻断了毛管上升力，使毛管水上升作用大大减弱。部分已上升到地表的土壤水分被地表枯枝落叶层阻挡。另外，茂密的植物和地表植被阻挡太阳光直射土壤表层，土壤蒸发一开始就进入土壤导水率控制阶段或扩散控制阶段，土壤起始含水量增加，湿润锋前进速率加快，起始入渗率和饱和入渗率均有所增加，因而竹节壕内蒸发过程进行得极其微弱，保证了植物生长所需的水分。

因此，坡地整成竹节壕后，不仅阻止水土流失，而且恢复土地的生物小循环，并在循环中不断积累营养物质，把荒坡改造成一个光、热、水、土相协调的农业生态环境和生产薪柴、水果、干果、药材，发展养殖业的优越土地资源。与池田相似，竹节壕的蓄水功能依靠群体效应，以整坡连片布局最佳（赵梅，2014）。

参考文献

爱东，陈善科，庄光辉，等，2005．内蒙古高原荒漠化治理途径的探讨[J]．草业科学，22（1）：15-17.

曹国军，2009．水土保持工程措施[J]．农民致富之友（22）：88.

方少文，赵小敏，莫明浩，2012．赣南红壤坡面不同措施径流泥沙及氮磷污染输出实验研究[J]．中国水利（18）：10-13.

冯改霞，毛训甲，马付生，等，2003．干旱地区荒漠化的防治及其对策[J]．河南林业科技，23（4）：46.

关丽梅，2012．浅谈北方防治水土流失的工程措施[J]．黑龙江科技信息（4）：245.

李庚堂，郜超，曹庆喜，2011．榆林沙区飞播造林治沙应用技术措施[J]．安徽农学通报，17（21）：101-102.

李文，叶春旺，2011．现代园林中景观挡土墙的表现方法探析[J]．黑龙江农业科学（3）：90-93.

李旋，2012．林业生态工程建设技术[J]．黑龙江科技信息（5）：264.

林为淦，刘明文，2012．几种沙障在沙荒风口造林中的应用与分析[J]．防护林科技（2）：12-14.

刘宝元，刘瑛娜，张科利，等，2013．中国水土保持措施分类[J]．水土保持学报，27（2）：80-84.

刘畅，2011. G111 线公路内蒙古科右中旗段沙害防治技术研究[D]. 长春：吉林大学.

刘松林，1990．水土保持工程[M]．北京：水利电力出版社.

刘文学，2015．二道门小流域综合治理的实践与思考[J]．水土保持应用技术（1）：33-34.

刘宇峰，2013．浅析水土流失的防治措施[J]．水利天地（3）：36-37.

刘志，2009．我国西部土地荒漠化防治的法律对策[J]．甘肃社会科学（6）：191-195.

沈昌蒲，刘福，张世玲，等，1997. 坡耕地垄作区田最佳挡距数学模型及其检验[J]. 水土保持通报，17（3）：1-5.

隋学群，崔晓伟，顾广发，2006．龙江县山丘区侵蚀沟治理措施探讨[J]．黑龙江水专学报，33（1）：113-114.

王伟东，白晓娟，2004．垄向区田技术[J]．水利科技与经济，10（2）：95.

王文彪，肖巍，2011．从沙物质粒度分析结果研讨沙生植物的固沙作用[J]．干旱区资源与环境，25（9）：132-137.

王玉平，2013．浅谈水土保持工程[J]．中国科技投资（z2）：350.

王占军，平学智，马继凯，等，2014．以色列荒漠化防治的成功经验及其对宁夏生态治理的启示[J]．宁夏农林科技，55（5）：20-22.

吴浪，朱成立，2016．南方崩岗侵蚀区农田土地质量及恢复技术研究[J]．学术论文联合比对库.

张彩霞，张勇，包永胜，等，2006．锡林郭勒盟白旗干草原地区沙漠化治理措施与对策[J]．内蒙古科技与经济（21）：9-10.

张奎壁，邹受益，1990．治沙原理与技术[M]．北京：中国林业出版社.

张艳华，陈静，赵景泉，2014．土壤肥力下降的原因及对策初探[J]．农业与技术（2）：16.

赵进友，2011．塔尔丁至肯德可克铁矿公路防沙障施工[J]．青海交通科技，2（2）：53-54.

赵梅，孟令钦，王秀颖，2014．地埂植物带在坡耕地治理中的作用与综合效益分析—以东北黑土区为例[J]．南方农业学报，45（6）：1015-1020．

赵婷，谢永生，江青龙，等，2011．京津水源区传统水土流失治理措施及水沙环境效应分析[J]．中国水土保持科学，9（6）：32-37．

赵学远，2012．积水窖在山区公路排水中的应用[J]．交通世界（运输车辆）（7）：222-223．

赵正华，2006．固沙用新材料及野外固沙综合技术研究[D]．兰州：兰州大学．

周春来，2013．山丘区及坡面水土保持林体系及其配置模式[J]．民营科技（4）：106．

周丹丹，2009．生物可降解聚乳酸（PLA）材料在防沙治沙中的应用研究[D]．呼和浩特：内蒙古农业大学．

附　　录

附录A

“蒙古高原西部草原中国内蒙古段”
2015年暑期考察报告

1. 项目来源和简介

根据中蒙两国科技合作意向，中国的内蒙古师范大学与蒙古国相关科研院所建立了科学研究合作关系。“蒙古高原干旱生态系统土地退化与防治研究”合作项目由中国的内蒙古师范大学地理科学学院海春兴教授与蒙古国科学院地理地质生态研究所巴图贺希格教授共同主持。

该项目于2015年夏天启动。根据研究计划，项目组成员于2015年7月29日至2015年8月4日前往鄂尔多斯市、乌海市、阿拉善盟、巴彦淖尔市、包头市等地进行野外实地考察。

2. 项目考察人员

参加考察的蒙古国科学院人员有6位：Ochirbat Batkhishig（巴图贺希格）、Khavtgai Zoljargal、Ganbat Byambaa、Purevjav Nyambayar、Tseden-Ish Bolormaa、Damba Ikhbayar。

参加考察的中国内蒙古师范大学人员有海春兴、周瑞平、敖登高娃、于红博、周丹丹、解云虎、周栓才。参加考察的人员（部分）如图A-1。

3. 考察内容

考察人员对沿途自然条件、社会文化、经济活动及其对环境的影响等进行了调研，具体内容如下。

2015 年 7 月 29 日在鄂尔多斯市伊金霍洛旗乌兰木伦镇补连塔煤矿进行复垦调查。查看露天采矿后采用挖深垫浅复垦技术进行人工土地复垦和井工开采后自然生态修复的案例（图 A-2～图 A-4）。

图 A-1　参加考察人员

图 A-2　露天矿开采后被复垦为池塘

图 A-3　露天矿开采后被复垦为池塘和绿地

图 A-4　井工煤炭开采塌陷后被风沙填平

2015 年 7 月 30 日考察鄂尔多斯市东胜区康巴什新区城市建设，之后前往乌海市参观煤化工企业，参观炭黑成品库，以及煤化工公司的主导产品，由专业人员介绍石油、煤焦油深加工产业链；特别介绍污水处理工程、海南区生活污水及化工废水的处理工艺。海南区的环境污染治理，为乌海市可持续发展提供了强力保障（图 A-5 和图 A-6）。

图 A-5　考察乌海煤化工厂（专业人员讲解石油、煤焦油深加工产业链等内容）

图 A-6　乌海海南工业园污水处理厂简介

考察乌海市煤化工企业后，乌海市园林部门领导向科考组介绍乌海市甘德尔山沙地建设治理情况及治理过程中黄河水向山上的分级调水工程，乌海市政府投资 6 亿元植树造林进行沙地绿化建设，在坡地采用植被毯技术进行绿化，防风固沙，防止水土流失（图 A-7～图 A-10）。在海拔 1 805.4m 的甘德尔山山顶塑成成吉思汗雕像，与山、水、生态、沙漠、大坝等旅游资源融为一体，形成大汗、大山、大湖、大漠的综合景观，旨在打造总用地面积为 36.9km^2 的甘德尔山生态文明景区。

图 A-7　草帘子（植被毯）治沙技术

图 A-8　大汗、大山景观（山顶为成吉思汗雕像）

图 A-9　甘德尔山治沙及绿化工程

图 A-10　大汗、大山、大湖、大漠景观（远处山顶为成吉思汗雕像）

科考组还参观黄河海勃湾水利枢纽，即乌海湖（图 A-11）。有关领导介绍黄河海勃湾水利枢纽工程的基本建设情况，以及在河段防凌调度过程中的重要作用。

2015 年 7 月 31 日到达巴彦淖尔市甘其毛都口岸，考察口岸煤炭运输、道路建设对草原的影响（图 A-12）。

图 A-11　乌海水利工程

图 A-12　甘其毛都口岸煤炭运输情景

科考组在通往甘其毛都口岸的公路两侧进行土壤采样，在公路中心两侧 50～100m 范围内，各取样 3 次，共 6 个样，每个样取 0～2cm、2～10cm、10～20cm

土层深度土壤，主要测量土壤湿度、土壤温度、土壤结构水稳性，并取土样做室内分析。采样点为低丘陵中部，植被主要为灌丛，有霸王、驼绒藜、小叶锦鸡儿、内蒙古旱蒿等（图 A-13～图 A-18）。各采样点经纬度和海拔高度如表 A-1 所示。

图 A-13　猫头刺

图 A-14　兔唇花

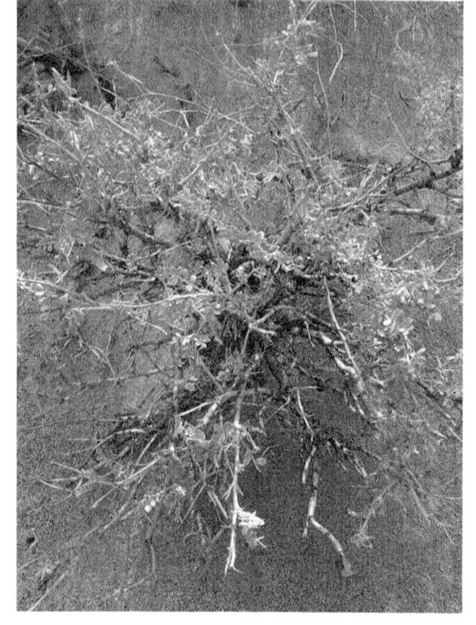

图 A-15　小叶锦鸡儿

图 A-16　内蒙古旱蒿

图 A-17　霸王

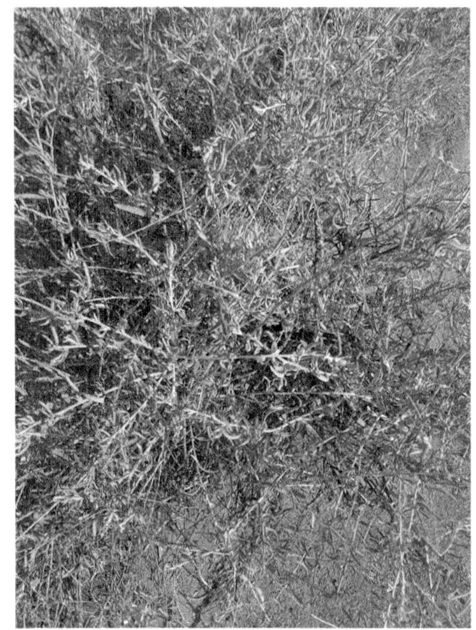

图 A-18　驼绒藜

表 A-1　甘其毛都各采样点经纬度和海拔

样点编号	经度	纬度	海拔/m	备注
G1w	N42°17′11.9″	E107°37′46.3″	1 181	甘其毛都路西 1 号点
G2w	N42°17′11.7″	E107°37′47.0″	1 181	甘其毛都路西 2 号点
G3w	N42°17′11.7″	E107°37′47.9″	1 181	甘其毛都路西 3 号点
G1e	N42°17′15.1″	E107°37′48.9″	1 182	甘其毛都路东 1 号点
G2e	N42°17′14.8″	E107°37′49.7″	1 184	甘其毛都路东 2 号点
G3e	N42°17′14.5″	E107°37′50.7″	1 184	甘其毛都路东 3 号点

2015 年 8 月 1 日，科考组前往阿拉善盟额济纳旗，沿途观看沙障和沙墙相结合的输沙固沙工程（图 A-19）。

科考组在额济纳旗参观黑城遗址，感受自然环境的变迁和历史的厚重（图 A-20）。

图 A-19　沙障

图 A-20　被流沙覆盖的黑城遗址

科考组参观水源不足等导致大片胡杨林枯死而形成的怪树林，有些胡杨还长有叶子（朽木逢春是胡杨生长的特点之一）（图 A-21）。

2015 年 8 月 2 日，科考组到达策克口岸，考察口岸煤炭运输、道路对草原的影响，远处观望居延海。

在额济纳旗—策克口岸的公路沿线取 3 个样地，每个样地间隔 15km，由南到北样地编号依次为 1 号、2 号、3 号（表 A-2）。每个样地距公路两侧 20m、40m、

60m 分别取 1 号、2 号、3 号样点，每个样点取样 6 个，3 个样地共取样 18 个（图 A-22 和图 A-23）。在 2 号样地，距公路 100m 处的两侧各取一个对照样。对表层土取样做重金属和有机质含量分析，同时测定土壤水稳性。样地为戈壁滩，植被主要为灌丛，有红柳、梭梭、白刺、红砂（图 A-24～图 A-26）。

图 A-21　怪树林

图 A-22　采集土壤样品

图 A-23　测量采样点距离

图 A-24　红柳

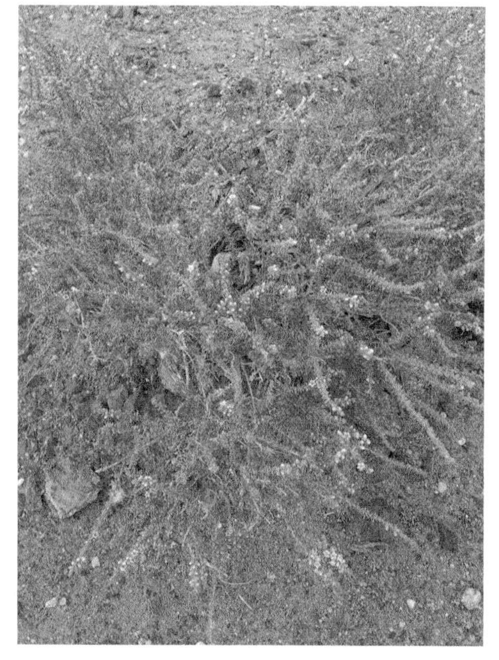

图 A-25　红砂

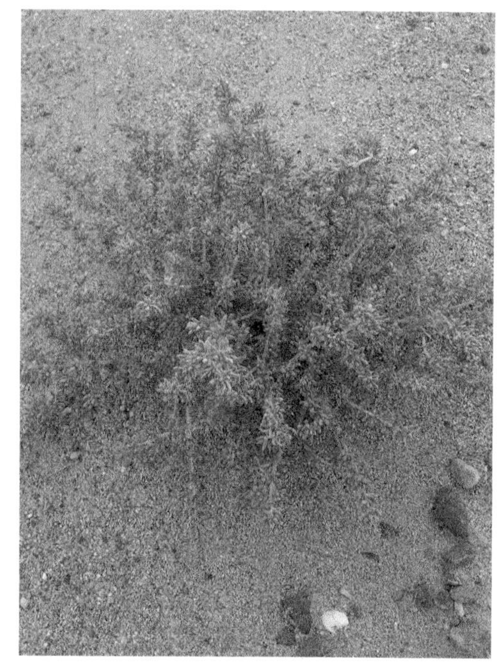

图 A-26　蛛丝蓬

表 A-2　额济纳旗—策克口岸公路沿线各样点经纬度和海拔

样点编号	经度	纬度	海拔/m	备注
EC1e1	N42°02′42.4″	E100°58′1.6″	922	额济纳旗—策克口岸 1 号样地公路东侧 1 号样点（距公路 20m）
EC1e2				额济纳旗—策克口岸 1 号样地公路东侧 2 号样点（距公路 40m）
EC1e3				额济纳旗—策克口岸 1 号样地公路东侧 3 号样点（距公路 60m）
EC1w1	N42°02′44.1″	E100°57′58.9″	920	额济纳旗—策克口岸 1 号样地公路西侧 1 号样点（距公路 20m）
EC1w2				额济纳旗—策克口岸 1 号样地公路西侧 2 号样点（距公路 40m）
EC1w3				额济纳旗—策克口岸 1 号样地公路西侧 3 号样点（距公路 60m）
EC2e1	N42°08′52.9″	E101°00′47.2″	917	额济纳旗—策克口岸 2 号样地公路东侧 1 号样点（距公路 20m）
EC2e2				额济纳旗—策克口岸 2 号样地公路东侧 2 号样点（距公路 40m）
EC2e3				额济纳旗—策克口岸 2 号样地公路东侧 3 号样点（距公路 60m）
EC2w1	N42°08′54.1″	E101°00′44.3″	915	额济纳旗—策克口岸 2 号样地公路西侧 1 号样点（距公路 20m）
EC2w2				额济纳旗—策克口岸 2 号样地公路西侧 2 号样点（距公路 40m）
EC2w3				额济纳旗—策克口岸 2 号样地公路西侧 3 号样点（距公路 60m）
EC3e1	N42°15′34.0″	E101°05′49.0″	907	额济纳旗—策克口岸 3 号样地公路东侧 1 号样点（距公路 20m）
EC3e2				额济纳旗—策克口岸 3 号样地公路东侧 2 号样点（距公路 40m）
EC3e3				额济纳旗—策克口岸 3 号样地公路东侧 3 号样点（距公路 60m）
EC3w1	N42°15′32.5″	E101°05′45.4″	904	额济纳旗—策克口岸 3 号样地公路西侧 1 号样点（距公路 20m）
EC3w2				额济纳旗—策克口岸 3 号样地公路西侧 2 号样点（距公路 40m）
EC3w3				额济纳旗—策克口岸 3 号样地公路西侧 3 号样点（距公路 60m）

2015 年 8 月 3 日，科考组考察白云鄂博稀土开发及道路对草原的影响，沿途观看风力发电厂的建设情况（图 A-27 和图 A-28）。

图 A-27　考察白云鄂博稀土开发

图 A-28　考察风力发电

在希拉穆仁草原，科考组参观中国水利部牧区水利科学研究所试验基地，专业人员带领参观并介绍径流实验场、自动土壤水分监测仪、风力发电、风能太阳能互补系统、风蚀监测站、旋转式集沙仪、降雨模拟场、大孔径闪烁仪、径流场水蚀监测系统、称重式蒸渗仪、风洞实验场等测量实验系统（图 A-29～图 A-33）。

图 A-29　土壤水蚀人工模拟场

图 A-30　草原土壤水蚀量测定装置

图 A-31 草原土壤风蚀量测定装置

图 A-32 草原碳通量测定装置

图 A-33　参观风洞实验室

2015 年 8 月 4 日，科考组参观内蒙古师范大学地理科学学院的土壤分析实验室，以及水蚀、风蚀观测场等（图 A-34～图 A-36）。

图 A-34　土壤水蚀观测场

图 A-35　土壤风蚀观测场

图 A-36　土壤分析实验室

内蒙古师范大学地理科学学院
海春兴项目组
2015 年 8 月 7 日

附录 B

“蒙古高原西部草原蒙古国段”
2016 年暑期考察报告

1. 项目来源和简介

根据中蒙两国及地区性科技合作意向，中国内蒙古师范大学地理科学学院与蒙古国科学院地理地质生态研究所建立了科学研究合作关系。在合作研究项目中，有中国内蒙古师范大学地理科学学院海春兴教授与蒙古国科学院地理地质生态研究所巴图贺希格教授共同主持的项目“蒙古高原干旱生态系统土地退化与防治研究”。

该项目组人员已经于 2015 年 7 月 29 日至 2015 年 8 月 4 日进行了蒙古高原西部草原中国内蒙古段的考察，并于 2016 年 8 月 3 日至 2016 年 8 月 10 日进行蒙古高原西部草原蒙古国段的考察。根据 2016 年的研究计划，中国内蒙古师范大学和蒙古国科学院考察人员对蒙古国西部的地形、地貌、土壤、植被等自然地理景观及煤矿开采情况进行野外考察。

2. 项目考察人员

参加考察的蒙古国科学院人员有 Ochirbat Batkhishig（巴图贺希格）、Ganbat Byambaa、Damba Ikhbayar、Tseden-Ish Bolormaa、Samdandorj Manaljav。参加考察的中国内蒙古师范大学人员有海春兴、包慧娟、周瑞平、于红博、张巧凤。考察的交通工具为一辆面包车和一辆越野车，由蒙古国的 2 位司机开车。全体参加考察的人员如图 B-1、图 B-2 所示。

图 B-1　全体参加考察的人员

图 B-2　两位项目主持人

3. 考察内容

在为期 8d 的考察中，科考组对沿途地形、地貌、土壤、植被及人类活动对环境的影响等进行考察。蒙古国中部是杭爱山，西部是阿尔泰山。除山地外，大部分地区为丘陵和平原，海拔一般在 1 000～1 800m，植被为干草原、荒漠草原和荒漠，土壤类型为干草原土壤、荒漠草原土壤和荒漠土壤，土地利用以放牧为主。

2016 年 8 月 3 日，科考组从蒙古国中央省的乌兰巴托市出发，途经前杭爱省的阿尔拜赫雷市，晚上在阿尔拜赫雷市西南约 10km 处扎营住宿，途中到阿尔拜赫雷采购工作及生活用品（兑换蒙古国货币、购买肉和蔬菜等物品）。

途中主要考察该路段的地形、地貌、植被、土壤等地理要素。该路段的草原类型基本为典型草原，主要植物种类包括针茅、羊草、冷蒿、阿尔泰狗娃花、二裂叶委陵菜、达乌里芯芭、荨麻、迷果芹、花旗杆、细叶远志和葱等植物。具体景观如图 B-3～图 B-5 所示。

图 B-3　典型干草原自然景观

图 B-4　沙地植被带（地段养有骆驼并经营小规模旅游项目，周围植被沙化较严重）

图 B-5　露营地（阿尔拜赫雷市西南方向约 10km）

2016 年 8 月 4 日，科考组从住宿地出发，一路向西到巴彦洪戈尔省的本查干湖（N45°31′03.60″/ E99°10′36.99″/H1 310m），在湖边扎营露宿。途中考察干典型草原植被、戈壁植被、新月形沙丘及本查干湖等自然景观。干典型草原植被的主要植物包括针茅、无芒隐子草、阿狗、冷蒿、短脚锦鸡儿（黄金狭叶锦鸡儿）、细叶鸢尾、女蒿、燥原荠、碱韭等植物；戈壁植被的主要植物为霸王、梭梭、膜果麻黄等；新月形沙丘的形成原因是西北风携带的风沙在阿尔泰山脉受阻降落。干典型草原景观如图 B-6～图 B-9 所示；戈壁景观如图 B-10 和图 B-11 所示；新月形沙丘景观如图 B-12 和图 B-13 所示；本查干湖景观如图 B-14 所示。

图 B-6　干典型草原景观远景图

图 B-7　干典型草原景观近景图

图 B-8　放牧牲畜（放牧牲畜以羊为主，牛、马为辅）

图 B-9　短脚锦鸡儿

图 B-10　戈壁景观远景图

图 B-11　膜果麻黄

图 B-12　新月形沙丘远景

图 B-13　新月形沙丘近景（该地段风积较严重）

图 B-14　本查干湖湖边植被景观

2016 年 8 月 5 日，科考组从本查干湖出发，一路向西途经戈壁阿尔泰省的比格尔苏木（Biger: N45°42′32.92″/ E97°10′38.31″/H1 352cm），到达沙尔嘎（Sharga）苏木，并在此露营。途中主要为戈壁景观如图 B-15～图 B-21 所示。

沿途植被覆盖度约为 20%，植物主要为典型戈壁种短叶假木贼（株高 7cm，有奶汁）、碱韭（生殖枝 20cm，营养枝 13cm）、针茅（生殖枝 22cm，营养枝 8cm）、蒿（株高 17cm）、碱蓬（株高 8cm）和驼绒藜等。

图 B-15　戈壁植被

图 B-16　植被调查

图 B-17　戈壁景观

图 B-18　短叶假木贼

图 B-19　灌木亚菊

图 B-20　丹霞地貌

图 B-21　戈壁滩露营

2016 年 8 月 6 日，科考组前往科布多省，沿途考察煤矿开采区（图 B-22～图 B-24）。据巴图贺希格介绍，该煤矿的煤质较好，主要销往中国。煤矿开采区附近空气质量较差，空气中弥漫着粉尘。

2016 年 8 月 7 日，科考组由科布多市出发一路向北到达乌兰固木市北部的乌布苏湖。沿途考察植被、雪山融化后长年形成的冲积滩地貌，远处眺望阿尔泰山脉的雪峰（图 B-25～图 B-30）。

图 B-22　煤矿开采区

图 B-23　煤矿开采区周围景观

图 B-24　科布多市（考察途中唯一一晚住室内的城市）

图 B-25　草原植被景观

（a）单叶米口袋

（b）刺沙蓬

（c）燥原芥

（d）马先蒿的一种

图 B-26　科布多市—乌布苏湖沿途地段的植物

图 B-27　河漫滩地貌

（河流洪水期淹没的河床以外的谷底部分）

图 B-28　冲积扇边的芨芨草滩和土壤剖面

图 B-29　阿尔泰山脉的雪山景观

图 B-30　美丽的乌布苏湖

乌布苏湖是蒙古国最大的湖泊，东北部位于俄罗斯境内。乌布苏湖是咸水湖，是古代巨大盐湖的残余部分。乌布苏湖地处西伯利亚和中亚之间，因此具有极端的气候条件，冬天气温可低至-58℃，夏天气温可高达 47℃。这里是 173 种雀鸟和 41 种哺乳动物的家园，其中包括雪豹、盘羊及羱羊等濒危物种，2003 年被联合国教育、科学及文化组织列入世界自然遗产名录。

2016年8月8日，科考组从露营地出发，沿途主要考察吉尔吉斯湖及其周边的地质地貌和草原植被。吉尔吉斯湖是蒙古国西北部大湖盆地内的湖泊，扎布汗河和浑贵河流入艾拉格湖后，通过5km长的特鲁巴河，流入吉尔吉斯湖，吉尔吉斯湖是蒙古国面积第四大、体积第二大的湖泊。景观如图B-31～图B-33所示。

该地段的草原类型是干草原，主要植物种为针茅、阿尔泰狗娃花、阿尔泰旋覆花、木地肤、丝状亚菊、荒漠丝石竹、绢毛委陵菜、小叶锦鸡儿等（图B-34～图B-36）。

图B-31　吉尔吉斯湖

图B-32　湖相物沉积物（机械沉积）

图 B-33　湖相物沉积物（化学沉积）

图 B-34　丝状亚菊

图 B-35 荒漠丝石竹

图 B-36 绢毛委陵菜

晚上露营地在吉尔吉斯湖周边（图 B-37），该地段为典型草原，主要植物种为针茅、冰草、星毛委陵菜、披针叶野决明、小叶锦鸡儿、阿尔泰狗娃花、冷蒿、隐子草、龙蒿、二裂叶委陵菜、唐松草、百里香等（图 B-38 和图 B-39）。

图 B-37　吉尔吉斯湖周边植被景观

图 B-38　披针叶野决明

图 B-39　龙蒿

2016 年 8 月 9 日，科考组从住宿地出发，去往塔里亚特湖，主要考察沿途的山地森林与草原交错带景观、山地森林火灾后的恢复情况及塔里亚特湖等。主要景观如图 B-40～图 B-46 所示。森林植被主要为西伯利亚落叶松。部分地段的山地森林在 2006 年发生森林火灾，图 B-41 和图 B-42 所示为 10 年后的自然恢复情况。连续下雨（图 B-43），导致道路泥泞（图 B-44），低海拔地区部分道路中断，不得不通过部队搭的浮桥通行（图 B-45）。

图 B-40 山地森林草原景观

图 B-41 山地森林火灾植被

图 B-42 山地森林火灾 10 年后的植被恢复情况

图 B-43　午餐时间晾晒帐篷（2016 年 8 月 8 日晚下雨）

图 B-44　连续下雨后草原的泥泞路

图 B-45　部队搭的临时浮桥

2016 年 8 月 10 日，科考组由塔里亚特湖（图 B-46）出发，沿途考察植被、岩浆岩喷发形成的断裂带及高山冻土草原景观，考察了游牧牧民蒙古包，品尝牧民自制的奶食品，参观成吉思汗建城地（图 B-47～图 B-51）。晚上 11:30 左右抵达乌兰巴托，顺利完成为期 8d 的野外考察。

沿途植被种类主要为针茅、冷蒿、阿尔泰狗娃花、隐子草、冰草、火绒草、二裂叶委陵菜、狼毒等植物。狼毒的出现说明该地段的植被退化较严重。附近可见牧户居住、放牧痕迹，由于距离居住地较近及放牧等影响，植被退化较严重。

图 B-46　塔里亚特湖

图 B-47　岩浆岩喷发后形成的断裂带

图 B-48　岩浆岩

图 B-49　高山森林草原景观（地下有永久冻土）

图 B-50　游牧牧民蒙古包

图 B-51　牧民自制奶食品

考察结束后，在乌兰巴托休息一天，其间走访巴图贺希格的单位，第二天中午乘坐火车离开乌兰巴托返回中国。

内蒙古师范大学地理科学学院
海春兴项目组
2016 年 9 月 20 日